新工科视域下普通高等院校机器人学领域精品系列教材

机器人基础

董　霞　徐海波　编著

华中科技大学出版社
中国·武汉

内 容 简 介

本书较为系统地介绍了机器人学的基础理论知识,主要内容是工业机器人的设计、建模与控制,包括:绪论、机器人结构设计基础、物体的空间描述与坐标变换、机器人运动学、机器人静力学和动力学、机器人的传感系统、机器人的轨迹规划、机器人的控制和机器人编程语言及编程系统,最后通过工业机器人设计与应用实例介绍了三种机器人设计。各章后给出了本章小结,有利于读者对各章知识的学习和理解。

本书可作为高等学校机械工程、智能制造等相关专业高年级本科生培养的教材或参考书,也可供相关技术人员参考。

图书在版编目(CIP)数据

机器人基础 / 董霞,徐海波编著. -- 武汉 :华中科技大学出版社,2024.7. --(新工科视域下普通高等院校机器人学领域精品系列教材). -- ISBN 978-7-5772-1080-3

Ⅰ. TP242

中国国家版本馆 CIP 数据核字第 2024XF1416 号

机器人基础
Jiqiren Jichu

董　霞　徐海波　编著

策划编辑:俞道凯　张少奇

责任编辑:杜筱娜　周　麟

封面设计:原色设计

责任监印:朱　玢

出版发行:华中科技大学出版社(中国·武汉)　　电话:(027)81321913

　　　　　武汉市东湖新技术开发区华工科技园　　邮编:430223

录　　排:武汉三月禾传播有限公司

印　　刷:武汉市洪林印务有限公司

开　　本:787mm×1092mm　1/16

印　　张:17.75

字　　数:454 千字

版　　次:2024 年 7 月第 1 版第 1 次印刷

定　　价:49.80

前　　言

现代机器人诞生于20世纪50年代，自1970年以来，机器人技术开始飞速发展。如今，机器人已广泛应用和服务于制造、医疗、教育、救灾支援等各个行业。其中，工业机器人已成为先进制造业中不可替代的重要装备和手段之一。工业机器人的发展水平是衡量一个国家制造业水平和科技水平的重要标准。

伴随着机器人研究与应用的快速发展，机器人学、机器人技术等课程也已成为全球高等教育人才培养体系中的重要课程。在中国，随着《中国制造2025》等指导我国制造业发展的纲领性文件的发布，无论是想要在各自行业应用机器人的技术人员，还是正在高等院校接受教育的学生，都对机器人表现出了浓厚的兴趣。西安交通大学的机械工程专业自20世纪90年代起就开设了机器人的相关课程，但真正引起广大教师和学生兴趣的时间是在2015年以后，为本科生和研究生所开设的课程中，机器人相关课程的选修人数出现了爆发式增长。

21世纪是机器人时代，更是智能机器人与人类协同工作、和谐发展的时代。近年来，以机器人为主题出版的图书非常多，但由于机器人学涉及的学科较多，包括机械、电子、自动控制、计算机以及人工智能等，多学科交叉特征明显，所涉主题非常广泛，没有哪一本书能涵盖机器人学的所有主题，当然也没有哪一本书能适合高等教育中所有层次的学生使用。

本书主要是为高等学校机械工程、智能制造等相关专业高年级本科生而编写的，也可供其他相关人员使用和参考。本书主要介绍机器人学中的基础知识，包括机器人结构设计、静力学与动力学分析、机器人位置与力的控制，更注重机器人的基础与应用，故名《机器人基础》。

本书着眼于机器人的未来发展，力图引导学生将各学科知识融会贯通。本书在机器人的设计和开发中具有较好的系统性、基础性和前瞻性。另外，本书在某些章节中介绍了一些曾在数学、物理学或机器人技术发展历程中起到关键作用的人物，既可以引导读者关注科技发展史，又可以触动或者启迪读者的思想，进一步推动技术的发展。

全书共10章，主要内容分为3个部分：工业机器人的设计、建模与控制。

第1章主要介绍机器人的发展历史、机器人的定义与分类、工业机器人的系统组成与性能要素，并对机器人技术应用与发展展望进行了特别介绍，希望能给读者提供机器人研究和发展的全局视野，激励更多研发人员投入机器人学的研究中。第2章主要介绍工业机器人的组成与结构设计，包括机身、手臂、腕部和手部的作用、类型、特点与设计，工业机器人驱动器与传动机构的种类和特点，以及工业机器人的系统设计。第3章至第5章主要介绍机器人的数学建模，包括刚体的位置和姿态表达、坐标变换、机器人运动学、机器人雅可比矩阵、机器人静力学以及机器人动力学。第6章至第9章主要介绍机器人的控制，包括机器人传感器的配置种类和特点，以及机器人传感器的选择，还涉及机器人的轨迹规划与生成、位置

(轨迹)控制与力控制以及机器人的编程控制方式。第 10 章主要介绍作者在项目实践中的一些设计案例,详细介绍了机器人的设计过程。

由于授课学时有限,本书主要讲述的是工业机器人(准确地讲是串联机械臂)的设计、建模与控制基础,没有涉及移动机器人、飞行机器人以及医疗机器人等,也没有涉及机器人中常用的视觉图像处理以及基于机器视觉的运动控制等内容。

本书主要由董霞和徐海波编撰完成,是基于两位作者多年的教学讲义所形成的,具体分工为:第 1 章、第 3 章至第 9 章由董霞编写,第 2 章和第 10 章由徐海波编写,全书由董霞统稿;研究生李森参与了本书的文字录入工作,宋华涛、林铁成等人为本书绘制了部分图表。华中科技大学出版社对本书的出版也给予了很大的支持,俞道凯编辑亲自主持选题策划,张少奇编辑给予了热情关注和大力支持,保证了本书的质量,促使本书及时出版,在此深表感谢。

机器人学是一门综合性学科,机器人技术涉及的专业范围很广,限于作者的研究水平和教学经验,书中难免有不妥和疏漏之处,诚挚希望读者给予批评指正。

作　者
2024 年 1 月于西安

教学大纲　　　　　　　　教学课件
(微信扫码查看)

目　　录

1　绪　　论

机器人在我们今天的生活中已经算不上非常新鲜的事物了,然而对机器人这个名字的理解,可谓是仁者见仁、智者见智。科幻小说与电影对人们认识机器人和了解机器人能做的事情有着深刻影响。虽然现实中的机器人还没有科幻作品中所描述的机器人所拥有的能力,但毋庸置疑的是,机器人正走进我们的工作和生活,机器人技术正在引领智能化机器的到来,为我们带来更大的便利。

1.1　机器人的发展历史

1.1.1　机器人名称的由来

机器人寄托着人类的理想与追求。很多世纪以来,面对生存与发展过程中各种艰苦且繁重的工作,人类一直坚持不懈地寻求自己的替身——机器人,它们可以在各种情况下代替人与周围环境互动,以完成繁重的生产与劳动。

机器人(robot)一词最早出现在 1920 年捷克剧作家卡雷尔·卡佩克(Karel Capek)所写的讽刺剧《罗萨姆的万能机器人》(*Rossum's Universal Robots*),图 1-1 为其剧照。剧中的人造劳动者被取名为 Robota,捷克语为"苦力""奴隶"之意。在这个科幻故事中,机器人最终奋起反抗人类。英语的"robot"一词即由此而来,此后成为世界各国关于机器人的通用名词。

值得说明的是,罗萨姆的机器人被描述为由有机物制造的生命体,而机器人以机械构件的形象出现始于 20 世纪 40 年代,当时美国的一位著名俄罗斯犹太裔科幻小说作家——艾萨克·阿西莫夫(Isaac Asimov)将机器人设想为徒有人类外形而完全不具备人类情感的自动机器,它由人类输入的程序控制且必须遵从一定的伦理规则,即有名的"机器人三守则":

守则 1　机器人必须不危害人类,也不允许坐视人类将受危害而袖手旁观。

守则 2　机器人必须服从于人类,除非这种服从有害于人类。

守则 3　机器人必须保护自身不受伤害,除非是为了保护人类或者是人类命令它做出牺牲。

后来阿西莫夫提出用"机器人学"来指代在遵循这三条守则的基础上进行机器人研究的科学,因此他也被称为"机器人学之父"。这三条守则成为机器人研究与开发的伦理性纲领,至今仍被机器人相关的研究人员、研制厂家和用户共同遵守。

随着机器人相关的科幻小说、电影等作品在全世界流行,人们对机器人的兴趣和热情也越来越高涨。但机器人的发展历史可以追溯到很久以前,下面对古代机器人和现代机器人的发展历史做简要回顾。

图 1-1　《罗萨姆的万能机器人》剧照（图中右侧展示了三个机器人）

1.1.2　古代"机器人"——现代机器人的雏形

人类对机器人的幻想与追求已有 3000 多年的历史，无论是国内还是国外都有许多关于机器人的记载。

西周时期，我国的能工巧匠偃师研制出的歌舞人偶是我国最早记载的机器人。

春秋后期，据《墨经》记载，鲁班曾制造过一只能在空中飞行"三日不下"的木鸟。

公元前 2 世纪，古希腊人戴达罗斯发明了最原始的机器人——太罗斯，它是以水、空气和蒸汽压力为动力的会动的青铜雕像，它可以自己开门，还可以借助蒸汽唱歌。

西汉时期出现的记里鼓车，如图 1-2 所示，记里鼓车每行一里，车上木人击鼓一下，每行十里，木人击钟一下。

三国时期，蜀国丞相诸葛亮成功地创造出了"木牛流马"，如图 1-3 所示，并用其在崎岖的山路上运送军粮，支援前方战争。

图 1-2　记里鼓车模型　　　　　　　　　图 1-3　木牛流马模型

1662 年，日本的竹田近江利用钟表技术发明了自动机器玩偶，并在大阪的道顿堀演出。

1738 年,法国天才技师杰克·戴·瓦克逊(Jacques de Vaucanson)发明了一只机器鸭(图 1-4),它会嘎嘎叫,会游泳,还会进食和排泄。

1773 年,著名的瑞士钟表匠杰克·道罗斯和他的儿子利·路易·道罗斯制造出自动书写玩偶(图 1-5)、自动演奏玩偶等,他们的自动玩偶是利用齿轮和发条原理而制成的。这些自动玩偶有的拿着画笔和颜料绘画,有的拿着鹅毛蘸墨水写字,结构巧妙,服装华丽,在欧洲风靡一时。

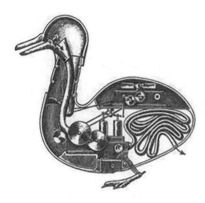

图 1-4　机器鸭

图 1-5　自动书写玩偶

19 世纪中叶对机器人的研究出现了科学幻想派和机械制作派。

在科学幻想派方面,1886 年法国作家利尔·亚当创作的一部科幻小说《未来的夏娃》问世。在这本小说中,他将外表像人的机器人起名为"安德罗丁"(Android),它由 4 部分组成:

(1) 生命系统(平衡、步行、发声、身体摆动、感觉、表情、调节运动等);

(2) 造型解质(关节能自由运动的金属覆盖体,一种盔甲);

(3) 人造肌肉(在上述盔甲上有肉体、静脉、性别等身体的各种形态);

(4) 人造皮肤(含有肤色、肌理、轮廓、头发、视觉、牙齿、手爪等)。

在机械制作派方面,1893 年摩尔制造了"蒸汽人","蒸汽人"靠蒸汽驱动双腿沿圆周走动。

总之,在 20 世纪之前出现的机器人,限于当时科技发展的水平(没有电子控制器、方便的驱动器以及成熟的控制理论),基本存在于人们的幻想中或者是少数能工巧匠的手中。20世纪之后,机器人技术得到了快速发展,机器人才真正走向实用化、产业化。

1.1.3　现代机器人的发展历史

现代机器人的研究始于 20 世纪 20 年代,其技术背景是计算机与控制理论的出现、自动控制的发展以及原子能的开发利用。

1927 年,美国西屋电气公司工程师温兹利制造了第一个机器人"电报箱",并在世界博览会上展出。它是一个电动机器人,装有无线电发报机,可以回答一些问题,但该机器人不能走动。

1939 年,美国西屋电气公司制造的家用机器人 Elektro 在世界博览会上展出。它由电缆控制,可以行走,会说 77 个字,甚至可以抽烟,不过离真正干家务活还差得远。但它让人们对家用机器人的憧憬变得更加具体。

1946 年，第一台数字电子计算机"ENIAC"在美国宾夕法尼亚大学诞生。

1948 年，诺伯特·维纳（Norbert Wiener）出版了《控制论》。该书阐述了机器中的通信和控制功能与人的神经、感觉机能存在共同规律，率先提出了以计算机为核心的自动化工厂概念。

1948 年，美国原子能委员会的阿尔贡研究所为适应恶劣的实验环境而开发了机械式的主从机械手。

1952 年，第一台数控机床由美国麻省理工学院（MIT）研制出来，为机器人的开发奠定了基础。

1954 年，美国人乔治·德沃尔（George C. Devol）提出了第一个现代意义上的工业机器人方案，并在 1956 年获得美国专利。该专利的要点是借助伺服技术控制机器人的关节，利用人手对机器人进行动作示教，机器人能实现动作的记录和再现，这就是所谓的示教再现机器人。现有的机器人差不多都采用这种控制方式。

1957 年，乔治·德沃尔与约瑟夫·恩格尔伯格（Joseph F. Engelberger）创建了第一家机器人公司——Unimation 公司（通用机械公司，来自 universal 和 automation 两个单词的组合）。

1961 年，美国 Unimation 公司生产的第一台工业机器人"Unimate"（万能自动之意，图 1-6）在通用汽车（General Motors）公司正式投入使用，标志着第一代机器人的诞生。

1962 年，美国机械与铸造公司（AMF）研制出一台数控自动通用机——圆柱坐标型机器人，取名"Versatran"（图 1-7），即多用途搬运之意，并以"Industrial Robot"为商品广告投入市场，与"Unimate"一样成为真正商业化的工业机器人。

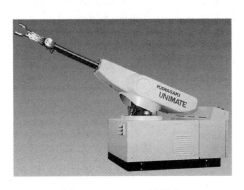

图 1-6　Unimate 机器人

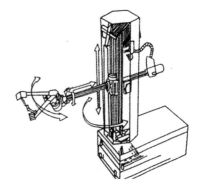

图 1-7　Versatran 机器人

1967 年，美国 Unimation 公司第一台喷涂用机器人出口到日本川崎重工业公司。这件事对日本汽车工业和机器人研发与制造产生深远影响，在恩格尔伯格的帮助与支持下，日本后来超过美国成了"机器人王国"。

1968 年，第一台智能移动机器人 Shakey 在美国斯坦福研究所（SRI）诞生。它带有视觉传感器，由当时如一个房间大小的计算机控制，能够利用逻辑思维自行定位物体和实现自身移动。

1972 年，国际商业机器公司（IBM）开发出直角坐标型机器人。图 1-8 所示的是一种现代的直角坐标机器人。

1974 年，美国辛辛那提米拉克龙（Cincinnati Milacron）公司开发出第一台由小型计算机控制的 T3 型机器人,即"The Tomorrow Tool"。它能抓举超过 100 磅(1 磅≈0.45 kg)的物体,并能追踪装配线上的工件。

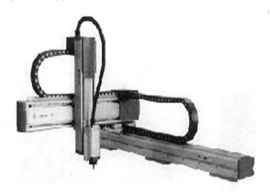

图 1-8 直角坐标机器人

1978 年,第一台通用工业机器人 PUMA(programmable universal manipulator for assembly)机器人(图 1-9)在美国 Unimation 公司诞生,标志着工业机器人技术已经成熟。PUMA 机器人至今还工作在工厂一线。

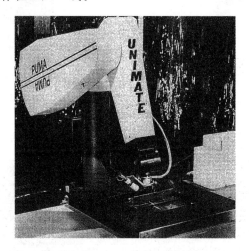

图 1-9 PUMA 机器人

1982 年,美国 Unimation 公司被卖给了 Westinghouse 公司,随后又被卖给了瑞士的 Staubli 公司。

1990 年,Cincinnati Milacron 公司被瑞士 ABB 公司兼并。

在美国进行机器人研究的同时,日本、西欧各国、苏联也相继引进或自行研制了工业机器人。20 世纪 60 至 70 年代是机器人技术获得巨大发展的阶段。

20 世纪 80 年代,不同结构、不同控制方法和不同用途的工业机器人在发达国家的工业生产中大量普及应用,如焊接、喷漆、搬运、装配等,并向各个领域拓展,如航天、水下、排险、核工业等,机器人真正进入了实用化的普及阶段,机器人的感知能力与技术层次也得到了相应的发展,产生了第二代机器人。

1981 年,日本山梨大学牧野洋开发出了 SCARA 机器人。

1988 年,CMU(卡耐基梅隆大学)研制出可重构模块化机械手系统 RMMS。

20 世纪 90 年代以后,伴随着计算机技术和人工智能的发展,机器人技术在发达国家应用更为广泛,如军事、医疗、服务、娱乐等领域。对机器人视觉、触觉、力觉、接近觉等项目的研究和应用,大大提高了机器人的适应能力,扩大了机器人的应用范围,促进了机器人向智能型(第三代)机器人的发展。

1996 年,本田公司研制出世界首个类人机器人 P2(图 1-10),2000 年又推出 ASIMO 仿人机器人(图 1-11)。

图 1-10　本田公司的 P2 机器人　　　　　　图 1-11　ASIMO 仿人机器人

2001 年,加拿大空间机械臂(Canada Arm)进入国际空间站服役,如图 1-12 所示。

图 1-12　加拿大空间机械臂

2000 年,美国直觉外科公司(Intuitive Surgical Inc.)开发的达·芬奇医疗机器人(图 1-13)获得美国食品药品管理局(FDA)认证。

2005 年,在美国国防部高级研究计划局(DARPA)的资助下,美国波士顿动力公司(Boston Dynamics)开发了大狗(Big Dog)机器人(图 1-14)。

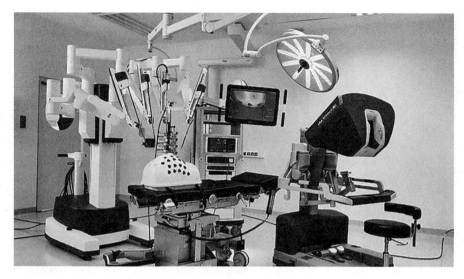

图 1-13 达·芬奇医疗机器人

图 1-14 波士顿动力公司的大狗机器人

2008 年,英国推出全球首个有生物脑的智能机器人"米特·戈登"(Meet Gordon)。

2009 年,瑞典 ABB 公司推出了世界上最小的多用途工业机器人 IRB 120,如图 1-15 所示。

2011 年,由美国国家航空航天局(NASA)和通用汽车公司联合开发设计的第一台仿人机器人 Robonaut 2(图 1-16)进入太空。

2016 年,由谷歌(Google)旗下 DeepMind 公司开发的"阿尔法狗"(AlphaGo)在围棋比赛中以 4∶1 击败人类职业围棋选手李世石。

2017 年,由美国汉森机器人公司制作的具有公民身份的机器人索菲亚(Sophia)诞生,如图 1-17 所示。

2021 年,中国空间站机械臂(大臂)进入太空,如图 1-18 所示。

2022 年,中国空间站再"上新"——小机械臂登场,可以与大机械臂组合,使舱外作业覆盖范围更广。

图 1-15　多用途工业
机器人 IRB 120
　　　　　图 1-16　仿人机器人 Robonaut 2
　　　　　图 1-17　机器人 Sophia

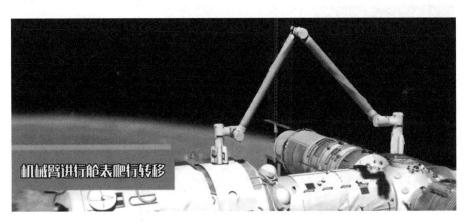

图 1-18　中国空间站机械臂（大臂）

经历了 60 多年的发展,机器人技术逐步形成了一门新的综合性学科——机器人学（robotics）。它主要包括基础研究和应用研究两个方面。其主要研究内容有：① 机械手设计；② 机器人运动学、动力学和控制；③ 机器人轨迹设计和路径规划；④ 传感器（包括内部传感器和外部传感器）；⑤ 机器人视觉；⑥ 机器人语言；⑦ 装置与系统结构；⑧ 机器人智能。

同时,为了促进机器人学的发展和技术交流,研究人员建立了相应的学术组织,定期举办学术活动。关于机器人的国际学术交流,可以查询以下国际会议和国际期刊：

（1）国际会议有 IEEE/RSJ（International Conference on Intelligent Robots and Systems,IROS）、ICRA（IEEE International Conference on Robotics and Automation）等。

（2）国际期刊有 *International Journal of Robotics Research*、*Robotica*、*International Journal of Robotics and Automation*、*IEEE Transactions on Robotics and Automation* 等。

1.2　机器人的定义与分类

如今机器人技术的发展已经进入了快车道,那么到底怎么定义机器人? 它有哪些种类? 本节将对此进行讨论。

1.2.1　机器人的定义

受科幻作品如电影《星球大战》《我,机器人》等的影响,人们总是把机器人想象成具有人的外形特点,能够像人一样看、听、说话和行走,实际上国际上还没有合适的、被人们普遍认同的"机器人"定义,各国对机器人都有自己的定义。这些定义之间的差别较大。以下为几个较为权威的机器人定义。

(1)《牛津简明英语词典》的定义:机器人是貌似人的、具有智力的且顺从于人但不具有人格的自动机。

(2) 美国机器人协会(RIA)的定义:机器人是用以搬运材料、零件、工具的可编程序的多功能操作器(manipulator),或是通过可改变程序动作来完成各种作业的特殊机械装置。

(3) 日本工业机器人协会(JIRA)定义:工业机器人是一种装备有记忆装置和末端执行器(end effector)的、能够转动并通过自动完成各种移动来代替人类劳动的通用机器。

(4) 美国国家标准局(ANBS)的定义:机器人是一种能够进行编程并在自动控制下执行某些操作和移动作业任务的机械装置。

(5) 国际标准化组织(ISO)的定义:机器人是一种自动的、位置可控的、具有编程能力的多功能机械手,这种机械手具有几个轴,能够借助可编程序操作来处理各种材料、零件、工具和专用装置,以执行种种任务。

我国尚未对机器人进行统一定义,蒋新松院士曾建议把机器人定义为"一种拟人功能的机械电子装置"(a mechatronic device to imitate some human functions)。一般认为机器人应具有的共同点如下。

(1) 机器人的动作机构具有类似于人或其他生物的某些器官的功能。

(2) 机器人是一种人造的自动机械(电子)装置,可以在无人参与(具有独立性)的情况下,自动完成多种操作或动作功能(具有通用性);可以再编程,程序流程可变(具有柔性或适应性)。

(3) 具有不同程度的智能性,如记忆、感知、推理、决策、学习等能力。

1.2.2　机器人的分类

机器人的种类很多,可以按驱动形式、应用场景、机械结构和智能水平等进行划分,具体如下。

1.按驱动形式划分

机器人每个自由度(degree of freedom)的驱动方式有气压驱动、液压驱动和电机驱动。气压驱动的机器人很少,一般负载较小、运动精度要求不高且气源易得的情况下可以采用气压驱动;负载较大的机器人一般采用液压驱动,比如波士顿动力公司开发的第一版大狗机器人就是采用液压驱动;中等负载的机器人通常采用电机驱动,电机的类型有步进电机、直流伺服电机以及交流伺服电机。

2.按应用场景划分

按应用场景可将机器人分为工业机器人、特种机器人以及服务机器人等。

1）工业机器人

工业机器人（或称机械臂、操作臂、机械手）是机器人使用数量最大的一种类型，在工业生产中广泛使用的有焊接（包括点焊与弧焊）机器人（图 1-19）、喷涂机器人、搬运机器人、码垛机器人（图 1-20）、包装机器人、切割机器人、抛光机器人以及装配机器人等。

图 1-19 焊接机器人

图 1-20 码垛机器人

2）特种机器人

特种机器人主要是指用于海洋和太空等极限环境作业以及军事应用和应急救援的机器人。极限环境作业机器人中的空间机器人主要用于太空和外星探索，如火星漫游车（图 1-21）、太空机械臂（图 1-22）等，还有水下机器人主要用于海洋资源探测和水体监测与保护，如中国的蛟龙号和奋斗者号载人潜水器等；军事应用机器人也可分海、陆、空军事机器人，如大狗机器人开发的目的就是作为地面军用机器人，各种侦察、攻击用的无人机属于空军机器人，水下扫雷或攻击机器人则属于海军机器人；应急救援机器人主要用于火灾、地震等危险场合的生命探测与救援等。仿生机器人也可以列为特种机器人。

图 1-21 Spirit 火星漫游车

图 1-22　国际空间站的机械臂

3) 服务机器人

服务机器人是一种全自主或半自主工作的机器人,其所从事的服务工作可以帮助人类生存得更好,同时可以分为家庭服务机器人、医疗服务机器人、公共服务机器人和其他机器人等。各种助老助残机器人(图 1-23)、扫地机器人、擦玻璃机器人等属于家庭服务机器人;康复机器人、测温消杀机器人等属于医疗服务机器人;公共场合巡检机器人、迎宾机器人、送餐机器人、音乐指挥机器人等则属于公共服务机器人;其他还有跳舞机器人、宠物机器人(图 1-24)、教育机器人等。

图 1-23　导盲机器人

图 1-24　AIBO 机器狗

图 1-25 所示为按照应用场景对机器人进行的分类。

以上各种应用场景的机器人若按照移动方式分类,又可分为固定式机器人和移动式机器人。一般焊接、搬运、码垛等工业机器人为固定底座形式,而图 1-12 所示国际空间站中加拿大空间机械臂的底座并未固定,它可以沿着 100 多米的桁架移动,中国空间站的机械臂可以爬行。移动式机器人移动的形式有很多,可以是轮式的(如扫地机器人等)、履带式的(如军事应用的战场扫雷机器人、侦察机器人等),还可以是足式的(如大狗机器人、跳舞机器人

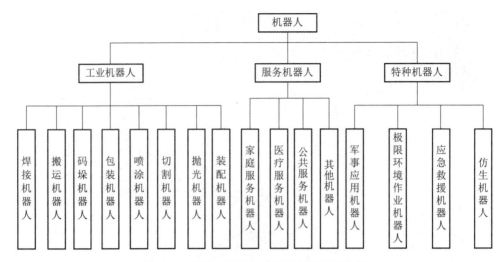

图 1-25　按照应用场景对机器人进行的分类

等），还有各种仿生机器人，如袋鼠机器人、蜘蛛机器人等。

3. 按机械结构划分

利用组成机器人的机构特点进行分类，有串联机器人（各连杆为串联）、并联机器人（各连杆为并联）以及混联机器人（串联与并联的组合），图 1-26 展示了 ABB 公司的三种不同机械连接结构的工业机器人。本书主要讲述串联型工业机器人的有关知识。

图 1-26　ABB 公司的串联、并联以及混联机器人

4. 按智能水平划分

对于机器人发展过程中出现的装置与设备，按照其操作特点排列于表 1-1 中，由上至下地排列，其智能水平是逐渐提高的。其中对于人工操作装置和固定顺序机器人，它们没有任何可变性（通用性），因而也不具有适应性，不能算是机器人，只能算是自动装置或设备。可变顺序机器人、示教再现型机器人以及数控型机器人具有可编程性和适应性，是第一代机器人，但不具有智能；感知型机器人因为各种传感器的配备，对环境和自身具有一定的感知能力，属于第二代机器人；智能机器人是第三代机器人，它不但能感知自身和环境的各种信息，还能对这些信息进行理解和判断，并作出决策，对环境的适应性很高。

表 1-1 不同智能层级的机器人特点

分类名称	简 要 解 释
人工操作装置	有几个自由度,由操作人员操纵,能实现若干预定的功能
固定顺序机器人	按预定的顺序及条件,依次控制机器人的机械动作,但顺序和条件是不可改变的
可变顺序机器人	按预定的顺序及条件,依次控制机器人的机械动作,但顺序和条件可适当改变
示教再现型机器人	通过手动或其他方式,先引导机器人动作,记录下工作程序,机器人则可自动重复进行作业
数控型机器人	不必使机器人动作,通过数值、语言等为机器人提供运动程序,能进行可编程伺服控制
感知型机器人	利用传感器获取的信息控制机器人的动作。机器人对环境有一定的适应性
智能机器人	机器人具有感知和理解外部环境的能力,即使环境发生变化,也能够成功地完成任务

1.3 工业机器人的系统组成与性能要素

1.3.1 工业机器人的系统组成

机器人是一个机电一体化的设备。从控制观点来看,机器人系统可以分成四大部分:执行系统、驱动与传动系统、控制系统、感知系统,如图 1-27 所示。

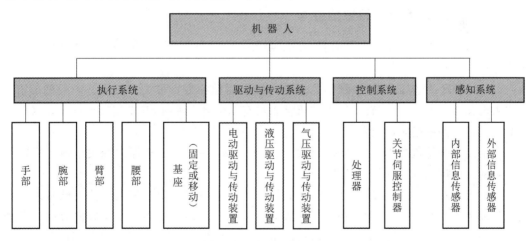

图 1-27 机器人系统的组成

(1) 执行系统:包括手部、腕部、臂部、腰部和基座(固定或移动)等,相当于人的肢体。

(2) 驱动与传动系统:包括电驱动、液压驱动与气压驱动的动力源及其传动机构等,相当于人的肌肉、筋络。

(3) 控制系统:包括处理器及关节伺服控制器等,用来进行任务及信息处理,并给出控制信号,相当于人的大脑和小脑。

(4) 感知系统:包括内部信息传感器(用以检测位置、速度等信息)、外部信息传感器(用以检测机器人所处的环境信息),相当于人的感官和神经。

若将其各组成部分间的联系用框图表示,如图 1-28 所示。

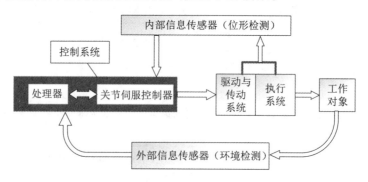

图 1-28　机器人系统各组成部分间的联系

从体系结构来看,机器人分为三大部分六个系统,分别如下。

(1) 三大部分。机械部分用于实现各种动作;传感部分用于感知内部和外部的信息;控制部分用于控制机器人完成各种动作。

(2) 六个系统。① 驱动系统:提供机器人各部位、各关节动作的原动力。② 机械结构系统:完成各种动作。③ 感知系统:由内部传感器和外部传感器组成。④ 机器人-环境交互系统:实现机器人与外部设备的联系和协调并构成功能单元。⑤ 人机交互系统:人与机器人联系和协调的单元。⑥ 控制系统:根据程序和反馈信息控制机器人动作的中心,分为开环系统和闭环系统。

关于工业机器人的各部分作用及选择或设计将在后续章节讲述。

1.3.2　工业机器人的性能要素

衡量机器人性能的指标主要有自由度、承载能力、工作空间、精度、重复定位精度、最大工作速度以及控制模式等。

(1) 自由度:物体能够对三维坐标系进行独立运动的数目称为自由度。一般刚体有 6 个自由度:3 个平移,3 个旋转。一般当机器人具有 6 个自由度时,其末端执行器可以以期望的姿态到达空间中指定的位置。

自由度是衡量机器人适应性和灵活性的重要指标,一般等于机器人的关节数。机器人所需要的自由度取决于其作业任务。

(2) 承载能力:机器人在工作范围内的任何位姿上都能承受的最大载荷。机器人的载荷不仅取决于负载的质量,而且还与机器人运行的速度和加速度的大小与方向有关。安全起见,承载能力选取机器人高速运行时所能承受的最大载荷。另外,承载能力不仅要考虑负载,而且还要考虑机器人末端执行器的质量。

(3) 工作空间:机器人手臂末端(手部)或手腕中心所能到达的所有点的集合,也叫工作区域。由于末端执行器的形状和尺寸是多种多样的,为了真实反映机器人的特征参数,这里的工作空间是指不安装末端执行器时的工作区域。

(4) 精度:机器人手臂末端到达指定位置的精确程度,它与机器人驱动器的分辨率及反馈装置有关。

（5）重复定位精度：机器人手臂末端重复到达同样位置的精确程度。它不仅与机器人驱动器的分辨率及反馈装置有关，还与传动机构的精度及机器人的动态性能有关。

（6）最大工作速度：机器人手臂末端的最大速度。提高速度可提高工作效率，因此提高机器人的加速、减速能力，保证机器人加速、减速过程的平稳性是非常重要的。具体分为单关节速度和合成速度。

（7）控制模式：点到点示教模式；连续轨迹示教模式；软件编程模式；自主模式。

（8）其他动态特性：如稳定性、柔顺性等。

1.4　机器人技术应用与发展展望

1.4.1　机器人的应用领域

广义上来说，除了表演（娱乐）机器人，其余的都可叫工业机器人，比如：农业上用机器人进行水果和棉花的采摘、农产品和肥料的搬运、农药喷洒等，医疗领域中用机器人进行外科手术等。工业机器人的应用十分广泛。目前，工业机器人的应用领域主要有以下方面。

（1）恶劣的工作环境，危险的工作场合：比如喷漆、核电站中蒸汽发生器的检测与核废料的处理、战场扫雷、排爆等；

（2）特殊作业场合：对人来说力所不能及的地方，比如在航天飞行器上用来回收卫星的操作臂 RMS（remote manipulator system），进行狭小容器和管腔内的检测、维修等；

（3）自动化生产领域：这是传统的工业机器人应用领域，用于工业生产线上的上下料、焊接、装配以及检测等。

1.4.2　我国机器人研究简况

机器人的诞生是人类高新技术革命的结晶，经过 60 多年的发展已取得了巨大成功，但是对于人类的理想来说这还仅仅只是开始。

我国对机器人的研究始于 20 世纪 70 年代——科学的春天，并被列入“七五”（1986—1990 年的第七个五年计划）期间实施的国家高技术研究发展计划（“863”计划）。“863”计划把机器人技术作为重点发展技术来支持，建立了“机器人示范工程中心”和机器人国家开放实验室，包括中国科学院沈阳自动化研究所、哈尔滨工业大学、合肥机械研究所、上海交通大学、南开大学等科研院所。经过自动化领域专家的调研与论证，我国确定主要开发 3 种类型的机器人，即特殊环境下作业机器人、水下无缆机器人和高精度装配机器人，以解决我国海上石油开发、海洋调查和国防急需等问题。

总体上，我国的机器人研发经历了 20 世纪 70 年代的萌芽期和 20 世纪 80 年代的开发期，从 20 世纪 90 年代进入实用化期。

1972 年，我国开始研制自己的工业机器人，“七五”期间，完成了示教再现式工业机器人成套技术的开发，研制出了喷涂、点焊、弧焊和搬运机器人。

1986 年，国家高技术研究发展计划（“863”计划）开始实施。

从 20 世纪 90 年代初期起，一批机器人产业化基地形成。

在特种机器人方面,以中国科学院沈阳自动化研究所为代表,先后研制成功海人一号(HR-01)、瑞康(RECON)一号、CR-01、探索者号以及蛟龙号、奋斗者号等水下机器人。

1995 年 8 月,我国中国科学院沈阳自动化研究所机器人中心研制的 CR-01 型 6000 m 水下无缆机器人(图 1-29),能完成在深水中摄像、海底地势勘查、水文测量以及自动记录各种数据等工作。

图 1-29　CR-01 型 6000 m 水下无缆机器人及其下水试验图片

2012 年 6 月 24 日,蛟龙号载人潜水器在西太平洋马里亚纳海沟区域(图 1-30),成功下潜至 7020 m 深度,在这个世界最深的海沟创下了当时中国载人深潜的最深纪录。

图 1-30　蛟龙号载人潜水器潜水试验图片

2020年,万米载人潜水机器人奋斗者号在马里亚纳海沟成功坐底(图1-31),坐底深度达10909 m,刷新了中国载人深潜的纪录。

图1-31 奋斗者号机器人潜水试验图片

在这里,我们需要记住中国科学院沈阳自动化研究所原所长以及被誉为"中国机器人之父"的蒋新松院士为此做出的贡献。

另外,我国还在仿人机器人、自动驾驶机器人、壁面爬行机器人、遥控检查和排险机器人、防核防化军用机器人、微操作机器人以及多指灵巧手等机器人研究方面取得了较大的进展。其中典型的仿人机器人、双足步行机器人和多指灵巧手如图1-32至图1-34所示。

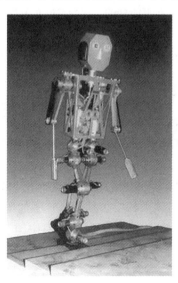

图1-32 国防科技大学研制的"先行者"仿人机器人

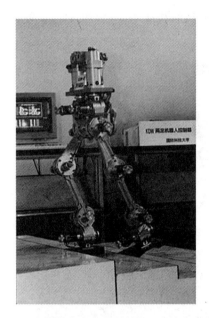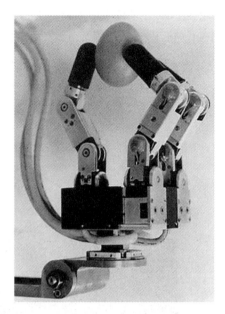

图 1-33　哈尔滨工业大学研制的双足步行机器人　　　图 1-34　北京航空航天大学研制的多指灵巧手

　　随着机器人研究的全面展开,我国也建立了机器人学的学术组织,定期举办学术活动,一般每两年左右举办一次大型全国性学术会议,并创办了机器人研究与开发的学术刊物《机器人》《机器人技术与应用》等。

　　目前我国机器人正朝着实用化、智能化和特种机器人的方向发展。随着我国科学技术的飞速发展,在《中国制造 2025》《"十四五"机器人产业发展规划》等一系列规划文件的指导下,我国机器人的研究水平和应用领域已经进入了发展的快车道。

1.4.3　我国工业机器人的发展与应用现状

　　在世界范围内,工业机器人的使用数量一直在快速增长。有关资料统计,1996 年,全世界有工业机器人 68 万台,从 1996 年以来,世界工业机器人销售量的年增长率约为 13%,2000 年全世界的工业机器人数量约 130 万台,而到 2020 年全球工厂中运行的工业机器人数量已达 270 万台。

　　虽然我国机器人研究与应用起步较晚,但我国工业机器人总量增长速度非常快。国际机器人联合会(IFR)数据显示,2013 年中国购买了 36560 台工业机器人,较 2012 年增加了近 60%,首次超过了以技术利用见长的日本。中国 2013 年购买的工业机器人数量占全球工业机器人销量的 1/5。其后工业机器人在中国的销量一直蝉联第一,据中国电子学会2022 年 8 月 21 日在 2022 世界机器人大会上正式发布的《中国机器人产业发展报告(2022年)》,2017—2024 年中国工业机器人的销售额和增长率如图 1-35 所示,其中 2022—2024 年的数据为估计。虽然最新数据尚未发布,但可以预测,中国工业机器人市场在近五年继续保持增长的态势不会变。

　　我国工业机器人密度也得到快速增长。工业机器人密度(每万名工人在制造业中使用的工业机器人台数)是衡量制造业自动化发展程度的关键指标,2015 年中国工业机器人密度仅为 30 台,不仅不到日本 323 台的 1/10,与世界平均水平 62 台相比也还有较大

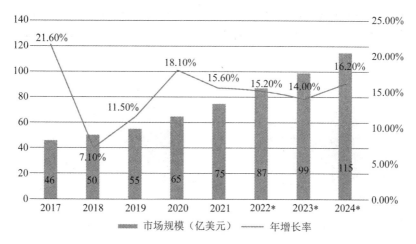

图 1-35 2017—2024 年中国工业机器人的销售额和增长率

的差距。但根据 IFR 发布的 2022 年世界机器人报告，全球制造业工业机器人密度在
2021 年的平均值为 141 台，中国工业机器人密度已达 322 台，跻身世界第五位，处于前四
位的国家分别是韩国、新加坡、日本、德国。美国的工业机器人密度在 2021 年为 274 台，
排名世界第九位。

国内机器人生产企业也正在迅速发展。据工业和信息化部统计，2015 年我国涉及机器
人生产的企业已逾 1000 家，而截至 2022 年底全国涉及机器人生产的企业已经超过 48 万
家，增长迅猛。在工业机器人制造领域，不但有沈阳新松、广州数控等老牌劲旅，还有埃斯
顿、埃夫特等新兵异军突起。在用工荒和劳动力成本上涨的夹击下，中国工业机器人市场呈
现出爆发的态势。

但我们也应该看到国内机器人生产企业存在的主要问题。目前全球机器人产业的成本
构成：35％左右是减速器，20％左右是伺服电机，15％左右是控制系统，机械加工本体可能只
占 15％左右，其他的部分主要就是应用成本。比起国际上那些成熟的工业机器人制造商，
如发那科（FANUC）、安川（YASKAWA）、库卡（KUKA）、ABB 等全球工业机器人"四大家
族"（表 1-2），我国在机器人制造技术上与他们仍有差距，主要问题是关键零部件的研发能
力。一方面，在机器人的核心零部件如减速器、交（直）流伺服电机和控制器上，国内企业还
要大量依靠进口；另一方面，国产机器人在产品设计、材料与工艺技术、系统集成方面也与国
外存在较大差距，本土生产的工业机器人在精度、速度等方面不如进口的同类产品。因而导
致世界主要机器人厂家如"四大家族"以及 Staubli 等外资品牌在中国的机器人销量仍占据
中国机器人市场约 67％的份额（2016 年数据，图 1-36）。2022 年数据显示"四大家族"以及
Staubli 等外资品牌在中国的机器人销量仍占据中国机器人市场约 60％的份额。

表 1-2 全球工业机器人"四大家族"介绍

企业	2016 年营收	机器人业务起始年份	核心领域
ABB	388.28 亿美元	1974 年	控制系统
库卡	29.49 亿欧元	1973 年	系统集成＋本体
发那科	551.69 亿美元	1974 年	数控系统
安川	3949 亿日元	1977 年	伺服＋运动控制器

因此,我们要清醒地看到,中国机器人制造企业虽然发展迅速,但在技术成熟度、产品线以及规模上仍有不足,中国企业要在服务和价格的优势基础上,继续提高技术水平,扩大生产规模。

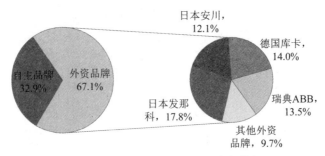

图 1-36　2016 年中国机器人市场份额

1.4.4　机器人技术的未来应用与发展展望

1)机器人应用领域将进一步扩大

机器人在制造业中的发展是成功的,正逐步涉足非制造业。随着人类改造大自然要求的提高,以及机器人适应特殊环境能力的增强,农业、林业、军事、海洋勘探、太空探索、生物医学工程等行业将是机器人崭露头角的新领域。

2)机器人将深入人们的日常生活

在人们的日常生活中,各种服务机器人也将向我们走来。娱乐机器人将给我们的生活增添无限乐趣,清洁机器人将减轻我们繁重的家务,保健机器人可为老年人和残疾人提供保健帮助,是人们强烈需求的对象。

3)未来的机器人将成为人类的助手和朋友

未来的机器人将像人一样,能听、能看、能说,具有记忆、推理和决策能力,在某些方面甚至有超过人的能力,如计算能力、运动速度、记忆能力和适应恶劣环境的能力等。人类将逐渐采用语言、表情甚至意念等方式进行机器人控制,人与机器人的合作共融将趋于成熟,机器人终将成为人类的忠实助手和亲密朋友。

进入 21 世纪,虽然国际上机器人数量增长的速度下降了,但我国的各种机器人增量非常大,而且由于人工智能、计算机科学、传感器技术的长足进步,机器人技术的研究在高水平上进行。未来机器人技术仍将在以下几个方面继续发展。

(1)操作臂技术:主要涉及高速操作臂的机构、伺服驱动与动态控制方法;提高柔性操作臂的荷重比(>3),选择轻质材料;冗余机械臂的研究,可以大幅提高机械臂的灵活性;通过精密组装实现机械臂的高精度、多自由度力控制;微型操作臂的研究与开发。

(2)移动技术方面:适合非结构环境的新型移动机构的研究;运动控制方面的建模、制导、导航、路径规划。

(3)感知技术方面:视觉图像识别与处理;手眼协调;接触觉小型化;多传感信息融合。

(4)自主控制技术方面:分布式计算机控制技术;人工智能技术。

未来机器人技术一定会向智能化方向发展,我国智能机器人技术的研发路线如图 1-37 所示。希望有更多的研发人员投入其中,使机器人技术为人类带来更美好的生活。

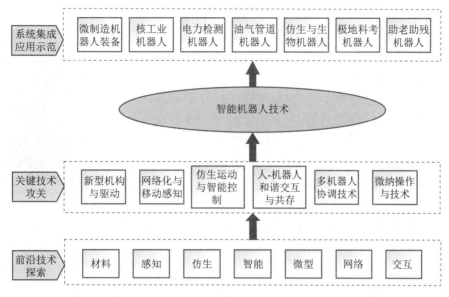

图 1-37　我国智能机器人技术的研发路线

本 章 小 结

本章主要介绍了机器人的发展历史、机器人的定义与分类、工业机器人的系统组成与性能要素,最后介绍了机器人技术应用与发展展望。其中对我国机器人技术的发展现状做了特别介绍,希望能有更多研发人员投入机器人技术的研究中,为我国机器人技术的研发与应用贡献力量。

著名人物介绍

1. 乔治·查尔斯·德沃尔

乔治·查尔斯·德沃尔(1912—2011)是一位多产的美国发明家,现代工业机器人的发明者之一。他出生于肯塔基州的路易斯维尔,高中时就学习了力学和电子学,但此后却没有就读大学,在很大程度上是一名自学成才的发明家。他很早就是一名极具动手能力的实验者,1932 年创办了一家小公司。1954 年,他从科幻小说中获取灵感,向美国申请了一项名为"程序化物品传送设备"(*Programmed Article Transfer*)发明专利,其中描述了一种安装在轨道上的极坐标型机械臂,机械臂末端装有夹持器,并有一个可编程控制器,这就是今天广泛使用的机器人的雏形,多见于汽车和其他工业装配生产线。2011 年德沃尔入选了美国"国家发明家名人堂"。

2.约瑟夫·恩格尔伯格

约瑟夫·恩格尔伯格(1925—2015)是一名美国工程师和企业家,他于 1959 年研制出了世界上第一台工业机器人,因此被称为"机器人之父"。他出生于纽约布鲁克林的一个德国移民家庭。作为一个技术与科幻的爱好者,这位曾经在 17 岁参军的年轻人先是在哥伦比亚大学攻读物理,于 1946 年获学士学位,然后又用了三年时间获得了该校的机械工程硕士学位。1956 年,恩格尔伯格买下了乔治·德沃尔的《程序化物品传送设备》专利,1957 年天使投资的 300 万美元到位,他们创立了通用机械公司 Unimation,也是世界上第一家机器人公司。1959 年一个重达 2 t 但能精确到 1/10000 in(1 in≈2.54 cm)的庞然大物诞生,这就是世界上第一个工业机器人 Unimate。恩格尔伯格一直担任 Unimation 公司 CEO。1982 年,他卖掉 Unimation 公司后又创建了 Transition Research 公司,开始研制服务机器人,并于 1988 年开始销售护士助手(Helpmate)医疗机器人。依靠大量的传感器,护士助手能够在医院自由行动,协助护士提供送饭、送药和送信等服务。这家服务机器人公司于 20 世纪 90 年代末被收购。由于恩格尔伯格对机器人领域的巨大贡献,他被评为美国工程院院士,还被伦敦《星期日泰晤士报》评为"20 世纪最伟大的 1000 名创造者"之一。

3.蒋新松

蒋新松(1931—1997),江苏省江阴人,中国科学院沈阳自动化研究所原所长、研究员、博士生导师,"863"计划自动化领域首席科学家,中共党员。因其对促进中国机器人事业发展的杰出贡献而被称为"中国机器人之父"。

1951 年 9 月考入交通大学电机系(现西安交通大学电气工程学院)工企专业,1956 年毕业后,被分配到中国科学院自动化研究所,1965 年 10 月被调到中国科学院沈阳自动化研究所。1981 年 7 月加入中国共产党,1994 年 5 月当选为中国工程院首批院士。1997 年 3 月逝世。

蒋新松是一位伟大而平凡的战略科学家,他在机器人研制、计算机集成制造系统(CIMS)的研究和应用方面贡献卓著:他提出、组织并直接负责了水下机器人的研究、开发及产品系列化工作;他负责组织研制工业机器人及特种机器人;他创建了机器人技术国家工程研究中心和中国科学院机器人学开放实验室;他参加制订了"863"计划,担任自动化领域专家委员会首席科学家。

蒋新松曾经说过:"生命总是有限的,但让有限的生命发出更大的光和热,让生命更有意义,这是夙愿。只讲生命的质量,不求生命长短的数量,活着干,死了算!"

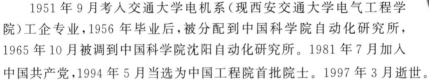

习　题

1.1　什么是机器人?请你给工业机器人和智能机器人下个定义。

1.2　"机器人三守则"是什么?它有什么意义?

1.3　国内外机器人技术发展各有什么特点?

1.4 机器人有哪些分类方法? 你能否列举出其他的机器人分类方法?

1.5 工业机器人的主要应用领域有哪些? 具体应用在哪些工作(如焊接、装配等)中?

1.6 工业机器人系统有哪些组成部分? 它们之间是怎么联系起来的?

1.7 工业机器人的性能要素有哪些?

1.8 简述工业机器人的成本构成。

1.9 请查阅文献资料,梳理工业机器人发展的大事年表。

1.10 请查阅文献资料,撰写一份我国机器人技术发展与应用现状的报告。

2 机器人结构设计基础

本章将重点讲述工业机器人结构设计基础,包括机器人的驱动与传动系统和执行系统,执行系统中包括基座和腰部(此两者通常合称机身)、臂部、腕部和手部。本章内容在机器人组成系统中的位置与内容如图 2-1 中虚线框内所示。

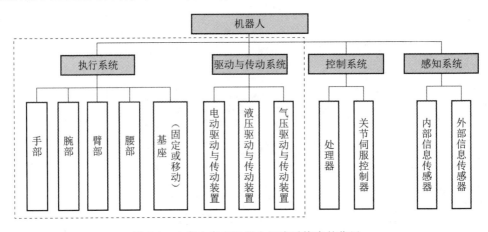

图 2-1 本章内容在机器人组成系统中的位置

2.1 工业机器人的坐标构型

对于工业机器人,主要选择由连杆和运动副组成的坐标形式。根据其运动形式主要有以下几种坐标构型:直角坐标型、圆柱坐标型、极坐标型(球面坐标型)、关节坐标型和平面关节型。下面简要介绍其各自特点及应用情况。

1.直角坐标型(3P)

直角坐标型机器人主体结构具有的 3 个自由度的运动都是平移运动,如图 2-2 所示,其结构简单,在 3 个坐标轴方向上的运动是解耦的,因此控制简单、容易编程。若采用直线滚动导轨,运动速度和定位精度都较高,但其导轨面的密封防护较困难,运动灵活性较差,自身占据空间过大。直角坐标型机器人主要用于生产设备的上下料、高精度的装配和检测作业,约占工业机器人总数的 14%。

图 2-3 所示为一种起重机台架式直角坐标型机器人,适用于飞机构件装配等大型车间。其在 x、y 轴方向上的移动距离分别可达 100 m 和 40 m,沿 z 轴方向的移动距离可达 5 m。

德国兹默曼(Zimmermann)公司推出的全球首台六轴龙门铣床 FZ100 如图 2-4 所示,其前 3 个轴的运动也符合直角坐标型,可以实现 6.5 m×3 m×1.5 m 的工作空间,可满足加工由合成材料构成的大体积模型以及飞机制造领域所需的大型铝合金框架组件等的需求。

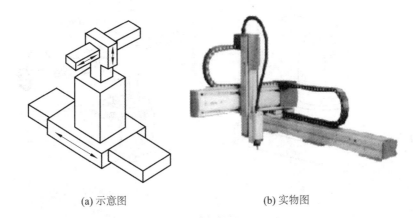

(a) 示意图　　　　　　　　(b) 实物图

图 2-2　直角坐标型机器人

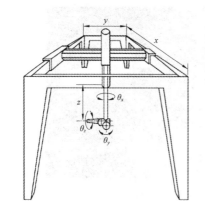
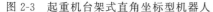

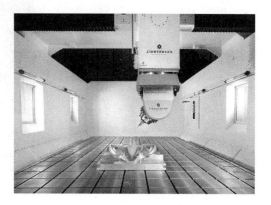

图 2-3　起重机台架式直角坐标型机器人　　图 2-4　德国兹默曼公司的六轴龙门铣床 FZ100

2. 圆柱坐标型(R2P)

圆柱坐标型机器人主体结构具有腰转、升降和伸缩 3 个自由度,即具有一个旋转运动和两个直线运动,如图 2-5(a)所示。其结构紧凑,运动耦合性较弱,控制也较简单,机器人腰转时可以将手臂缩回,减小了转动惯量,运动灵活性比直角坐标型机器人好,通用性也更强。但其自身占据空间也较大,受结构限制,手臂不能抵达底部,缩小了工作范围。此类机器人约占工业机器人总数的 13%。其中美国机械与铸造公司制造的世界上第一台圆柱坐标型机器人 Versatran,如图 2-5(b)所示。

3. 极坐标型(球面坐标型,2RP)

极坐标型机器人的主体结构具有两个旋转运动和一个直线运动的自由度,如图 2-6(a)所示。其运动耦合性较强,控制也较复杂,但运动灵活性较好,自身占据空间也较小。此类机器人约占工业机器人总数的 25%。其中世界上第一台工业机器人 Unimate 即为极坐标型,如图 2-6(b)所示。

4. 关节坐标型(3R)

关节坐标型机器人主体结构的 3 个自由度分别对应腰转关节、肩关节、肘关节,全部是

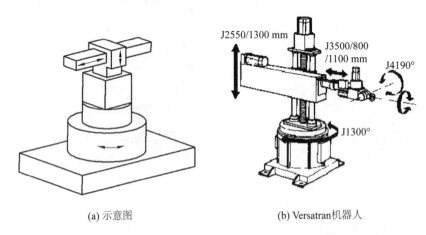

(a) 示意图　　　　　　　　　(b) Versatran机器人

图 2-5　圆柱坐标型机器人

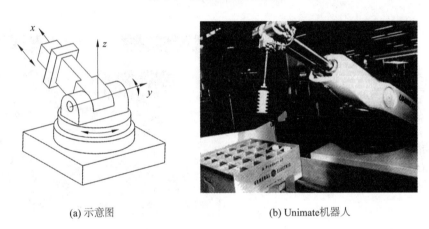

(a) 示意图　　　　　　　　　(b) Unimate机器人

图 2-6　极坐标型机器人

转动关节,如图 2-7(a)所示。其运动耦合性强,控制较复杂,但是其结构紧凑,运动灵活性最好,自身占据空间最小。此类机器人约占工业机器人总数的 47%。其中关节型焊接机器人如图 2-7(b)所示。

5.平面关节型

平面关节型机器人(selective compliance assembly robot arm,SCARA;中文译名为选择顺应性装配机器手臂),前 3 个关节均为旋转关节,其转动轴线相互平行,可以认为是关节坐标型的一个特例,如图 2-8 所示。其结构轻便、响应快速,铅垂平面刚性好,仅在平面运动有耦合性,控制较通用关节型简单,适用于平面定位和在垂直方向上进行操作的场合。

2.2　工业机器人机身和手臂

工业机器人结构上可分为机身、手臂(或称臂部)、腕部和手部,如图 2-9 所示。本节重点介绍机身和手臂的设计。

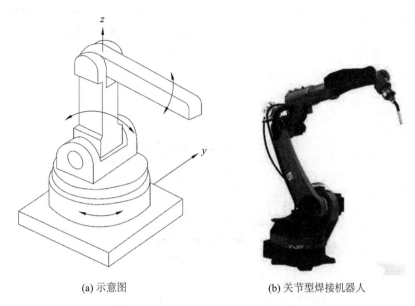

(a) 示意图　　　　　　　　　(b) 关节型焊接机器人

图 2-7　关节坐标型机器人

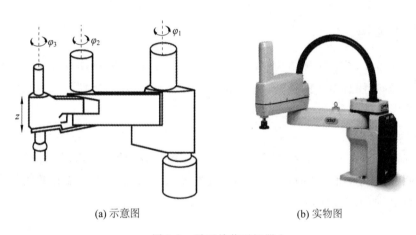

(a) 示意图　　　　　　　　　(b) 实物图

图 2-8　平面关节型机器人

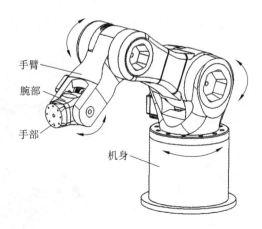

图 2-9　工业机器人各部分的划分

工业机器人的机身往往与基座做成一体,起连接、支承和传动的作用,通常就是图 2-1 中的基座与腰部的组合。它一般有 1～3 个自由度,可实现回转、升降与俯仰等运动。既可以是固定式的,也可以是行走式的(图 2-10)。手臂支承腕部和手部,并带动它们进行空间运动,在工作中直接承受腕部、手部和工件的静、动载荷,且手臂自身运动又较多,故受力复杂。

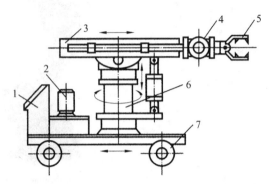

图 2-10 机身固定于移动平台的工业机器人

1—控制部件;2—驱动部件;3—手臂;4—腕部;5—手部;6—机身;7—行走机构

2.2.1 机身设计

对于工业机器人,采用哪种结构(或自由度)形式由机器人的总体设计来定。按照 2.1 节内容,可以分别采用直角坐标型、圆柱坐标型、极坐标型(球面坐标型)、关节坐标型和平面关节型等典型形式的机身。

1.直角坐标型机身

直角坐标型机器人的优点:控制简单,若采用龙门式,刚性很大,容易达到高精度。缺点:操作范围相对较小,而占地面积较大,运动速度较低,密封性较差。靠近基座的升降或水平移动属于机身,如图 2-2 所示。

2.圆柱坐标型机身

圆柱坐标型机器人的优点:工作范围可以扩大,计算简单,动力输出较大。缺点:手臂可达空间受到限制,直线驱动部分难以密封,安全性差。靠近基座的回转与升降部分属于机身,如图 2-11 所示。

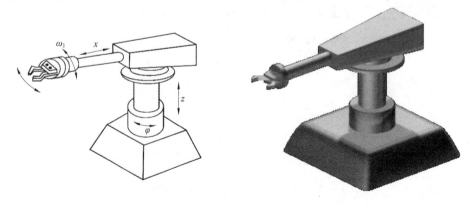

图 2-11 圆柱坐标型机器人的机身

如图 2-12 所示,圆柱坐标型机器人的第一自由度为链条链轮驱动的旋转运动,第二自由度为升降运动,此时其基座、链条链轮以及升降部分构成机身,即构成了链条链轮型回转与升降机身。

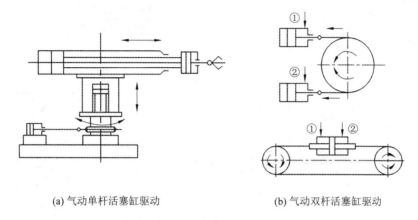

(a) 气动单杆活塞缸驱动　　　　　　　(b) 气动双杆活塞缸驱动

图 2-12　链条链轮型回转与升降机身

3. 极坐标型机身

极坐标型机器人的优点:中心支架附近的工作范围大,工作空间大。缺点:坐标系较复杂,难以控制,存在工作"死区",密封性较差。靠近基座的回转与俯仰部分属于机身,如图 2-13 所示。

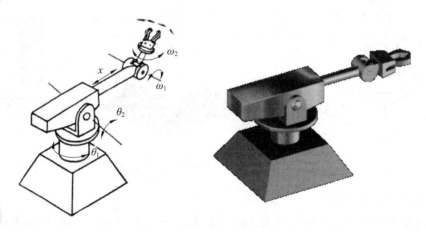

图 2-13　极坐标型机器人的机身

如图 2-14 所示,极坐标型机器人的第一自由度为回转运动,第二自由度为由液压缸驱动实现的俯仰运动,此时其基座、回转以及俯仰部分构成机身,即构成了回转与俯仰机身。

4. 关节坐标型机身

关节坐标型机器人的优点:动作灵活,工作空间大,易密封,工作条件要求低,适合用电机驱动。缺点:计算量大,但输出动力不大。第一回转自由度部分属于机身,如图 2-15 所示。

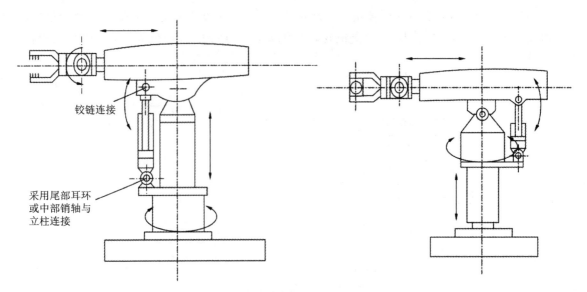

图 2-14　回转与俯仰机身(俯仰自由度由液压缸驱动实现)

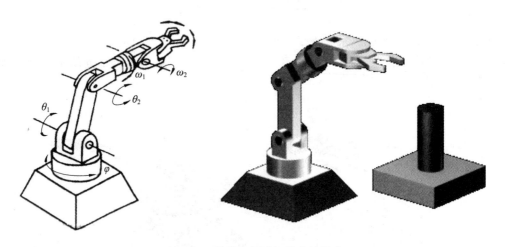

图 2-15　关节坐标型机器人的机身

5. 平面关节型机身

平面关节型机器人的特点：垂直方向上刚度高，水平面内动作灵活，适用于孔轴装配工作。其第一回转自由度部分属于机身，参看图 2-8。

2.2.2　机身驱动力与力矩计算

图 2-16 所示的六自由度工业机器人，其各关节的运动范围如图所标示，重心到第一关节轴线的距离为 ρ，机器人手臂、手腕、末端执行器以及负载的重力分别为 Q_A、Q_W、Q_E、Q_L，则机器人的总偏重力 Q 为

$$Q = Q_E + Q_W + Q_A + Q_L \tag{2-1}$$

总偏重力矩为

$$M_p = Q\rho \tag{2-2}$$

若机器人的总摩擦力矩为 M_m，机器人对于第一关节轴的总转动惯量为 J，转动角速度

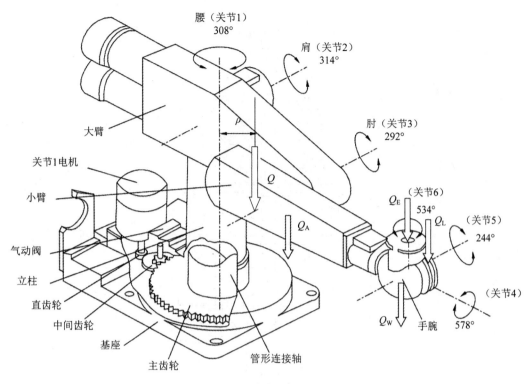

图 2-16 六自由度工业机器人

为 ω，则机器人机身的驱动力矩 T 为

$$T = J\dot{\omega} + Q\rho + M_{\mathrm{m}} \tag{2-3}$$

2.2.3 手臂设计

1. 手臂的直线运动机构

手臂的伸缩、横向移动都属于直线运动。实现直线运动的常用机构有活塞油缸、气缸、齿轮齿条、丝杠螺母及连杆机构等。其中，活塞油缸和气缸在机器人中应用最多。

如图 2-17 所示，手臂的升降运动由电动机 1 带动蜗杆 2 使蜗轮 5 回转，蜗轮内孔有内螺纹，和丝杠 4 组成丝杠螺母运动副，带动丝杠 4 作升降运动。

如图 2-18 所示，手臂的直线运动实现原理：气缸 5 中通以压缩空气使活塞杆 3 左移时，与活塞杆 3 相连的齿轮 2 在固定齿条 4 上滚动，同时带动运动齿条 1 左移。手臂和运动齿条 1 固连在一起，从而实现手臂的直线运动。

2. 手臂的回转运动机构

实现机器人手臂回转运动的常用机构有齿轮传动、同步带、活塞缸和连杆机构等。

图 2-19 所示为采用活塞缸和齿轮齿条机构实现手臂的回转运动。活塞缸两腔分别通以压力油，推动齿条活塞做往复移动，与齿条啮合的齿轮做往复回转运动。由于齿轮和手臂固连，从而实现手臂的回转运动。

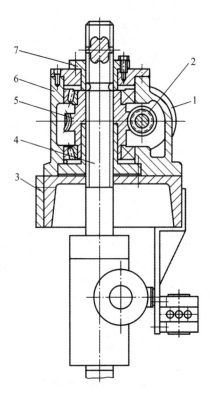

图 2-17　实现手臂升降运动的一种机构

1—电动机；2—蜗杆；3—臂架；4—丝杠；5—蜗轮；6—箱体；7—花键套

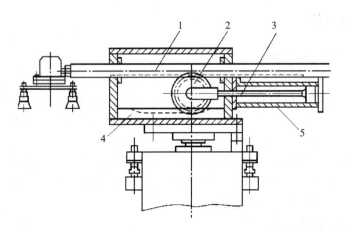

图 2-18　实现手臂直线运动的一种机构（由气缸带动齿轮齿条传动）

1—运动齿条；2—齿轮；3—活塞杆；4—固定齿条；5—气缸

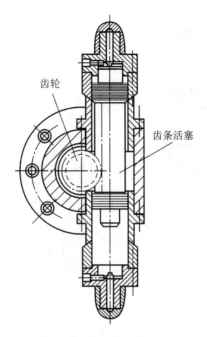

图 2-19　采用活塞缸和齿轮齿条机构实现手臂的回转运动

　　图 2-20 所示为采用活塞缸和连杆机构的一种双臂机器人结构图。其手臂的上下摆动由铰接活塞油缸和连杆机构实现。当铰接活塞油缸 1 的两腔通压力油时,连杆 2 会带动曲柄 3(手臂)绕轴心做 90°的上下摆动。

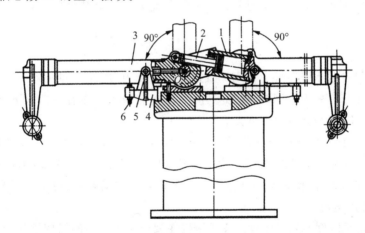

图 2-20　采用活塞缸和连杆机构的一种双臂机器人结构图
1—铰接活塞油缸;2—连杆(活塞杆);3—曲柄(手臂);4—支撑架;5、6—定位螺钉

3.手臂的俯仰运动机构

通常采用摆动液(气)压缸驱动、铰链连杆机构传动实现手臂的俯仰,如图 2-21 所示。

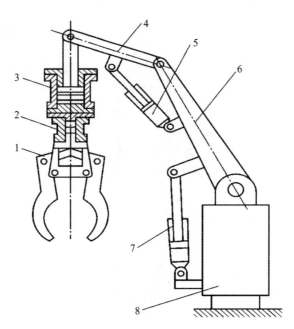

图 2-21 采用摆动液(气)压缸实现机器人手臂俯仰运动的机构

1—手部;2—夹紧缸;3—升降缸;4—小臂;5、7—摆动油缸;6—大臂;8—立柱

2.2.4 机身和手臂设计应注意的问题

机身和手臂工作性能的优劣对机器人的负荷能力和运动精度影响很大,设计时应注意以下问题。

1. 刚度

刚度是指机身或手臂在外力作用下抵抗变形的能力,用外力和在外力方向上的变形量(位移)之比来度量。外力相同时,变形量越小,刚度就越大。在有些情况下,刚度比强度更重要,为了提高刚度,应注意以下几点。

(1) 根据受力情况,合理选择截面形状或轮廓尺寸。机身和手臂既受弯矩,又受扭矩,应选用抗弯和抗扭刚度较大的截面形状。一般采用具有封闭空心截面的构件,该类构件不仅有利于提高结构刚度,而且空心部位还可以布置安装驱动装置、传动装置和管线等,使整体结构紧凑、外形美观。

(2) 提高支承刚度和接触刚度。支承刚度主要取决于支座的结构形状。接触刚度主要取决于配合表面的加工精度和粗糙度。

(3) 合理布置作用力的位置和方向。尽量使各作用力引起的变形互相抵消。

2. 精度

机器人的精度最终集中在手部的位置精度上,影响精度的因素有部件的刚度、部件的制造和装配精度、部件的定位和连接方式,其中导向装置的精度和刚度对机器人手部的位置精度影响很大。

3. 平稳性

机身和手臂质量大,负荷重,速度高,易引起冲击和振动,必要时应有缓冲装置吸收能量。从减少能量产生的方面应注意以下两点。

（1）运动部件应结构紧凑、质量轻，转动惯量小，以减小惯性力。

（2）必须注意各运动部件重心的分布。

4.其他

（1）传动装置应尽量结构简单，以提高传动精度和效率。

（2）各部件布置要合理，操作维护要方便。

（3）特殊情况特殊考虑：在高温环境中应考虑热辐射的影响；在腐蚀性环境中应考虑防腐蚀问题；危险环境应考虑防爆问题。

2.3 工业机器人的腕部和手部

2.3.1 工业机器人的腕部

1.基本概念

腕部的作用：工业机器人的腕部是连接手部与手臂的部件，起支承手部的作用。机器人一般需要六个自由度才能使手部到达目标位置和处于所期望的姿态，腕部上的自由度主要用于实现手部所期望的姿态。

为使手部能处于空间任意方向，要求腕部能实现对空间三个坐标轴 x、y、z 的转动，即具有偏转、俯仰和翻转三个自由度。机器人手腕的运动形式如图 2-22 所示。

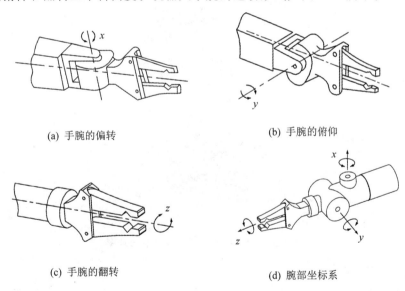

(a) 手腕的偏转 (b) 手腕的俯仰

(c) 手腕的翻转 (d) 腕部坐标系

图 2-22 机器人手腕的运动形式

按航海或航空习惯，通常把腕部的偏转叫作 yaw，用 Y 表示；把腕部的俯仰叫作 pitch，用 P 表示；将腕部的翻转叫作 roll，用 R 表示。设计时，实际所需腕部自由度数目应由机器人的工作性能来确定，其中腕部的大小和重量也是腕部设计时需要考虑的关键问题。

2.腕部的分类

机器人的腕部按自由度数目可分为单自由度腕部、二自由度腕部、三自由度腕部。

单自由度腕部仅仅实现偏转、俯仰和翻转三个自由度中的一种,其中翻转的角度较大,可达 360°。而俯仰和偏转一般受结构限制,角度较小。这和人的腕部类似,人手腕的左右偏转角度只有 55°和 15°,人手腕的上下俯仰角度只有 85°。二自由度腕部通常由偏转、俯仰和翻转三个自由度中的任意两个构成。三自由度腕部通常由偏转、俯仰和翻转三个自由度构成,在此基础上也有许多其他变化。

机器人腕部关节主要由电机(驱动部件)、减速器(传动部件)和轴承(支承部件)组成。图 2-23 所示为六自由度机器人各关节示意图。下面分别对单自由度、二自由度和三自由度腕部加以介绍。

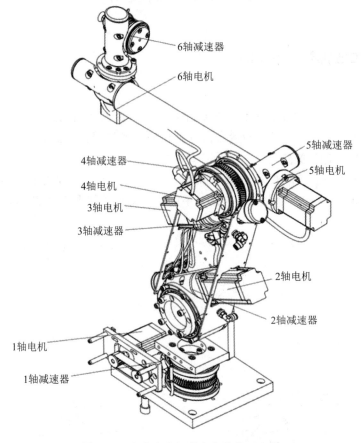

图 2-23　六自由度机器人各关节示意图

1)单自由度腕部

单自由度腕部的运动形式如图 2-24 所示。图 2-25 为一种单自由度回转腕部的机械结构。

典型的单自由度腕部有平面关节型机器人(图 2-26),其中水平关节装配机器人的腕部只有绕垂直轴的一个旋转自由度,用于调整装配件的方位。为了减轻操作机的悬臂重量,腕部的驱动电机固结在机架上。传动装置为两级等径轮齿形带,所以大、小臂的转动不影响末端执行器的水平方位,而末端执行器方位的调整完全取决于腕部转动的驱动电机。这种传动方式特别适合电子线路板的插件作业。

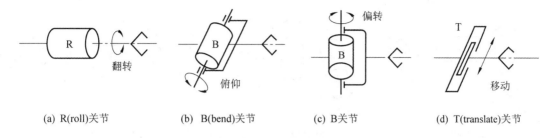

(a) R(roll)关节　　　(b) B(bend)关节　　　(c) B关节　　　(d) T(translate)关节

图 2-24　单自由度腕部的运动形式

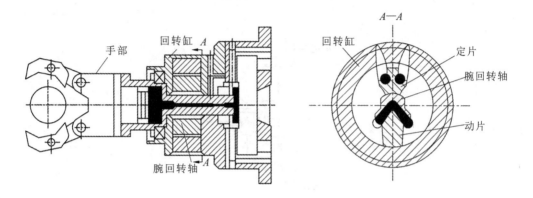

图 2-25　一种单自由度回转腕部的机械结构

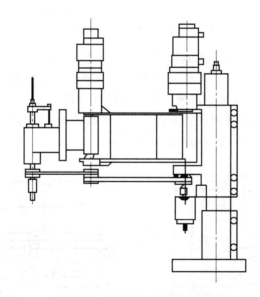

图 2-26　平面关节型机器人的手腕采用远距离传动

2）二自由度腕部

二自由度腕部的运动形式如图 2-27 所示。

有时为了保证能提供足够大的驱动力，驱动装置又不能做得过小，同时也为了减轻腕部的重量，所以采用远距离驱动方式，驱动源一般放在手臂或机身上。图 2-28 是一种采用轮系传动且具有俯仰和翻转两个自由度的腕部，S 轴传递回转运动，B 轴给出俯仰运动。此传动机构结构紧凑，传动扭矩大，多用于示教型机械手。

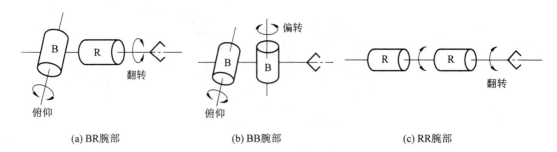

(a) BR腕部　　　　　　　　(b) BB腕部　　　　　　　(c) RR腕部

图 2-27　二自由度腕部的运动形式

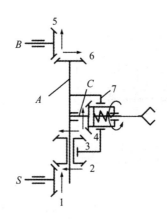

图 2-28　远距离驱动 RB 二自由度腕部

1、2、3、4、5、6—锥齿轮;7—腕部壳体

　　二自由度腕部的两种常见的配置形式为汇交式和偏置式(图 2-29)。汇交式腕部的典型结构为谐波减速器前置的汇交式腕部,即将谐波减速器置于手臂,驱动器通过齿形带轮带动谐波减速器,或经锥齿轮带动谐波减速器使末杆获得沿 x、y 轴的二自由度运动;偏置式腕部的典型结构为电机与谐波减速器前置的偏置型腕部,即将驱动电机和谐波减速器连成一体,放于偏置的腕壳中直接带动腕部完成角转动。

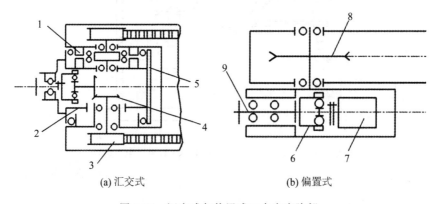

(a) 汇交式　　　　　　　　　　　(b) 偏置式

图 2-29　汇交式与偏置式二自由度腕部

1—扁平谐波;2—杯式谐波;3—齿形带轮;4—锥齿轮;5—腕壳;6—谐波减速;7—电机;8—链轮;9—腕壳

3) 三自由度腕部

三自由度腕部的运动形式如图 2-30 所示。

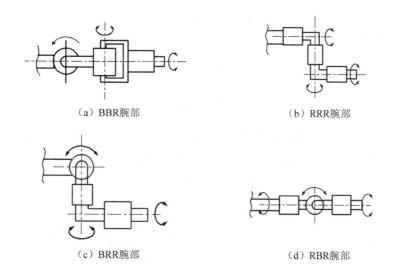

（a）BBR腕部　　　　　　　　　　（b）RRR腕部

（c）BRR腕部　　　　　　　　　　（d）RBR腕部

图 2-30　三自由度腕部的运动形式

　　三自由度腕部的结构形式繁多。三自由度腕部是在二自由度腕部的基础上加了一个整个腕部相对于小臂的转动自由度而形成的，如图 2-31 所示。

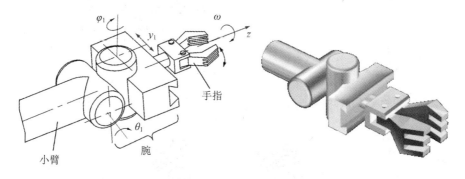

图 2-31　三自由度腕部的建模

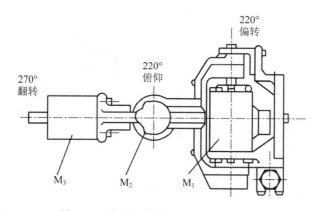

图 2-32　液压驱动的 BBR 三自由度腕部

　　三自由度腕部是"万向"型腕部，可以完成很多二自由度腕部无法完成的作业。近年来，大多数关节型机器人都采用了三自由度腕部。图 2-32 为液压驱动的 BBR 三自由度腕部，其设计紧凑巧妙。其中 M_1、M_2、M_3 为液压马达。这是一种直接驱动腕部，其驱动源一般放在腕部上。这种直接驱动腕部的关键是设计和加工出尺寸小、重量轻而驱动扭矩大、驱动性能好的驱动电机或液压马达。

4）柔顺腕部结构

机器人精密装配时，由于被装配零件的不一致性、工件定位夹具及机器人手部的定位精度无法满足装配要求等问题，装配会存在困难甚至失败，这就衍生出了装配动作的柔顺性要求。

柔顺装配技术有两种：一种是控制腕部的角度，借助检测元件采取边校正、边装配的方式，称为"主动柔顺装配"，如图 2-33 所示；另一种是调整结构的角度，在腕部配置一个柔顺环节，这种柔顺装配技术称为"被动柔顺装配"，即 RCC（remote center compliance），如图 2-34 与图 2-35 所示。

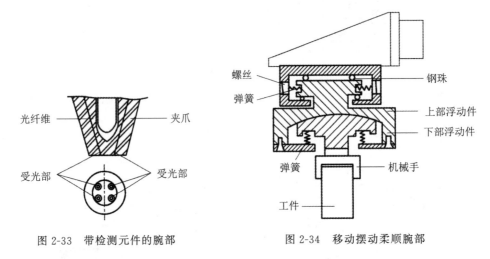

图 2-33　带检测元件的腕部　　　　　图 2-34　移动摆动柔顺腕部

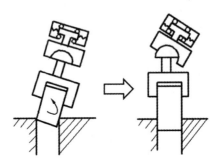

图 2-35　柔顺腕部动作过程

2.3.2　工业机器人手部的作用与分类

1. 工业机器人手部的作用

工业机器人的手部也叫末端执行器，是用来握持工件或工具而在腕部上配置的操作机构。

2. 工业机器人手部的特点

（1）手部是一个独立的部件，对整个机器人完成任务的质量好坏起着关键作用，它直接关系着夹持工件时的定位精度、夹持力的大小等。

（2）机器人的手部结构与人的手部结构不一定相同,其可以具有手指,也可以不具有手指;可以有手部,也可以是其他专用工具。工业机器人的手部通常是专用装置。一种手部往往只能抓取一种或几种在形状、尺寸、重量等方面相近的工件。

（3）手部与腕部连接处有可拆卸的机械接口。根据夹持对象的不同,手部结构也会有差异。通常一个机器人配有多个手部装置或工具,因此要求手部与腕部连接处的接头具有通用性和互换性。手部可能还有一些电、气、液的接口,对这些接口的要求是必须具有互换性。

3. 机器人手部的分类

由于机器人作业内容的差异（如搬运、装配、焊接、喷涂等）和作业对象的不同（如轴类、板类、箱类、包类物体等）,手部的形式多样。综合考虑手部的用途、功能和结构特点,手部大致可分为夹钳式手部、吸附式手部和仿生多指灵巧手三类。

2.3.3 夹钳式手部

1. 夹钳式手部的组成

图 2-36 所示为一种夹钳式手部,其主要由以下几部分组成。

（1）手指:机器人直接与工件接触的构件。夹钳式一般只有两个手指,少数有三个或多个手指,其结构形式取决于被夹持工件的形状和特性。

（2）传动机构:向手指传递运动和动力,以实现夹紧和松开动作的机构。

（3）驱动装置:向传动机构提供动力的装置,有液压、气压、电动和机械驱动。

（4）支撑和连接元件:使手部与机器人的腕或臂相连接。

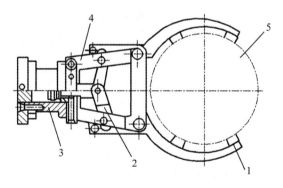

图 2-36 一种夹钳式手部

1—手指;2—传动机构;3—驱动装置;4—支撑和连接元件;5—被夹持工件

2. 夹钳式手部的手指

1）指端的形状

指端是指手指上直接与工件接触的部分,它的结构和形状取决于工件的形状。通常有以下几种类型。

（1）V 形指:适用于夹持圆柱形工件,特点是夹紧平稳可靠,夹持误差小。如图 2-37 所示,图 2-37(a)只能夹持相对静止的工件,但定位精度高;图 2-37(b)能快速夹持旋转中的圆柱体,但定位精度较差;图 2-37(c)为可浮动的 V 形指,有自定位能力,与工件接触好,但定位精度较差,且浮动件不稳定。

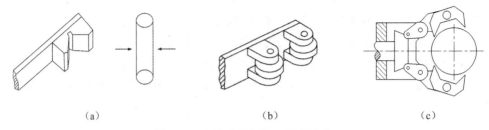

图 2-37　夹钳式手部的 V 形指形式

（2）平面指:适用于夹持方形工件（具有两个平行表面）、板形或细小棒料。其加工简单,成本最低。平面指如图 2-38（a）所示。

（3）尖指薄指或长指:尖指一般用于夹持小型或柔性工件,薄指用于狭窄工作场地;长指可用于夹持炽热的工件。尖指如图 2-38（b）所示。

（4）特形指:用于夹持形状不规则的工件,为专用手指,如图 2-38（c）所示。

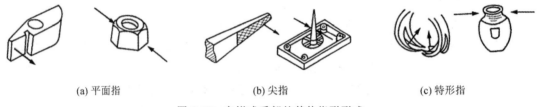

(a) 平面指　　　　　　　(b) 尖指　　　　　　(c) 特形指

图 2-38　夹钳式手部的其他指形形式

2）指面形式

指面形式的选取主要取决于工件的材质和表面特性。通常有以下几类指面形式。

（1）光滑指面:指面平整光滑,用于夹持表面已加工的工件,避免光滑表面受损。

（2）齿形指面:指面刻有齿纹,可增加摩擦力,用于夹持表面粗糙的毛坯和半成品。

（3）柔性指面:指面镶嵌橡胶、泡沫、石棉等材料,增加摩擦力,保护工件表面,具有隔热作用,用于夹持表面已加工的工件、炽热件、薄壁件和易碎件。

3）手指的材料

夹钳式手部手指的材料,一般用碳素钢和合金结构钢,亦可镶嵌硬质合金。若机器人需要进行高温作业,则手指的材料需要使用耐热钢;若机器人在腐蚀性环境中作业,则手指需要使用镀铬或搪瓷、玻璃钢等耐腐蚀的材料。

3. 夹钳式手部的传动机构

按照机器人手部的运动类型,夹钳式手部可分为回转型和平移型。

1）回转型夹钳式手部的常用传动机构

回转型夹钳式手部应用较多,其手指就是一对杠杆,一般再同连杆、斜楔、滑槽、齿轮、蜗轮蜗杆或螺杆等机构组成复合式杠杆传动机构,用以改变传力比、传动比和运动方向等。其中连杆形式较为常用,回转型夹钳式手部的驱动形式如图 2-39 所示。

2）平移型夹钳式手部的常用传动机构

平移型夹钳式手部是通过手指的指面做直线往复运动或平面移动来实现张开或闭合动

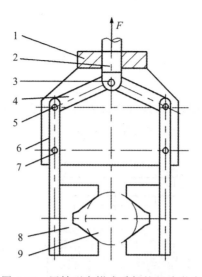

图 2-39　回转型夹钳式手部的驱动形式

1—壳体；2—驱动杆；3、5—圆柱销；4—连杆；6—手指；7—铰销；8—V 形指；9—被夹持工件

作的，常用于夹持具有平行平面的工件。其结构复杂，不如回转型夹钳式手部应用广泛。图 2-40 为平移型夹钳式手部的驱动形式，其驱动采用了平面平行移动机构。

平面平行移动机构的本质为双曲柄平行四边形机构，其两连架杆等长且平行，BC 连杆作半移运动，如图 2-41 所示。

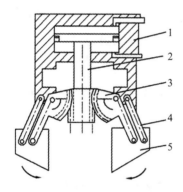

图 2-40　平移型夹钳式手部的驱动形式

1—支撑架；2—齿条；3—扇形齿轮；4—手指；5—平面指

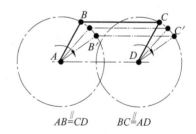

$$AB \overset{\parallel}{=} CD \quad BC \overset{\parallel}{=} AD$$

图 2-41　双曲柄平行四边形机构

还有一种平面平行移动是直线往复移动，实现直线往复移动的机构有很多，如齿轮齿条、丝杠螺母等。图 2-42 所示为齿轮齿条式移动。

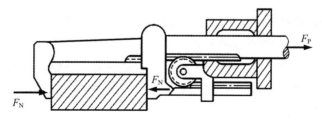

图 2-42　齿轮齿条式移动

2.3.4　吸附式手部

吸附式手部常见的有磁力吸盘、真空式吸盘等形式。

1. 磁力吸盘

磁力吸盘是在手部装上磁铁,磁铁通过磁场的吸力把工件吸住。磁力吸盘分为电磁吸盘和永磁吸盘两种。图 2-43 为电磁吸盘的结构示意图。

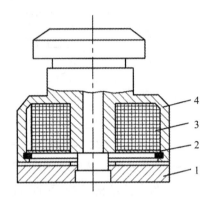

图 2-43　电磁吸盘结构示意图

1—磁盘;2—防尘盖;3—线圈;4—外壳

磁力吸盘使用注意事项:① 只能吸住铁磁材料制成的工件,吸不住有色金属和非金属材料制成的工件;② 被吸取工件有剩磁,不能用作钟表及仪表零件;③ 不能在高温条件下应用,因为在温度高于 723 ℃时,钢铁等磁性物质的磁性会消失。

2. 真空式吸盘

真空式吸盘主要用于搬运体积大、质量小的工件,如冰箱和汽车的壳体、板材、玻璃等。要求被吸取工件表面平整光滑、干燥清洁。根据真空产生的原理可将真空式吸盘分为以下几种。

1) 真空吸盘

如图 2-44(a)所示,真空吸盘利用真空泵抽出吸附头内的空气而形成真空状态。由此衍生出的自适应吸盘如图 2-44(b)所示,具有一个球关节,使吸盘能倾斜自如,适应工件表面倾角的变化。异形真空吸盘如图 2-44(c)所示,可用来吸附鸡蛋、锥形瓶等物件,扩大了真空吸盘在工业机器人上的应用范围。

2) 喷吸式吸盘

如图 2-45 所示,喷吸式吸盘利用伯努利效应,当压缩空气刚进入时,由于喷嘴管路逐渐缩小,气流速度逐渐增加。当管路截面收缩到最小处时,气流速度达到临界速度,然后喷嘴管路的截面逐渐增加,高速的气流在与橡胶皮碗相连的吸气口处形成负压,以此吸取工件。喷吸式吸盘的特点是借助压缩空气气源,不需要专用真空泵,应用广泛。

3) 挤气负压式吸盘

如图 2-46 所示,挤气负压式吸盘压向工件表面时,将吸盘内的空气挤出;松开时,压力去除,吸盘恢复弹性变形使吸盘内腔形成负压,将工件牢牢吸住,机械手即可搬运工件;到达目标位置后,用碰撞力 F_P 或电磁力使压盖 2 动作,破坏吸盘内腔的负压,释放工件。挤气负压式吸盘工作过程如图 2-47 所示。该吸盘不需要真空泵,也不需要压缩空气气源,经济方便,但可靠性稍差。

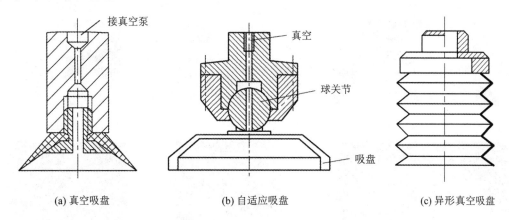

(a) 真空吸盘   (b) 自适应吸盘   (c) 异形真空吸盘

图 2-44　三种真空吸盘结构示意图

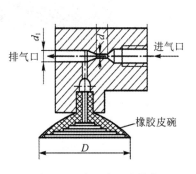

图 2-45　喷吸式吸盘结构

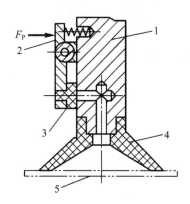

图 2-46　挤气负压式吸盘结构
1—吸盘架;2—压盖;3—密封垫;4—吸盘;5—工件

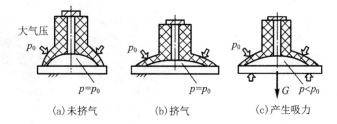

(a) 未挤气   (b) 挤气   (c) 产生吸力

图 2-47　挤气负压式吸盘工作过程

2.3.5　仿生多指灵巧手

人手是最灵巧的夹持器,如果模拟人手结构,就能制造出结构最优的夹持器。但由于人手自由度较多,驱动和控制都十分复杂,迄今为止,研究人员只制造出了一些原理样机,离工业应用还有一定的差距。多指灵巧手的技术关键是手指之间的协调控制。一些仿生多指灵巧手如图 2-48 所示。

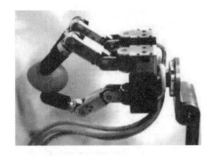
(a) 北京航空航天大学研制的多指灵巧手

(b) 四指灵巧手

(c) 最小的三指手

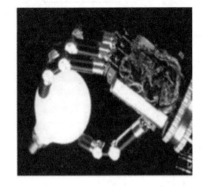
(d) DLR多指手

(e) 哈尔滨工业大学研发的多指手

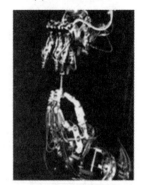
(f) 灵巧的双手

图 2-48　一些仿生多指灵巧手

　　除了使用多关节连杆机构外,也可以利用材料的柔性设计柔性手爪。图 2-49(a)利用材料通电后弯曲的性质设计了多指柔性手爪;图 2-49(b)利用橡胶手指因内部空腔气压增大而弯曲的性质设计了多指柔性手爪,其与物体接触部分柔软,适合用于表面易损坏物体的抓取,如水果采摘等。

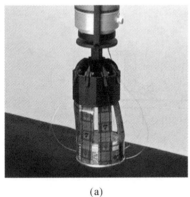

(a)　　　　　　　　　　　　　　(b)

图 2-49　利用材料的柔性设计的多指柔性手爪

2.4　工业机器人的驱动与传动系统

在机器人中,驱动器通过联轴器带动传动装置(一般为减速器),再通过关节轴带动杆件运动。

机器人一般有两种运动关节:转动关节和移(直)动关节。

为了进行位置和速度控制,驱动系统中还包括位置和速度检测元件。检测元件类型很多,但都要求有合适的精度、连接方式以及有利于控制的输出方式。对于伺服电机驱动,检测元件常与电机直接相连;对于液压驱动,则常通过联轴器或销轴与被驱动的杆件相连。图2-50为转动关节与移动关节的结构示意图。

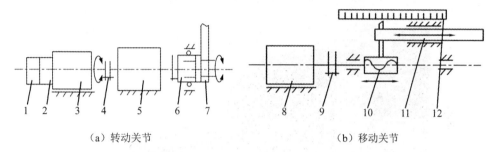

（a）转动关节　　　　　　　　　　　　　（b）移动关节

图2-50　转动关节与移动关节的结构示意图
1—码盘;2—测速机;3—电机;4、9—联轴器;5—传动装置;6—转动关节;
7—连杆;8—电机;10—螺旋副;11—移动关节;12—电位器(或光栅尺)

2.4.1　驱动器的类型和特点

驱动器主要有电动驱动器、液压驱动器、气压驱动器,下面分别加以介绍。

1. 电动驱动器

电动驱动器的能源简单,速度调节范围大,效率高,速度和位置精度都很高。但它们多与减速装置相连,直接驱动比较困难。电动驱动器的类型很多,可分为这几种类型:直流(direct current,DC)伺服电机驱动(包括直线电机),分为有刷与无刷两种;交流(alternating current,AC)伺服电机驱动;步进电机驱动。

1）直流伺服电机(DC servomotor)

直流伺服电机工作原理如图2-51所示。其转动惯量小,启停反应快,速度调节范围大,可无级调速,调速方便。同时,其低速性能好(启动转矩大,启动电流小),效率高,运行平稳,转矩和转速容易控制,速度和位置精度都很高。

直流伺服电机一般与驱动器配合使用,如图2-52所示。其主要技术参数有:额定输入电压,空载转速,堵转转矩,输出功率,空载电流,转矩系数,电枢电阻,电枢感应系数,最大效率,最大径向载荷,最大轴向载荷。

直流伺服电机有很多优点,具有很高的性价比,一直是机器人平台的标准电机。但它的电刷易磨损,必须经常更换,且易形成电火花,一般噪声比交流伺服电机大。改进措施是采用霍尔电路来进行换向,即无刷直流伺服电机。

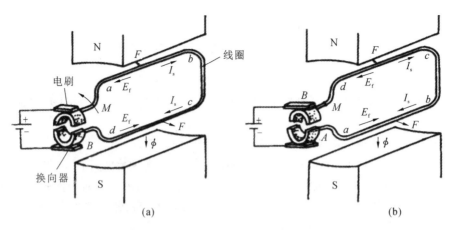

图 2-51　直流伺服电机工作原理

图 2-52　直流伺服电机与驱动器

无刷直流伺服电机体积小,重量轻,出力大,响应快,速度高,惯量小,转动平滑,力矩稳定。虽然控制复杂,但其电子换向方式灵活。同时,其电机免维护,效率很高,运行温度低,电磁辐射很小,寿命长,可用于各种环境。

2）交流伺服电机（AC servomotor）

交流伺服电机比直流伺服电机的功率大,且无须电刷,效率高,维护方便,在工业机器人中有一定的应用。交流伺服电机的外形、主要技术参数与直流伺服电机相近。

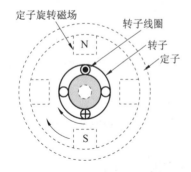

图 2-53　交流伺服电机结构图

交流伺服电机包括交流异步伺服电机和交流同步伺服电机。其结构类似于单相异步电机,如图 2-53 所示,它的定子铁芯中安放着空间相差 90° 电角度的两相绕组,一相称为励磁绕组,一相称为控制绕组。电机工作时,励磁绕组接单相交流电压,控制绕组接控制信号电压,要求两相电压同频率。根据旋转磁动势理论,励磁绕组和控制绕组共同作用产生的是一个旋转磁场,旋转磁场的旋转方向是由相位超前的绕组转向相位滞后的绕组。改变控制绕组中控制电压的幅值和相位,可以改变旋转磁场的磁通,从而改变电机产生的电磁转矩,从而改变交流伺服电机的转速。

交流伺服电机的特点:无电刷和换向器,无产生火花的危险;比直流伺服电机的驱动电路复杂、价格高。其同步电机体积小,主要用于要求响应速度快的中等速度以下的工业机器人和机床领域。其异步电机转子惯量很小,响应速度很快,主要用于中等功率以上的伺服系统。

交流伺服电机的控制方式是通过改变定子绕组上的电压或频率来实现的,即电压控制或频率控制方式。交流伺服电机也要配专门的驱动器,其精度由编码器的精度决定。

3)步进电机(stepping motor)

步进电机驱动系统由运动控制卡、驱动器与步进电机组成,如图 2-54 所示,主要用于开环位置控制系统。

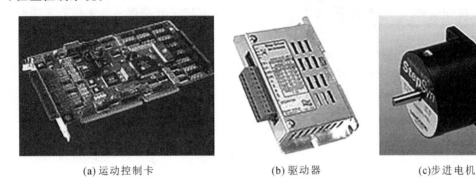

(a) 运动控制卡   (b) 驱动器   (c)步进电机

图 2-54 步进电机驱动系统组成

步进电机是一种将电脉冲转化为角位移的执行机构。其工作原理简单说就是:当驱动器接收到一个脉冲信号,它就驱动步进电机按设定的方向转动一个固定的角度(步进角),所以可以通过控制脉冲个数来控制角位移量,从而达到准确定位的目的,同时还可以通过控制脉冲频率来控制电机转动的速度和加速度,从而达到调速的目的。

如图 2-55 所示,步进电机有三种构造:永磁(permanent magnet,PM)式、反应(variable reluctance,VR)式(也称可变磁阻式),混合(hybrid,HB)式。

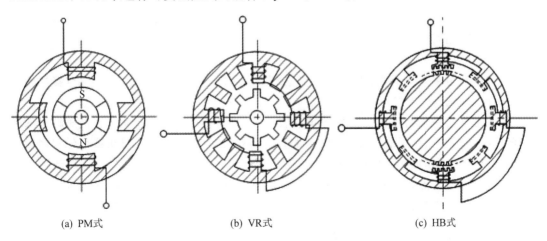

(a) PM式   (b) VR式   (c) HB式

图 2-55 步进电机的构造形式

PM 式步进电机转子是永磁体,定子是电磁铁,其上有绕组,转子的极数与定子的极数相同,该电机在定子电磁铁和转子永磁体之间的排斥力和吸引力的作用下转动。其特点是动态性能好、输出力矩大,但这种电机步矩角大(一般为7.5°或15°),精度较差。

VR式步进电机用齿轮状的软磁材料作转子,定子是电磁铁,上面有绕组。在定子的磁场中,转子始终转向磁阻最小的位置。这种电机结构简单、成本低,步距角一般为0.9°～15°,但其动态性能差、效率低、发热大,可靠性难保证。VR式步进电机现已基本被淘汰。

HB式步进电机是PM式和VR式的复合形式,在永磁体转子和电磁铁定子的表面上加工出许多轴向齿槽,产生转矩的原理与PM式相同,转子和定子的形状与VR式相似,步距角一般为0.9°～15°。HB式步进电机综合了PM式和VR式的优点,应用最为广泛。其输出力矩大、动态性能好,步距角小(精度高),但结构复杂、成本相对较高。

步进电机的特点:步进电机驱动多为开环控制,控制简单但功率不大;有较好的制动效果,但在速度很低或大负载情况下,可能产生丢步现象;多用于低精度小功率机器人的驱动系统。

与步进电机相比,伺服电机的优势在于:

(1) 实现了位置、速度和力矩的闭环控制,克服了步进电机丢步的问题;

(2) 高速性能好,一般额定转速能达到2000～3000转;

(3) 抗过载能力强,能承受三倍额定转矩的负载,特别适用于有瞬间负载波动和要求快速起动的场合;

(4) 低速运行平稳,低速运行时不会产生类似于步进电机的步进运行现象,适用于有高速响应要求的场合;

(5) 电机加减速的动态相响应时间短,一般在几十毫秒之内;

(6) 发热和噪声明显减少。

2. 液压驱动器

液压驱动器的优点是功率大,可省去减速装置而直接与被驱动的杆件相连,结构紧凑,刚度好,响应快,具有较高的精度。

其缺点是需要增设液压源,易产生液体泄漏,不适合高、低温及有洁净要求的场合,故液压驱动器目前多用于特大功率的操作机器人系统或机器人化工程机械。

液压驱动器可分为两种类型:直线驱动,例如直线液压缸;旋转驱动,例如回转液压马达、摆动液压马达。

1) 直线液压缸

直线液压缸主要由活塞、活塞杆、缸盖、密封圈和进、出油口等构成,其结构与实物如图2-56所示。

数字液压缸是指将步进或伺服电机、液压滑阀、闭环位置反馈设计集成在液压缸内部的直线液压驱动器,当接通液压油源,直接通过数字液压缸控制器——计算机或可编程逻辑控制器(PLC)等发出的数字脉冲信号来完成不同速度下的长度矢量控制,是一种高新技术产品。其具有以下特点:① 适合多参数多系统协同工作;② 具有高分辨率运动控制精度;③ 能无损失远程控制执行;④ 运动特性完全数字化。数字液压缸实物图如图2-57所示。

2) 液压马达

液压马达是将液压能转换为机械能的装置。从构成来看,液压马达分为齿轮式、叶片式以及轴向柱塞式。

叶片式液压马达主要由缸体、定子、转子、叶片、输出轴、进油口、出油口、进油腔a、回油

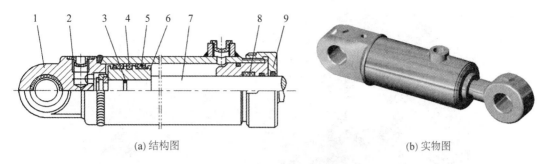

(a) 结构图　　　　　　　　　　　　　　(b) 实物图

图 2-56　直线液压缸的结构与实物

1、9—缸盖；2—进、出油口；3、4、5、8—密封圈；6—活塞；7—活塞杆

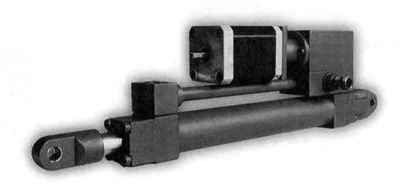

图 2-57　数字液压缸实物图

腔 b 组成，如图 2-58 所示。其工作流程如下：压力油进入油腔 a，作用在叶片 2 的右侧、叶片 1 的左侧，叶片 2 伸出面积大因而推力大，推动叶片顺时针旋转，转至回油腔 b 时回油，带动中心轴回转，使液压能转变为机械能。

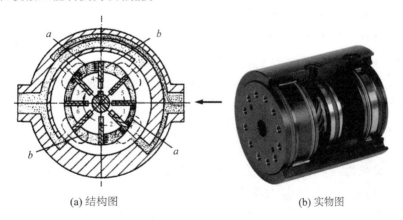

(a) 结构图　　　　　　　　　　　　　　(b) 实物图

图 2-58　叶片式液压马达结构图与实物图

3. 气压驱动器

气压驱动器包含气压缸与气动马达，如图 2-59 所示。气压驱动器适合节拍快、负载小且精度要求不高的场合（因为空气具有可压缩性）。

　　　(a)气压缸　　　　　　　　　　　　　(b)气动马达

图 2-59　气压缸与气动马达实物图

4.其他驱动器

其他特殊的驱动器有压电晶体、形状记忆合金等,可以分别用于一些微驱动场合和生物医疗领域。图 2-60 所示为压电微驱动并联机器人。

2.4.2　驱动器的选择和安装

1.驱动器的选择

驱动器的选择应以作业要求、生产环境为先决条件,以价格高低、技术水平为评价标准。一般说来,目前负荷在 100 kg 以下的,可优先考

图 2-60　压电微驱动并联机器人

虑电动驱动器,并根据机器人的用途选择合适的电机。只需要点位控制且功率较小者,或有防爆、清洁等特殊要求者,可采用气压驱动器。负荷较大或机器人周围已有液压源的场合,可采用液压驱动器。

对于驱动器来说,最重要的是要求启动力矩大,调速范围宽,惯量小,尺寸小,同时还要有与之配套的高性能数字控制系统。

2.驱动器的安装

对于较大体积的驱动器,一般采用底座安装;对中小型驱动器,采用法兰安装;对微小型驱动器,则可用卡箍安装,甚至是临时安装。

2.4.3　机器人传动机构

机器人传动机构的基本要求是:① 结构紧凑,即同比体积最小、重量最轻;② 传动刚度大,即承受扭矩时角度变形要小,以提高整机的固有频率,降低整机的低频振动;③ 回差小,即由正转到反转时空行程要小,以得到较高的位置控制精度;④ 寿命长、价格低。微小型减速器实物图如图 2-61 所示。

机器人几乎使用了目前出现的绝大多数传动机构,其中最常用的为谐波齿轮传动、RV(rotary vector,旋转矢量)摆线针轮传动和滚珠丝杠(滚动螺旋)传动。

机器人中,腰关节最常用谐波齿轮传动、齿轮/蜗轮传动、RV 摆线针轮传动;臂关节最常用谐波齿轮传动、RV 摆线针轮传动和滚珠丝杠传动;腕关节最常用齿轮传动、谐波齿轮

(a) 微电机+减速器　　　　　　　(b) 微小减速器

图 2-61　微小型减速器实物图

传动、同步带传动和钢丝绳传动。

下面重点讲述谐波齿轮传动、RV 摆线针轮传动和滚珠丝杠传动。

1. 谐波齿轮传动

目前,机器人的旋转关节有 $60\%\sim70\%$ 使用谐波齿轮传动。

谐波齿轮传动是利用一个构件可控制的弹性变形来实现机械运动的传递。谐波齿轮传动通常由三个基本构件组成,包括一个有内齿的刚轮(刚性齿轮)、一个工作时可产生径向弹性变形并带有外齿的柔轮(柔性齿轮)和一个装在柔轮内部、呈椭圆形、外圈带有滚动轴承的波发生器。柔轮的外齿数少于刚轮的内齿数。

波发生器在转动时,相应于长轴方向的柔轮外齿正好完全啮入刚轮的内齿;在短轴方向,柔轮外齿则与刚轮内齿完全脱开。当刚轮固定,波发生器转动时,柔轮的外齿将依次啮入和啮出刚轮的内齿,柔轮齿圈上任一点的径向位移将呈近似于余弦波形的变化,所以这种传动称作谐波齿轮传动。波发生器亦称为谐波发生器。谐波减速器结构与组成部分实物图如图 2-62 所示。

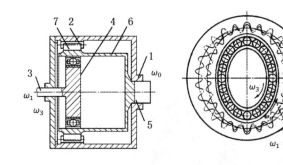

图 2-62　谐波减速器结构与组成部分实物图

1—刚轮;2—刚轮内齿圈;3—输入轴;4—波发生器;5—输出轴;6—柔轮;7—柔轮齿圈

谐波减速器的减速比 i 的计算公式可分为以下两种情况。

(1) 若刚性齿轮(齿数 z_1)固定,谐波发生器为输入,柔性齿轮(齿数 z_2)为输出,则减速比计算公式为式(2-4),负号表示方向与输入方向相反。

$$i = -\frac{z_2}{z_1 - z_2} \tag{2-4}$$

(2) 若柔性齿轮(齿数 z_2)固定,谐波发生器为输入,刚性齿轮(齿数 z_1)为输出,则减速比计算公式为(2-5),正号表示方向与输入方向相同。

$$i = \frac{z_1}{z_1 - z_2} \tag{2-5}$$

假设刚性齿轮有 100 个齿,柔性齿轮(固定)比它少 2 个齿,则当谐波发生器转 50 圈时,刚性齿轮转 1 圈,这样只占用了很小的空间就可得到 1:50 的减速比。

谐波齿轮传动的主要特点如下。

(1) 传动比大,单级为 50~300,双级可达 2×10^6。

(2) 传动平稳,承载能力高,传递单位扭矩的体积和质量小。在相同的工作条件下,体积可减小 20%~50%。

(3) 齿面磨损小而均匀,传动效率高。当结构合理,润滑良好时,对 $i = 100$ 的传动,效率可达 85%。

(4) 传动精度高。在制造精度相同的情况下,谐波齿轮传动的传动精度可比普通齿轮传动高 1 倍。若齿面经过良好的研磨,则谐波齿轮传动的传动精度要比普通齿轮传动高 4 倍。

(5) 回差小。精密谐波齿轮传动的回差一般可小于 $3'$,甚至可实现无回差传动。

(6) 可以通过密封壁传递运动。这是其他传动机构难以实现的。

(7) 谐波齿轮传动不能获得中间输出,并且杯式柔轮刚度较低。

2.RV 摆线针轮传动

RV 摆线针轮传动装置是由一级行星轮系再串联一级摆线针轮减速器组合而成的。RV 摆线针轮传动装置即 RV 减速器,其具有减速比大、结构紧凑、轻便、抗过载能力强、定位精度高以及在一定条件下可以自锁等特点,是智能装备的核心零部件。RV 减速器传动简图与实物图如图 2-63 所示,它由渐开线圆柱齿轮行星减速机构[图 2-63(a)中右半部分]和摆线针轮行星减速机构[图 2-63(a)中左半部分]两部分组成。行星轮 2 与曲柄轴 3 连成一体,作为传动的输入部分。如果中心轮 1 沿顺时针方向旋转,那么行星轮 2 在公转的同时还会沿逆时针方向自转,并通过曲柄轴 3 带动摆线轮 4 做偏心运动,此时,摆线轮 4 在绕其轴线公转的同时,还将沿反方向自转,即顺时针转动。最后,传动力还通过曲柄轴 3 推动钢架结构的输出机构沿顺时针方向转动。

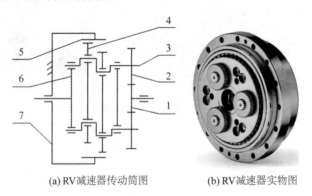

(a) RV 减速器传动简图　　　　(b) RV 减速器实物图

图 2-63　RV 减速器传动简图与实物图

1—中心轮;2—行星轮;3—曲柄轴;4—摆线轮;5—针齿;6—输出轴;7—针齿壳

RV 摆线针轮传动结构图如图 2-64 所示,其主要特点有:

(1) RV 摆线针轮传动除了具有与谐波齿轮传动相同的速比大、同轴线传动、结构紧凑、效率高等特点外,最显著的特点是刚性好,同样减速比的情况下,其传动刚度比谐波齿轮传动要大 2~6 倍,重量也会有 1~3 倍的增加;

（2）RV 摆线针轮传动特别适合用于操作机上的第一级旋转关节（腰关节）,这时自重是落在底座上的,充分发挥了高刚度的作用,可以大大提高整机的固有频率,降低振动;在频繁加、减速的运动过程中可以提高响应速度并降低能量消耗。

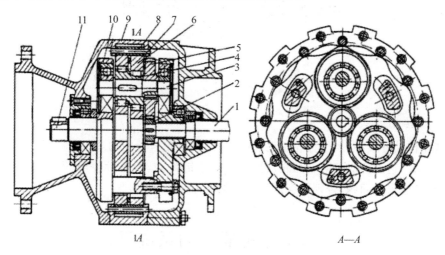

图 2-64　RV 摆线针轮传动结构图

1—输入轴;2—中心轮;3—转臂(曲轴);4—偏心套;5—行星轮;6—摆线轮(RV 齿轮);

7—针齿销;8—针齿套;9—针轮壳体(机架);10—支承圆盘;11—输出轴

3. 滚珠丝杠传动

滚珠丝杠传动广泛应用于机床工作台以及机器人的相关关节上,它可以将精密丝杠的旋转运动转换成螺母的直线运动。由于在丝杠螺母副的螺旋槽里放置了许多滚珠,丝杠与螺母之间的传动过程中的滑动摩擦变为滚动摩擦,因此传动效率提高(可达 90%),并能消除一般丝杠低速运动时的爬行现象。滚珠有内循环和外循环两种方式,如图 2-65 所示。

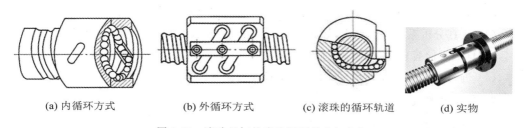

(a) 内循环方式　　　(b) 外循环方式　　　(c) 滚珠的循环轨道　　　(d) 实物

图 2-65　滚珠丝杠的滚珠循环方式与实物

滚珠丝杠传动具有以下特点。

（1）摩擦小、效率高。一般情况下,传动效率可达 90%。

（2）动、静摩擦系数相差极小,传动平稳,灵敏度高。

（3）磨损小、寿命长。

（4）可以通过预紧消除轴向间隙,提高轴向刚度。

但是滚珠丝杠传动不能自锁,必须有防止逆转的制动或自锁机构才能安全地用于有自重下降的场合。其最怕传动机构中落入灰尘、铁屑、砂粒。通常,螺母两端必须密封,丝杠的外露部分必须用螺旋弹簧钢带式伸缩套管或波纹管密封套加以密封,如图 2-66 所示。

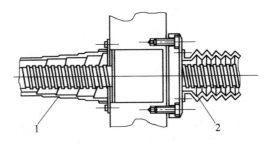

图 2-66　滚珠丝杠的密封形式
1—螺旋弹簧钢带式伸缩套管;2—波纹管密封套

4. 其他传动方式

在其他传动方式中,对于齿轮传动、蜗轮传动和齿轮齿条传动,需要特别注意消除间隙,否则回差很大,达不到应有的转角精度要求。对于链传动、齿形带传动、钢带传动和钢丝绳传动,需要考虑张紧问题,否则也会产生很大的回差。

2.5　工业机器人的系统设计

不同应用领域的机器人在结构设计上的差异比机器人其他系统设计上的差异大得多。设计和制造一个什么工作都能干的机器人是不现实的。工业机器人总体设计一般包括系统分析、总体方案设计、结构设计、材料选择、动特性分析、施工设计。

1. 系统分析

工业机器人是实现生产过程自动化、提高劳动生产率的有力工具。首先确定该工作是否需要和是否适合使用机器人,如决定使用,则需要做以下分析工作:

(1) 明确采用机器人的目的和任务;

(2) 分析机器人所在系统的工作环境,包括与已有设备的兼容性等;

(3) 认真分析系统的工作要求,确定机器人的基本功能和设计方案,如机器人的自由度数目、信息的存储容量、定位精度、抓取重量等;

(4) 进行必要的调查研究,搜集国内外的有关技术资料。

2. 总体方案设计

工业机器人总体方案设计步骤如下:

(1) 确定动力源;

(2) 确定机型;

(3) 确定自由度;

(4) 确定动力容量和传动方式;

(5) 优化运动参数和结构参数;

(6) 确定平衡方式和平衡质量;

(7) 绘制机构运动简图。

3.结构设计

工业机器人结构设计包括工业机器人驱动系统、传动系统的配置及结构设计,关节及杆件的结构设计,平衡机构的设计,走线及电器接口设计等。

4.材料选择

选择机器人本体材料应从机器人的性能要求出发,满足机器人的设计和制作要求。材料选择的基本要求是强度高、弹性模量(E)大、重量轻、阻尼大、材料经济性好。

机器人常用材料如下。

(1)碳素结构钢和合金结构钢。这类材料强度好,特别是合金结构钢,其强度增大了4～5倍,弹性模量大,抗变形能力强,是应用最广泛的材料。

(2)铝、铝合金及其他轻合金等这类材料的共同特点是重量轻,弹性模量并不大,但是材料密度(ρ)小。

(3)纤维增强合金。这类合金如硼纤维增强铝合金、石墨纤维增强镁合金等,比模量(E/ρ)较高,但价格昂贵。

(4)陶瓷。其具有良好的品质,但是脆性大,不易加工。

(5)纤维增强复合材料。这类材料具有极好的比模量,而且还具有十分突出的大阻尼的优点,高速机器人上应用复合材料的实例越来越多。

(6)黏弹性大阻尼材料。增大机器人连杆件的阻尼是改善机器人动态特性的有效方法。目前有许多方法用来增加结构件材料的阻尼,其中最适合机器人的一种方法是用黏弹性大阻尼材料对原构件进行约束层阻尼处理。

5.动特性分析

估算惯性参数,建立系统动力学模型,进行仿真分析,确定机器人结构固有频率和响应特性。

6.施工设计

完成施工图设计,编制相关技术文件。

本 章 小 结

本章主要介绍了工业机器人的结构设计,包括机身、手臂、腕部和手部的作用、类型、特点与设计,其驱动器与传动机构的种类和特点,重点介绍了直流伺服电机、交流伺服电机以及步进电机的原理和特点,还有谐波齿轮传动、RV摆线针轮传动以及滚珠丝杠传动的原理与特点,最后介绍了工业机器人的系统设计步骤。

习 题

2.1 工业机器人常用的结构类型有哪些?各有什么特点?

2.2 机器人常用的驱动方式及其特点有哪些?

2.3 电动驱动器的主要类型及其特点是什么?

2.4　直流伺服电机的主要技术参数有哪些?

2.5　机身和手臂的作用各是什么?在设计时应注意哪些问题?

2.6　腕部上的自由度主要起什么作用?若要求手部能处于空间任意方向,则腕部应具有什么样的自由度?

2.7　机器人手部的作用和特点是什么?主要有哪些种类?

2.8　夹钳式手部在设计时有哪些注意事项?

2.9　真空式吸盘根据工作原理可分为几类?分别简述其工作原理。

2.10　机器人本体常用的材料有哪些?

2.11　简述工业机器人系统设计的步骤。

3 物体的空间描述与坐标变换

如前所述,本书主要讨论的是由运动副和连杆串联而成的开式运动链结构的工业机器人,也可称为操作臂或机械臂(manipulator)。要实现对机器人的操作,需要描述其手部或工具(亦称末端执行器)、工件以及机器人自身的位置(position)和姿态(orientation),为此,我们需要定义有关坐标系并给出上述对象在坐标系中的表示规则。本章给出了有关位置和姿态的描述,这些描述为后续章节中表达手部的位移、速度、力/力矩与机器人关节的运动以及驱动力关系奠定了基础。

本章重点阐述机器人的位姿描述、齐次变换方法与变换矩阵,为后续章节建立机器人手部坐标系、关节坐标系以及参考坐标系(或世界坐标系)之间的映射关系奠定数学基础。

3.1 刚体的位置和姿态表达

工业机器人操作中需要定义工件、工具(手爪)和操作臂本身之间的位置、姿态关系。本节将讨论物体作为刚体时,其在参考坐标系中的位置与姿态的描述以及位姿的统一表达。

3.1.1 点的位置表示

在图 3-1 所示的直角坐标系 $\{A\}$ 中,空间中任意一点 P(比如机器人手爪)的位置可以用一个 3×1 的位置矢量 $^A\boldsymbol{P}$ 来描述,如式(3-1)所示,其左上标 A 代表选定的参考坐标系。

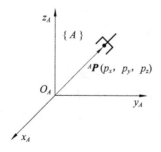

图 3-1 点的位置描述

$$^A\boldsymbol{P} = \begin{bmatrix} p_x \\ p_y \\ p_z \end{bmatrix} \tag{3-1}$$

式中:p_x、p_y、p_z 分别为点 P 在坐标系 $\{A\}$ 中的三个分量。除了直角坐标系,也可采用圆柱坐标系或极(球)坐标系来描述点的位置。

3.1.2　刚体姿态的表示

刚体的姿态（方位）可以用附着于刚体上的坐标系来表示。图 3-2 中，机器人手爪的姿态可以用附着其上的坐标系{B}来表示，因此，手爪刚体相对于坐标系{A}的姿态等价于坐标系{B}相对于坐标系{A}的姿态。

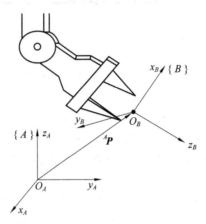

图 3-2　刚体的位置和姿态

坐标系{B}相对于坐标系{A}的姿态描述可以用坐标系{B}的三个基矢量 $\boldsymbol{x}_B, \boldsymbol{y}_B, \boldsymbol{z}_B$ 在坐标系{A}中的分量表示，即 $\begin{bmatrix} ^A\boldsymbol{x}_B & ^A\boldsymbol{y}_B & ^A\boldsymbol{z}_B \end{bmatrix}$，它是一个 3×3 矩阵，其每一列为坐标系{B}的基矢量在坐标系{A}中的分量表示，采用矩阵 $^A_B\boldsymbol{R}$ 表示，其左下标 B 代表被描述的坐标系{B}，左上标 A 代表参考坐标系{A}。即

$$^A_B\boldsymbol{R} = \begin{bmatrix} ^A\boldsymbol{x}_B & ^A\boldsymbol{y}_B & ^A\boldsymbol{z}_B \end{bmatrix} = \begin{bmatrix} \boldsymbol{x}_B \cdot \boldsymbol{x}_A & \boldsymbol{y}_B \cdot \boldsymbol{x}_A & \boldsymbol{z}_B \cdot \boldsymbol{x}_A \\ \boldsymbol{x}_B \cdot \boldsymbol{y}_A & \boldsymbol{y}_B \cdot \boldsymbol{y}_A & \boldsymbol{z}_B \cdot \boldsymbol{y}_A \\ \boldsymbol{x}_B \cdot \boldsymbol{z}_A & \boldsymbol{y}_B \cdot \boldsymbol{z}_A & \boldsymbol{z}_B \cdot \boldsymbol{z}_A \end{bmatrix} \tag{3-2}$$

因为基矢量都是单位矢量，两个单位矢量的点积即两者之间夹角的余弦，因此上式又可以写成：

$$^A_B\boldsymbol{R} = \begin{bmatrix} \cos(\boldsymbol{x}_A, \boldsymbol{x}_B) & \cos(\boldsymbol{x}_A, \boldsymbol{y}_B) & \cos(\boldsymbol{x}_A, \boldsymbol{z}_B) \\ \cos(\boldsymbol{y}_A, \boldsymbol{x}_B) & \cos(\boldsymbol{y}_A, \boldsymbol{y}_B) & \cos(\boldsymbol{y}_A, \boldsymbol{z}_B) \\ \cos(\boldsymbol{z}_A, \boldsymbol{x}_B) & \cos(\boldsymbol{z}_A, \boldsymbol{y}_B) & \cos(\boldsymbol{z}_A, \boldsymbol{z}_B) \end{bmatrix} \tag{3-3}$$

$^A_B\boldsymbol{R}$ 为坐标系{B}相对于参考坐标{A}的旋转矩阵，旋转矩阵的各分量被称为方向余弦。从式(3-2)和式(3-3)来看，3×3 的旋转矩阵 $^A_B\boldsymbol{R}$ 有 9 个分量，却只有 3 个是独立的，$^A_B\boldsymbol{R}$ 的 3 个列矢量均为单位矢量，且两两相互垂直，因此旋转矩阵的 9 个分量满足以下约束条件（正交条件）：

$$^A\boldsymbol{x}_B \cdot {}^A\boldsymbol{x}_B = {}^A\boldsymbol{y}_B \cdot {}^A\boldsymbol{y}_B = {}^A\boldsymbol{z}_B \cdot {}^A\boldsymbol{z}_B = 1 \tag{3-4}$$

$$^A\boldsymbol{x}_B \cdot {}^A\boldsymbol{y}_B = {}^A\boldsymbol{y}_B \cdot {}^A\boldsymbol{z}_B = {}^A\boldsymbol{x}_B \cdot {}^A\boldsymbol{z}_B = 0 \tag{3-5}$$

因此旋转矩阵 $^A_B\boldsymbol{R}$ 具有以下性质。

（1）三个列向量两两正交。

（2）每一行都是坐标系{A}的基矢量在坐标系{B}中的分量表示。

（3）旋转矩阵是正交矩阵，其行列式等于 1，即

$$|{}^A_B\boldsymbol{R}| = 1 \tag{3-6}$$

（4）旋转矩阵的逆矩阵等于它的转置矩阵，即

$$_B^A\boldsymbol{R}^{-1} = {_B^A}\boldsymbol{R}^{\mathrm{T}} = {_A^B}\boldsymbol{R} \tag{3-7}$$

式中：$_A^B\boldsymbol{R}$ 表示的是坐标系 $\{A\}$ 相对于坐标系 $\{B\}$ 的姿态矩阵（旋转矩阵）；上标 T 表示转置。

如图 3-3 所示，坐标系 $\{B\}$ 可由坐标系 $\{A\}$ 通过绕 $\{A\}$ 的 z 轴旋转 θ 角获得，则坐标系 $\{B\}$ 中矢量 $^B\boldsymbol{P}$ 在坐标系 $\{A\}$ 中的分量为

$$\begin{cases} ^Ap_x = {^Bp_x}\cos\theta - {^Bp_y}\sin\theta \\ ^Ap_y = {^Bp_x}\sin\theta + {^Bp_y}\cos\theta \\ ^Ap_z = {^Bp_z} \end{cases} \tag{3-8}$$

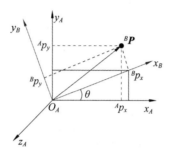

图 3-3　绕 z 轴旋转 θ 角的坐标系姿态

写成矩阵形式为

$$\begin{bmatrix} ^Ap_x \\ ^Ap_y \\ ^Ap_z \end{bmatrix} = \begin{bmatrix} \cos\theta & -\sin\theta & 0 \\ \sin\theta & \cos\theta & 0 \\ 0 & 0 & 1 \end{bmatrix} \begin{bmatrix} ^Bp_x \\ ^Bp_y \\ ^Bp_z \end{bmatrix} \tag{3-9}$$

其中旋转矩阵为

$$\mathrm{Rot}(z,\theta) = \begin{bmatrix} c\theta & -s\theta & 0 \\ s\theta & c\theta & 0 \\ 0 & 0 & 1 \end{bmatrix} \tag{3-10}$$

此即绕 z 轴旋转 θ 角的变换矩阵，其中 $\sin\theta$ 简写为 $s\theta$，$\cos\theta$ 简写为 $c\theta$，Rot 代表旋转。

若坐标系 $\{B\}$ 可由坐标系 $\{A\}$ 分别绕其 x, y 轴旋转获得，则同理可得绕 x, y 轴的旋转矩阵分别为

$$\mathrm{Rot}(x,\theta) = \begin{bmatrix} 1 & 0 & 0 \\ 0 & c\theta & -s\theta \\ 0 & s\theta & c\theta \end{bmatrix} \tag{3-11}$$

$$\mathrm{Rot}(y,\theta) = \begin{bmatrix} c\theta & 0 & s\theta \\ 0 & 1 & 0 \\ -s\theta & 0 & c\theta \end{bmatrix} \tag{3-12}$$

旋转矩阵的几何意义如下：

（1）$_B^A\boldsymbol{R}$ 表示固定于刚体上的坐标系 $\{B\}$ 相对于参考坐标系 $\{A\}$ 的姿态矩阵；

（2）$_B^A\boldsymbol{R}$ 可作为坐标变换矩阵，它把坐标系 $\{B\}$ 中的 $^B\boldsymbol{P}$ 变换成 $\{A\}$ 中的 $^A\boldsymbol{P}$；

（3）$_B^A\boldsymbol{R}$ 可作为算子，将坐标系 $\{B\}$ 中的矢量或物体变换到坐标系 $\{A\}$ 中。

3.1.3　位姿的统一表示

坐标系$\{B\}$相对于坐标系$\{A\}$的位置和姿态（简称位姿）可以用一组四向量矩阵$[\boldsymbol{R}\quad\boldsymbol{P}]$表示。为了确定图3-2中位于坐标系$\{B\}$的手部相对于参考坐标系$\{A\}$的位姿，可以用位置矢量$^A\boldsymbol{P}_{\mathrm{BORG}}$和旋转矩阵$^A_B\boldsymbol{R}$来描述，如图3-4所示。其中，$^A_B\boldsymbol{R}$表示坐标系$\{B\}$相对于坐标系$\{A\}$的姿态，$^A\boldsymbol{P}_{\mathrm{BORG}}$表示坐标系$\{B\}$的原点相对于坐标系$\{A\}$的位置矢量。

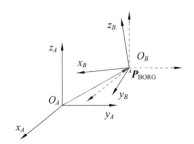

图3-4　坐标系的旋转和平移

因此，我们可以将坐标系$\{B\}$相对于坐标系$\{A\}$描述为

$$\{B\}=\{^A_B\boldsymbol{R}\quad^A\boldsymbol{P}_{\mathrm{BORG}}\}\tag{3-13}$$

式（3-13）作为位姿的统一表达，当两个坐标系姿态相同时，$^A_B\boldsymbol{R}=\boldsymbol{I}$（单位矩阵）；当两个坐标系原点位置重合时，$^A\boldsymbol{P}_{\mathrm{BORG}}=\boldsymbol{0}$。

3.2　坐　标　变　换

空间中同一个点在不同坐标系中的描述是不同的，本节主要讨论同一个点在不同坐标系之间的数学变换问题，即坐标变换。

3.2.1　坐标系的平移变换

设坐标系$\{A\}$和坐标系$\{B\}$具有相同的姿态，但它俩的坐标原点不重合，位置矢量$^A\boldsymbol{P}_{\mathrm{BORG}}$描述了坐标系$\{B\}$相对于坐标系$\{A\}$的位置平移，空间点$P$在坐标系$\{A\}$和坐标系$\{B\}$中的描述可以分别用矢量$^A\boldsymbol{P}$，$^B\boldsymbol{P}$表示，如图3-5所示。

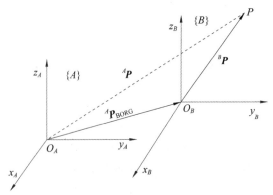

图3-5　坐标系的平移变换

点 P 在两个坐标系中的位置矢量满足下式：

$$^A\boldsymbol{P} = {}^B\boldsymbol{P} + {}^A\boldsymbol{P}_{\mathrm{BORG}} \tag{3-14}$$

上式即坐标平移变换方程。

3.2.2 坐标系的旋转变换

若坐标系 $\{A\}$ 和坐标系 $\{B\}$ 有相同的原点，但姿态不同，如图 3-6 所示，则点 P 在两个坐标系中的位置矢量 $^A\boldsymbol{P}$，$^B\boldsymbol{P}$ 有如下关系：

$$^A\boldsymbol{P} = {}^A_B\boldsymbol{R}\ ^B\boldsymbol{P} \tag{3-15}$$

此即坐标旋转变换方程，其中 $^A_B\boldsymbol{R}$ 即旋转矩阵。

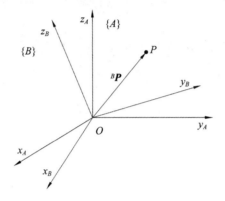

图 3-6 坐标系的旋转变换

类似地，若要表达坐标系 $\{A\}$ 相对于坐标系 $\{B\}$ 的姿态，则可用矩阵 $^B_A\boldsymbol{R}$ 表示，根据旋转矩阵的正交性，$^B_A\boldsymbol{R}$ 与 $^A_B\boldsymbol{R}$ 两者互为逆矩阵，有以下关系式：

$$^B_A\boldsymbol{R} = {}^A_B\boldsymbol{R}^{-1} = {}^A_B\boldsymbol{R}^{\mathrm{T}} \tag{3-16}$$

3.2.3 "旋转＋平移"的复合变换

一般情况下，坐标系 $\{A\}$ 和坐标系 $\{B\}$ 的原点不重合，姿态也不同，如图 3-7 所示。这时对于任一点 P 在两坐标系中的矢量 $^A\boldsymbol{P}$，$^B\boldsymbol{P}$ 有以下变换关系：

$$^A\boldsymbol{P} = {}^A_B\boldsymbol{R}\ ^B\boldsymbol{P} + {}^A\boldsymbol{P}_{\mathrm{BORG}} \tag{3-17}$$

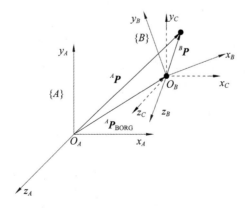

图 3-7 "旋转＋平移"的复合变换

此即既有平移又有旋转的复合变换方程。这可以借助一个姿态与坐标系{A}相同而位置与坐标系{B}原点重合的中间过渡坐标系{C}来分步推导出来。

根据式(3-15),有

$$^C\boldsymbol{P} = {}_B^C\boldsymbol{R}\ ^B\boldsymbol{P} = {}_B^A\boldsymbol{R}\ ^B\boldsymbol{P}$$

再根据式(3-14)即可得复合变换:

$$^A\boldsymbol{P} = {}^C\boldsymbol{P} + {}^A\boldsymbol{P}_{\text{CORG}} = {}_B^A\boldsymbol{R}\ ^B\boldsymbol{P} + {}^A\boldsymbol{P}_{\text{BORG}}$$

【例 3-1】 已知坐标系{B}的初始位姿与坐标系{A}重合,首先坐标系{B}绕坐标系{A}的 z_A 轴转 30°,再沿坐标系{A}的 x_A 轴移动 12 单位,并沿坐标系{A}的 y_A 轴移动 6 单位。求位置矢量 $^A\boldsymbol{P}_{\text{BORG}}$ 和旋转矩阵 $_B^A\boldsymbol{R}$。设点 P 在坐标系{B}中的位置为 $^B\boldsymbol{P} = [3\ \ 8\ \ 0]^T$,求它在坐标系{A}中的位置。

解:由题意可得,旋转矩阵 $_B^A\boldsymbol{R}$ 和坐标系{B}原点在坐标系{A}中的位置矢量 $^A\boldsymbol{P}_{\text{BORG}}$ 分别为

$$_B^A\boldsymbol{R} = \text{Rot}(z,30°) = \begin{bmatrix} 0.866 & -0.5 & 0 \\ 0.5 & 0.866 & 0 \\ 0 & 0 & 1 \end{bmatrix}$$

$$^A\boldsymbol{P}_{\text{BORG}} = \begin{bmatrix} 12 \\ 6 \\ 0 \end{bmatrix}$$

由式(3-17)可得

$$^A\boldsymbol{P} = {}_B^A\boldsymbol{R}\ ^B\boldsymbol{P} + {}^A\boldsymbol{P}_{\text{BORG}} = \begin{bmatrix} -1.402 \\ 8.428 \\ 0 \end{bmatrix} + \begin{bmatrix} 12 \\ 6 \\ 0 \end{bmatrix} = \begin{bmatrix} 10.598 \\ 14.428 \\ 0 \end{bmatrix}$$

3.3 齐次坐标变换

对于 3.2 节中讲述的坐标变换,可以通过引入齐次坐标及其变换矩阵实现齐次坐标变换,这将使连续的复合变换变得更简单。

3.3.1 齐次坐标

对于 3.2.3 节中"旋转＋平移"的复合变换式(3-17):

$$^A\boldsymbol{P} = {}_B^A\boldsymbol{R}\ ^B\boldsymbol{P} + {}^A\boldsymbol{P}_{\text{BORG}}$$

可以表示成以下齐次变换形式:

$$\begin{bmatrix} ^A\boldsymbol{P} \\ 1 \end{bmatrix} = \begin{bmatrix} _B^A\boldsymbol{R} & ^A\boldsymbol{P}_{\text{BORG}} \\ \boldsymbol{0} & 1 \end{bmatrix} \begin{bmatrix} ^B\boldsymbol{P} \\ 1 \end{bmatrix} \tag{3-18}$$

写成矩阵形式,即

$$^A\boldsymbol{P} = {}_B^A\boldsymbol{T}\ ^B\boldsymbol{P} \tag{3-19}$$

式中:4×1 的列向量 $^A\boldsymbol{P}$,$^B\boldsymbol{P}$ 分别为空间点 P 在坐标系{A}与坐标系{B}中的矢量描述,是齐次坐标形式。

4×4 的矩阵${}_B^A\boldsymbol{T}$ 为齐次坐标变换矩阵，形式如下：

$$
{}_B^A\boldsymbol{T} = \begin{bmatrix} {}_B^A\boldsymbol{R} & {}^A\boldsymbol{P}_{\text{BORG}} \\ \boldsymbol{0} & 1 \end{bmatrix} \tag{3-20}
$$

齐次坐标变换矩阵${}_B^A\boldsymbol{T}$ 把旋转和平移综合到了一起，若将齐次坐标变换矩阵如式(3-20)分块，其意义如下：左上角的 3×3 矩阵${}_B^A\boldsymbol{R}$ 是两个坐标系之间的旋转变换矩阵，它描述了坐标系$\{B\}$ 与坐标系$\{A\}$ 的姿态关系；右上角的 3×1 矩阵${}^A\boldsymbol{P}_{\text{BORG}}$ 是两个坐标系之间的平移变换矩阵，它描述了坐标系$\{B\}$ 与坐标系$\{A\}$ 的位置关系，所以齐次坐标变换矩阵(有时简称变换矩阵)又称为位姿变换矩阵。

直角坐标空间中位置为(p_x,p_y,p_z) 的点 P 用齐次坐标可表示为

$$
\boldsymbol{P} = \begin{bmatrix} p_x \\ p_y \\ p_z \\ 1 \end{bmatrix} \tag{3-21}
$$

这就是三维空间中点 P 的齐次坐标，是一个 4×1 的位置矢量。

注意齐次坐标的表示并不是唯一的，式(3-21)还可表示为

$$
\boldsymbol{P} = \begin{bmatrix} p_x \\ p_y \\ p_z \\ 1 \end{bmatrix} = \begin{bmatrix} x \\ y \\ z \\ w \end{bmatrix} \tag{3-22}
$$

式中：w——非零常数(比例系数)，$x=wp_x, y=wp_y, z=wp_z$。为方便计算，通常取 $w=1$。

3.3.2　平移齐次坐标变换

当坐标系$\{A\}$ 的原点分别沿其坐标轴 x_A,y_A,z_A 平移 a,b,c 距离时，所得点可用平移齐次坐标变换矩阵写为

$$
\text{Trans}(a,b,c) = \begin{bmatrix} 1 & 0 & 0 & a \\ 0 & 1 & 0 & b \\ 0 & 0 & 1 & c \\ 0 & 0 & 0 & 1 \end{bmatrix}
$$

注意：用非零常数乘变换矩阵的每个元素，不改变矩阵特性。

【例 3-2】　求矢量 $2\boldsymbol{i}+3\boldsymbol{j}+2\boldsymbol{k}$ 被矢量 $4\boldsymbol{i}-3\boldsymbol{j}+7\boldsymbol{k}$ 平移得到的新矢量。

解：利用平移齐次坐标变换可得

$$
\begin{bmatrix} 1 & 0 & 0 & 4 \\ 0 & 1 & 0 & -3 \\ 0 & 0 & 1 & 7 \\ 0 & 0 & 0 & 1 \end{bmatrix} \begin{bmatrix} 2 \\ 3 \\ 2 \\ 1 \end{bmatrix} = \begin{bmatrix} 6 \\ 0 \\ 9 \\ 1 \end{bmatrix}
$$

3.3.3　旋转齐次坐标变换

对于 3.2.2 节中的旋转坐标变换，坐标系$\{A\}$ 分别绕其 x,y,z 三坐标轴的旋转矩阵分别为

$$\mathrm{Rot}(x,\theta) = \begin{bmatrix} 1 & 0 & 0 \\ 0 & c\theta & -s\theta \\ 0 & s\theta & c\theta \end{bmatrix}, \quad \mathrm{Rot}(y,\theta) = \begin{bmatrix} c\theta & 0 & s\theta \\ 0 & 1 & 0 \\ -s\theta & 0 & c\theta \end{bmatrix}, \quad \mathrm{Rot}(z,\theta) = \begin{bmatrix} c\theta & -s\theta & 0 \\ s\theta & c\theta & 0 \\ 0 & 0 & 1 \end{bmatrix}$$

将以上式子表达为齐次形式,则得旋转齐次坐标变换矩阵为

$$\mathrm{Rot}(x,\theta) = \begin{bmatrix} 1 & 0 & 0 & 0 \\ 0 & c\theta & -s\theta & 0 \\ 0 & s\theta & c\theta & 0 \\ 0 & 0 & 0 & 1 \end{bmatrix} \tag{3-23}$$

$$\mathrm{Rot}(y,\theta) = \begin{bmatrix} c\theta & 0 & s\theta & 0 \\ 0 & 1 & 0 & 0 \\ -s\theta & 0 & c\theta & 0 \\ 0 & 0 & 0 & 1 \end{bmatrix} \tag{3-24}$$

$$\mathrm{Rot}(z,\theta) = \begin{bmatrix} c\theta & -s\theta & 0 & 0 \\ s\theta & c\theta & 0 & 0 \\ 0 & 0 & 1 & 0 \\ 0 & 0 & 0 & 1 \end{bmatrix} \tag{3-25}$$

【例 3-3】 固定坐标系{A}中点 P 的位置为(10,5,2),令其绕{A}的 z 轴旋转 30°,试用齐次坐标表达出该点的新位置 **P′**。

解:根据式(3-25),空间点 P 旋转变换后的齐次坐标为

$$\mathbf{P}' = \mathrm{Rot}(z,30°)\mathbf{P} = \begin{bmatrix} 0.866 & -0.5 & 0 & 0 \\ 0.5 & 0.866 & 0 & 0 \\ 0 & 0 & 1 & 0 \\ 0 & 0 & 0 & 1 \end{bmatrix} \begin{bmatrix} 10 \\ 5 \\ 2 \\ 1 \end{bmatrix} = \begin{bmatrix} 6.16 \\ 9.33 \\ 2 \\ 1 \end{bmatrix}$$

3.3.4 "旋转+平移"的复合齐次坐标变换

如果坐标系{B}相对于坐标系{A}既有平移又有旋转,则其齐次坐标变换矩阵可以统一表示为

$$^A_B\mathbf{T} = \begin{bmatrix} \mathbf{n} & \mathbf{o} & \mathbf{a} & \mathbf{p} \end{bmatrix} = \begin{bmatrix} n_x & o_x & a_x & p_x \\ n_y & o_y & a_y & p_y \\ n_z & o_z & a_z & p_z \\ 0 & 0 & 0 & 1 \end{bmatrix} = \begin{bmatrix} ^A_B\mathbf{R} & ^A\mathbf{P}_{BORG} \\ \mathbf{0} & 1 \end{bmatrix} \tag{3-26}$$

式中:p_x,p_y,p_z——坐标系{B}的原点在坐标系{A}中的坐标分量;

n_x,n_y,n_z——坐标系{B}的 x 轴对坐标系{A}的三个方向余弦;

o_x,o_y,o_z——坐标系{B}的 y 轴对坐标系{A}的三个方向余弦;

a_x,a_y,a_z——坐标系{B}的 z 轴对坐标系{A}的三个方向余弦。

任何一个齐次坐标变换矩阵均可分解为一个平移变换矩阵与一个旋转变换矩阵的乘积。引入齐次坐标变换后,连续的变换可以变成矩阵的连乘形式,使得计算得到简化。

【例 3-4】 将例 3-1 用齐次坐标变换的方法求解。

解: 在例 3-1 中已求得

$$_B^A\boldsymbol{R} = \text{Rot}(z, 30°) = \begin{bmatrix} 0.866 & -0.5 & 0 \\ 0.5 & 0.866 & 0 \\ 0 & 0 & 1 \end{bmatrix}, \quad {}^A\boldsymbol{P}_{\text{BORG}} = \begin{bmatrix} 12 \\ 6 \\ 0 \end{bmatrix}$$

若用齐次坐标变换公式,则变换矩阵为

$$_B^A\boldsymbol{T} = \begin{bmatrix} _B^A\boldsymbol{R} & {}^A\boldsymbol{P}_{\text{BORG}} \\ \mathbf{0} & 1 \end{bmatrix} = \begin{bmatrix} 0.866 & -0.5 & 0 & 12 \\ 0.5 & 0.866 & 0 & 6 \\ 0 & 0 & 1 & 0 \\ 0 & 0 & 0 & 1 \end{bmatrix}$$

所以,点 P 在坐标系 $\{A\}$ 中位置的齐次表达为

$$^A\boldsymbol{P} = {}_B^A\boldsymbol{T}{}^B\boldsymbol{P} = \begin{bmatrix} 0.866 & -0.5 & 0 & 12 \\ 0.5 & 0.866 & 0 & 6 \\ 0 & 0 & 1 & 0 \\ 0 & 0 & 0 & 1 \end{bmatrix} \begin{bmatrix} 3 \\ 8 \\ 0 \\ 1 \end{bmatrix} = \begin{bmatrix} 10.598 \\ 14.428 \\ 0 \\ 1 \end{bmatrix}$$

【例 3-5】 已知坐标系中向量 $\boldsymbol{u} = 7\boldsymbol{i} + 3\boldsymbol{j} + 2\boldsymbol{k}$ 先绕 z 轴转 90°后,再绕 y 轴转 90°,在上述基础上再平移 $(4, -3, 7)$,求变换后的向量 $\boldsymbol{v}$。

解: 变换后的向量 $\boldsymbol{v}$ 为

$$\boldsymbol{v} = \text{Trans}(4, -3, 7)\text{Rot}(y, 90°)\text{Rot}(z, 90°)\boldsymbol{u}$$

$$\underleftarrow{\qquad (3) \qquad\qquad (2) \qquad\qquad (1) \qquad}$$

$$= \begin{bmatrix} 1 & 0 & 0 & 4 \\ 0 & 1 & 0 & -3 \\ 0 & 0 & 1 & 7 \\ 0 & 0 & 0 & 1 \end{bmatrix} \begin{bmatrix} 0 & 0 & 1 & 0 \\ 0 & 1 & 0 & 0 \\ -1 & 0 & 0 & 0 \\ 0 & 0 & 0 & 1 \end{bmatrix} \begin{bmatrix} 0 & -1 & 0 & 0 \\ 1 & 0 & 0 & 0 \\ 0 & 0 & 1 & 0 \\ 0 & 0 & 0 & 1 \end{bmatrix} \begin{bmatrix} 7 \\ 3 \\ 2 \\ 1 \end{bmatrix}$$

$$= \begin{bmatrix} 6 & 4 & 10 & 1 \end{bmatrix}^{\text{T}}$$

由于矩阵乘法没有交换性,变换次序对结果影响很大。如图 3-8(a)所示,若将例 3-5 中点矢量 $\boldsymbol{u}$ 先绕 z 轴旋转 90°,再绕 y 轴旋转 90°,则经过两次旋转变换后得到的矢量 $\boldsymbol{w}$ 如下:

$$\boldsymbol{w} = \text{Rot}(y, 90°)\text{Rot}(z, 90°)\boldsymbol{u} = \begin{bmatrix} 0 & 0 & 1 & 0 \\ 1 & 0 & 0 & 0 \\ 0 & 1 & 0 & 0 \\ 0 & 0 & 0 & 1 \end{bmatrix} \begin{bmatrix} 7 \\ 3 \\ 2 \\ 1 \end{bmatrix} = \begin{bmatrix} 2 \\ 7 \\ 3 \\ 1 \end{bmatrix}$$

若改变例 3-5 中旋转变换次序,令矢量 $\boldsymbol{u}$ 先绕 y 轴转 90°,再绕 z 轴转 90°,如图 3-8(b)所示,则得到的矢量 $\boldsymbol{w}_1$ 如下:

$$\boldsymbol{w}_1 = \text{Rot}(z, 90°)\text{Rot}(y, 90°)\boldsymbol{u} = \begin{bmatrix} 0 & -1 & 0 & 0 \\ 0 & 0 & 1 & 0 \\ -1 & 0 & 0 & 0 \\ 0 & 0 & 0 & 1 \end{bmatrix} \begin{bmatrix} 7 \\ 3 \\ 2 \\ 1 \end{bmatrix} = \begin{bmatrix} -3 \\ 2 \\ -7 \\ 1 \end{bmatrix}$$

如图 3-8 所示,仅仅因为旋转的次序互换了,$\boldsymbol{w}_1$ 和 $\boldsymbol{w}$ 的位置明显不同,通过计算也确认了 $\boldsymbol{w}_1 \neq \boldsymbol{w}$ 的结果。这是因为矩阵乘法不具有交换性,即 $\boldsymbol{AB} \neq \boldsymbol{BA}$。

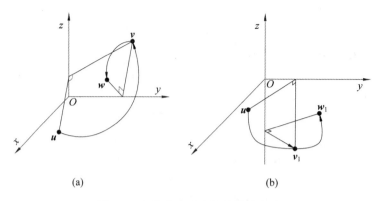

(a)　　　　　　　　　　　　　　　(b)

图 3-8　变换次序对变换结果的影响

3.3.5　相对变换

两个坐标系之间总的齐次坐标变换矩阵等于每次单独变换的齐次坐标变换矩阵的乘积,而相对变换则决定这些矩阵相乘的顺序,称其为"左乘"和"右乘"原则。

(1) 左乘:若坐标系之间的变换是始终相对于原来的固定参考坐标系,则齐次坐标变换矩阵"从右向左乘";

(2) 右乘:若坐标系之间的变换是相对于当前新的动坐标系,则齐次坐标变换矩阵"从左向右乘"。

观察下面长方体相对于当前新坐标系的顺序旋转变化(齐次坐标变换矩阵为右乘),如图 3-9 所示,可见图中物体初始位姿相同,且都是对于当前新坐标系的旋转变换,但变换次序不同,所得结果也不同。

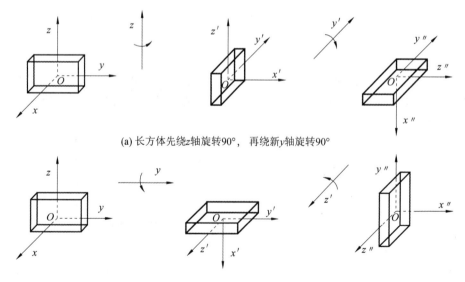

(a) 长方体先绕z轴旋转90°, 再绕新y轴旋转90°

(b) 长方体先绕y轴旋转90°, 再绕新z轴旋转90°

图 3-9　物体基于当前新坐标系坐标轴的顺序变换

同样对于图 3-10,相对于固定坐标系的顺序旋转变化(齐次坐标变换矩阵为左乘)也可以得出与图 3-9 同样的结论。

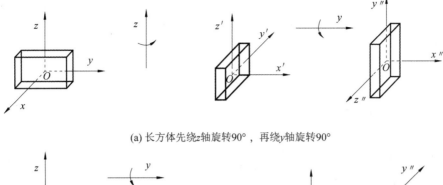

(a) 长方体先绕z轴旋转90°，再绕y轴旋转90°

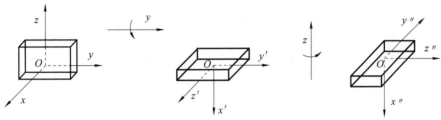

(b) 长方体先绕y轴旋转90°，再绕z轴旋转90°

图 3-10　物体基于当前固定坐标系的坐标轴的顺序变换

另外，图 3-9(a)与图 3-10(b)所示变换基准不同、变换次序相反，但结果却相同。这并不是偶然的结论，因为两者分别右乘和左乘得到的变换矩阵是相同的，即

$$\underrightarrow{\text{Rot}(z,90°)\text{Rot}(y',90°)} = \overleftarrow{\text{Rot}(z,90°)\text{Rot}(y,90°)}$$

对于图 3-9(b)与图 3-10(a)所示变换也可以得到同样的结论，即对于固定坐标系的多步复合变换等价于对于动坐标系的多步逆序复合变换。

3.4　物体的变换及逆变换

3.4.1　物体的位置和变换

具有体积的物体可以由固定于其自身坐标系上的若干特征点描述。物体的变换也可通过这些特征点的变换获得。

图 3-11(a)中，楔形物体在参考坐标系中的位姿可以用其 6 个特征点描述为

$$\begin{bmatrix} 1 & -1 & -1 & 1 & 1 & -1 \\ 0 & 0 & 0 & 0 & 4 & 4 \\ 0 & 0 & 2 & 2 & 0 & 0 \\ 1 & 1 & 1 & 1 & 1 & 1 \end{bmatrix}$$

若要将楔形物体变换为图 3-11(b)所示位姿，可以将其基于固定坐标系按照图 3-12 所示的变换次序依次进行，则其变换矩阵为

$$T = \text{Trans}(4,0,0)\text{Rot}(y,90°)\text{Rot}(z,90°) = \begin{bmatrix} 0 & 0 & 1 & 4 \\ 1 & 0 & 0 & 0 \\ 0 & 1 & 0 & 0 \\ 0 & 0 & 0 & 1 \end{bmatrix}$$

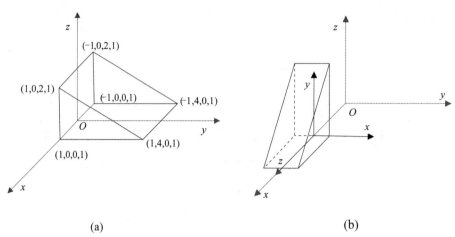

(a)　　　　　　　　　　　　　　　(b)

图 3-11　对楔形物体的变换(1)

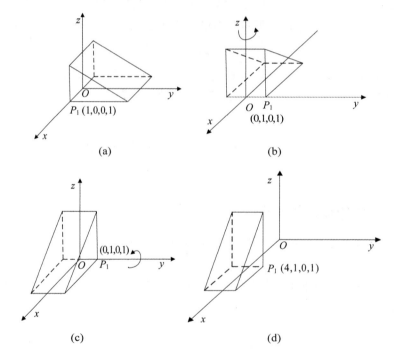

(a)　　　　　　　　　　　　　　　(b)

(c)　　　　　　　　　　　　　　　(d)

图 3-12　对楔形物体的变换(2)

变换后图中楔形物体的位置为

$$\begin{bmatrix} 0 & 0 & 1 & 4 \\ 1 & 0 & 0 & 0 \\ 0 & 1 & 0 & 0 \\ 0 & 0 & 0 & 1 \end{bmatrix} \begin{bmatrix} 1 & -1 & -1 & 1 & 1 & -1 \\ 0 & 0 & 0 & 0 & 4 & 4 \\ 0 & 0 & 2 & 2 & 0 & 0 \\ 1 & 1 & 1 & 1 & 1 & 1 \end{bmatrix} = \begin{bmatrix} 4 & 4 & 6 & 6 & 4 & 4 \\ 1 & -1 & -1 & 1 & 1 & -1 \\ 0 & 0 & 0 & 0 & 4 & 4 \\ 1 & 1 & 1 & 1 & 1 & 1 \end{bmatrix}$$

3.4.2 复合齐次坐标变换

对于给定的坐标系$\{A\}$、$\{B\}$和$\{C\}$,若已知坐标系$\{B\}$相对于坐标系$\{A\}$的变换矩阵$_B^AT$和坐标系$\{C\}$相对于坐标系$\{B\}$的变换矩阵$_C^BT$,则坐标系$\{C\}$相对于坐标系$\{A\}$的变换矩阵为

$$_C^AT = {}_B^AT\ {}_C^BT \tag{3-27}$$

此即复合变换。根据式(3-20)可得

$$_C^AT = {}_B^AT{}_C^BT = \begin{bmatrix} {}_B^AR & {}^AP_{\text{BORG}} \\ 0 & 1 \end{bmatrix} \begin{bmatrix} {}_C^BR & {}^BP_{\text{CORG}} \\ 0 & 1 \end{bmatrix} = \begin{bmatrix} {}_B^AR\,{}_C^BR & {}_B^AR\,{}^BP_{\text{CORG}} + {}^AP_{\text{BORG}} \\ 0 & 1 \end{bmatrix} \tag{3-28}$$

3.4.3 齐次坐标变换的逆变换

若已知坐标系$\{B\}$相对于坐标系$\{A\}$的变换矩阵$_B^AT$,求坐标系$\{A\}$相对于坐标系$\{B\}$的变换矩阵$_A^BT$,这是一个求齐次坐标变换的逆变换问题。

因为$_A^BT$与$_B^AT$两者互为逆矩阵,解决这个问题可以采用对4×4的变换矩阵$_B^AT$直接求逆的办法,也可以利用旋转矩阵的正交性等特点简化对变换矩阵$_B^AT$求逆的运算。下面分别来看两种方法的运算过程。

1. 直接求逆矩阵

若已知变换矩阵为

$$\boldsymbol{T} = \begin{bmatrix} n_x & o_x & a_x & p_x \\ n_y & o_y & a_y & p_y \\ n_z & o_z & a_z & p_z \\ 0 & 0 & 0 & 1 \end{bmatrix} \tag{3-29}$$

则其逆矩阵可以由下式求得:

$$\boldsymbol{T}^{-1} = \begin{bmatrix} n_x & n_y & n_z & -\boldsymbol{p} \cdot \boldsymbol{n} \\ o_x & o_y & o_z & -\boldsymbol{p} \cdot \boldsymbol{o} \\ a_x & a_y & a_z & -\boldsymbol{p} \cdot \boldsymbol{a} \\ 0 & 0 & 0 & 1 \end{bmatrix} \tag{3-30}$$

式中:$\boldsymbol{p}=(p_x,p_y,p_z)$,$\boldsymbol{n}=(n_x,n_y,n_z)$,$\boldsymbol{o}=(o_x,o_y,o_z)$,$\boldsymbol{a}=(a_x,a_y,a_z)$。

利用矢量$\boldsymbol{n},\boldsymbol{o},\boldsymbol{a}$的正交性,将式(3-29)与式(3-30)左右两边分别相乘即可证明(读者可自行证明,具体过程省略)。

2. 利用简化方法求逆矩阵

利用旋转矩阵的正交性,由式(3-16)

$$_A^B\boldsymbol{R} = {}_B^A\boldsymbol{R}^{-1} = {}_B^A\boldsymbol{R}^{\text{T}}$$

以及

$$^B(^A\boldsymbol{P}_{\text{BORG}}) = {}_A^B\boldsymbol{R}\,^A\boldsymbol{P}_{\text{BORG}} + {}^B\boldsymbol{P}_{\text{AORG}} = \boldsymbol{0} \tag{3-31}$$

可得

$$_A^B\boldsymbol{T} = \begin{bmatrix} {}_A^B\boldsymbol{R} & {}^B\boldsymbol{P}_{\text{AORG}} \\ 0 & 1 \end{bmatrix} = \begin{bmatrix} {}_B^A\boldsymbol{R}^{\text{T}} & -{}_B^A\boldsymbol{R}^{\text{T}}\,{}^A\boldsymbol{P}_{\text{BORG}} \\ 0 & 1 \end{bmatrix} = {}_B^A\boldsymbol{T}^{-1} \tag{3-32}$$

式(3-32)提供了一种利用已知旋转矩阵求其逆矩阵的简化方法。回头再看式(3-30),其实

质与式(3-32)完全一致。

对于图 3-11 所示的楔形块坐标变换,实现其起始位置到最终位置的变换矩阵为

$$T = \begin{bmatrix} 0 & 0 & 1 & 4 \\ 1 & 0 & 0 & 0 \\ 0 & 1 & 0 & 0 \\ 0 & 0 & 0 & 1 \end{bmatrix}$$

其中,旋转分块矩阵 $R = \begin{bmatrix} 0 & 0 & 1 \\ 1 & 0 & 0 \\ 0 & 1 & 0 \end{bmatrix}$,平移分块矩阵 $P = \begin{bmatrix} 4 \\ 0 \\ 0 \end{bmatrix}$,利用式(3-32)可得

$$T^{-1} = \begin{bmatrix} 0 & 1 & 0 & 0 \\ 0 & 0 & 1 & 0 \\ 1 & 0 & 0 & -4 \\ 0 & 0 & 0 & 1 \end{bmatrix}$$

若加以验证,则有

$$T\,T^{-1} = \begin{bmatrix} 0 & 0 & 1 & 4 \\ 1 & 0 & 0 & 0 \\ 0 & 1 & 0 & 0 \\ 0 & 0 & 0 & 1 \end{bmatrix} \begin{bmatrix} 0 & 1 & 0 & 0 \\ 0 & 0 & 1 & 0 \\ 1 & 0 & 0 & -4 \\ 0 & 0 & 0 & 1 \end{bmatrix} = \begin{bmatrix} 1 & 0 & 0 & 0 \\ 0 & 1 & 0 & 0 \\ 0 & 0 & 1 & 0 \\ 0 & 0 & 0 & 1 \end{bmatrix}$$

3.4.4　机器人坐标系命名及其变换

为了描述机器人(操作臂、操作机)的操作,需要建立机器人各连杆之间、手部与工件、工作台等外部环境之间的运动关系,即需要通过固连于其上的坐标变换关系,来描述机器人手部与环境相对于机器人自身坐标系的位姿关系。规范起见,有必要对机器人及其工作空间中的坐标系进行专门命名。图 3-13 所示为工业机器人的典型工作场景,要求控制机器人各关节的运动实现其末端执行器(手爪、机械手末端)对工作台上螺钉的抓取,并移动到指定位置进行放置或装配,可定义以下 5 个坐标系:

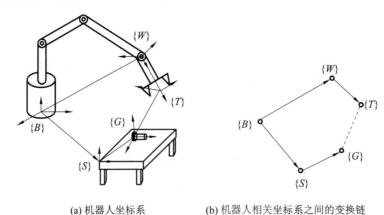

(a) 机器人坐标系　　　　　　(b) 机器人相关坐标系之间的变换链

图 3-13　工业机器人的典型工作场景

1. 基坐标系{B}

基(base)坐标系{B}位于工业机器人的基座上,在后续的运动学分析中也被称为坐标系{0},因为它固定连接在机器人的静止部位,有时亦被称为 0 号连杆。

2. 手腕坐标系{W}

手腕(wrist)坐标系{W}设置在机器人的手腕处,在一般的六自由度机器人的设计中,手腕上通常设置三个自由度,用来调节末端执行器在空间中的姿态。

3. 工具坐标系{T}

工具(tool)坐标系{T}设置在机器人的末端执行器上,当手爪没有夹持工件时,工具坐标系{T}的原点在机器人的指尖之间。工具坐标系{T}相对于手腕坐标系{W}的位姿变换矩阵为$^W_T\boldsymbol{T}$,在许多机器人的设计中,此变换矩阵是不变的。工具坐标系{T}相对于基坐标系{B}的位姿变换矩阵为$^B_T\boldsymbol{T}$,其求解即机器人运动学建模问题。

4. 工作站坐标系{S}

工作站(station)坐标系{S}的位置与机器人操作任务有关,可以固定在机器人工作台的一个角上。对机器人用户来说,该坐标系是一个通用坐标系,机器人所有的运动都是基于它来执行的,有时也被称为任务坐标系、世界坐标系或通用坐标系。工作站坐标系{S}通常根据基坐标系{B}来确定,两者的关系是确定的,即$^B_S\boldsymbol{T}$。

5. 目标坐标系{G}

目标(goal)坐标系{G}是对机器人末端要达到的目标位置的描述,特指机器人运动结束时,工具坐标系应与目标坐标系重合。目标坐标系{G}通常根据工作站坐标系{S}来确定,两者的关系也是确定的,即$^S_G\boldsymbol{T}$。

用$^G_T\boldsymbol{T}$代表工具坐标系{T}相对于目标坐标系{G}的位姿变换矩阵,$^S_G\boldsymbol{T}$代表目标坐标系{G}相对于工作站坐标系{S}的位姿变换矩阵,$^B_S\boldsymbol{T}$是工作站坐标系{S}相对于基坐标系{B}的位姿变换矩阵,建立起的机器人相关坐标系之间的变换链如图 3-13(b)所示。则从工具坐标系{T}到基坐标系{B}的位姿变换矩阵$^B_T\boldsymbol{T}$可表示为

$$^B_T\boldsymbol{T} = {}^B_S\boldsymbol{T}\ {}^S_T\boldsymbol{T}\ {}^G_T\boldsymbol{T} \tag{3-33}$$

其中,工具坐标系{T}相对于目标坐标系{G}的位姿变换矩阵$^G_T\boldsymbol{T}$在机器人操作中起着关键作用,它需要根据目标坐标系{G}的位置和姿态,不断调节机器人的关节运动,使工具坐标系{T}从初始位置平滑地运动,达到{T}={G},因而$^G_T\boldsymbol{T}$直接决定机器人操作的效果,是进行机器人控制与规划的基础。图 3-13(b)中的实线链代表的变换关系容易求得,虚线链代表的变换关系未知,则可以通过以下变换关系求得

$$^T_G\boldsymbol{T} = {}^B_T\boldsymbol{T}^{-1}\,{}^B_S\boldsymbol{T}\ {}^S_G\boldsymbol{T} \tag{3-34}$$

其中,$^T_G\boldsymbol{T}$是$^G_T\boldsymbol{T}$的逆变换:

$$^G_T\boldsymbol{T} = {}^T_G\boldsymbol{T}^{-1} \tag{3-35}$$

利用式(3-34)可以通过已知变换矩阵求解未知变换矩阵。其中$^B_T\boldsymbol{T}$和$^B_T\boldsymbol{T}^{-1}$分别对应机器人的正逆运动学问题。

3.5　通用旋转坐标变换

本章前面几节中所讨论的旋转变换主要是绕坐标系的 x,y 和 z 轴进行旋转,现在我们

来研究更一般的情况，即绕通过原点的某轴线旋转 θ 角的旋转变换。

3.5.1 绕过原点轴线的通用旋转坐标变换

如图 3-14 所示，f 为参考坐标系 $\{A\}$ 中任意一过原点的单位矢量，f_x,f_y,f_z 为矢量 f 在参考坐标系 $\{A\}$ 坐标轴 x_A,y_A,z_A 的三个分量，且满足 $f_x{}^2+f_y{}^2+f_z{}^2=1$，$\{B\}$ 为固接于物体上的坐标系，点 P 为坐标系 $\{B\}$ 中的一个点。求点 P 绕参考坐标系 $\{A\}$ 中矢量 f 旋转 θ 角时的旋转变换。

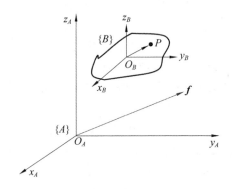

图 3-14 一般旋转变换

解决此问题的正常思路是：假设点 P 在坐标系 $\{B\}$ 中以向量 ${}^B\!P$ 表示，它绕参考坐标系 $\{A\}$ 中矢量 f 旋转 θ 角的变换可以按照如下步骤实现。

(1) 将坐标系 $\{B\}$ 中 P 点的坐标变换到参考坐标系 $\{A\}$ 中，得其坐标为 ${}^A_B\boldsymbol{T}\,{}^B\!\boldsymbol{P}$。

(2) 直接计算绕矢量 f 旋转的坐标有 $\mathrm{Rot}(\boldsymbol{f},\theta){}^A_B\boldsymbol{T}\,{}^B\!\boldsymbol{P}$。

但是目前根据前面所得的旋转变换矩阵无法直接获得 $\mathrm{Rot}(\boldsymbol{f},\theta)$ 的表达式，为此采取如下方法：建立一个 z 轴与矢量 f 重合的辅助坐标系 $\{C\}$，如图 3-15 所示，这样绕参考坐标系 $\{A\}$ 中矢量 f 旋转 θ 角的问题就变为绕坐标系 $\{C\}$ 中轴 z_C 旋转。

于是采用以下步骤可实现点 P 绕参考坐标系 $\{A\}$ 中矢量 f 旋转 θ 角时的旋转变换：

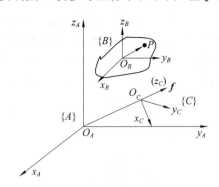

图 3-15 一般旋转变换中的坐标系

(1) 将坐标系 $\{B\}$ 中的点 P 变换到坐标系 $\{C\}$ 中有 ${}^C_A\boldsymbol{T}\,{}^A_B\boldsymbol{T}\,{}^B\!\boldsymbol{P}$；

(2) 在坐标系 $\{C\}$ 中绕 z_C 轴旋转有：$\mathrm{Rot}(z_C,\theta){}^C_A\boldsymbol{T}\,{}^A_B\boldsymbol{T}\,{}^B\!\boldsymbol{P}$；

(3) 将坐标系 $\{C\}$ 中坐标变换回参考坐标系 $\{A\}$ 中有：${}^A_C\boldsymbol{T}\,\mathrm{Rot}(z_C,\theta){}^C_A\boldsymbol{T}\,{}^A_B\boldsymbol{T}\,{}^B\!\boldsymbol{P}$。

以上两种方法得到的结果应该相同，即

$$_C^A\boldsymbol{T}\mathrm{Rot}(z_C,\theta)_A^C\boldsymbol{T}_B^A\boldsymbol{T}^B P = \mathrm{Rot}(\boldsymbol{f},\theta)_B^A\boldsymbol{T}^B P$$

所以有

$$\mathrm{Rot}(\boldsymbol{f},\theta) =_C^A\boldsymbol{T}\mathrm{Rot}(z_C,\theta)_A^C\boldsymbol{T} =_C^A\boldsymbol{T}\mathrm{Rot}(z_C,\theta)_C^A\boldsymbol{T}^{-1}$$

若 $_C^A\boldsymbol{T} = \begin{bmatrix} n_x & o_x & a_x & 0 \\ n_y & o_y & a_y & 0 \\ n_z & o_z & a_z & 0 \\ 0 & 0 & 0 & 1 \end{bmatrix}$,则可得

$$\mathrm{Rot}(\boldsymbol{f},\theta) = \begin{bmatrix} n_x & o_x & a_x & 0 \\ n_y & o_y & a_y & 0 \\ n_z & o_z & a_z & 0 \\ 0 & 0 & 0 & 1 \end{bmatrix} \begin{bmatrix} \mathrm{c}\theta & -\mathrm{s}\theta & 0 & 0 \\ \mathrm{s}\theta & \mathrm{c}\theta & 0 & 0 \\ 0 & 0 & 1 & 0 \\ 0 & 0 & 0 & 1 \end{bmatrix} \begin{bmatrix} n_x & n_y & n_z & 0 \\ o_x & o_y & o_z & 0 \\ a_x & a_y & a_z & 0 \\ 0 & 0 & 0 & 1 \end{bmatrix}$$

由于坐标系 $\{C\}$ 的 z_C 轴与矢量 $\boldsymbol{f}$ 重合,则

$$a_x = f_x, \quad a_y = f_y, \quad a_z = f_z$$

根据坐标轴的正交性,$\boldsymbol{a}=\boldsymbol{n}\times\boldsymbol{o}$,有

$$a_x = n_y o_z - o_y n_z = f_x$$
$$a_y = n_z o_x - o_z n_x = f_y$$
$$a_z = n_x o_y - o_x n_y = f_z$$
$$a_x^2 + a_y^2 + a_z^2 = 1$$

令 $\mathrm{vers}\theta = 1 - \cos\theta$,则

$$\mathrm{Rot}(\boldsymbol{f},\theta) = \begin{bmatrix} f_x f_x \mathrm{vers}\theta + \mathrm{c}\theta & f_y f_x \mathrm{vers}\theta - f_z \mathrm{s}\theta & f_z f_x \mathrm{vers}\theta + f_y \mathrm{s}\theta & 0 \\ f_x f_y \mathrm{vers}\theta + f_z \mathrm{s}\theta & f_y f_y \mathrm{vers}\theta + \mathrm{c}\theta & f_z f_y \mathrm{vers}\theta - f_x \mathrm{s}\theta & 0 \\ f_x f_z \mathrm{vers}\theta - f_y \mathrm{s}\theta & f_y f_z \mathrm{vers}\theta + f_x \mathrm{s}\theta & f_z f_z \mathrm{vers}\theta + \mathrm{c}\theta & 0 \\ 0 & 0 & 0 & 1 \end{bmatrix} \quad (3\text{-}36)$$

此即通用旋转坐标变换公式。

而前述绕参考坐标系 $\{A\}$ 的坐标轴 x,y,z 的旋转矩阵分别为通用旋转坐标变换的特殊形式:

当 $f_x=1, f_y=f_z=0$ 时,即为绕 x 轴的旋转变换 $\mathrm{Rot}(x,\theta)$;

当 $f_y=1, f_x=f_z=0$ 时,即为绕 y 轴的旋转变换 $\mathrm{Rot}(y,\theta)$;

当 $f_z=1, f_y=f_x=0$ 时,即为绕 z 轴的旋转变换 $\mathrm{Rot}(z,\theta)$。

3.5.2 等效转角与转轴

给出任一旋转变换,能够由式(3-36)求得进行等效旋转 θ 角的转轴。若已知旋转坐标变换矩阵 $\boldsymbol{R}=\mathrm{Rot}(\boldsymbol{f},\theta)$,且

$$\mathrm{Rot}(\boldsymbol{f},\theta) = \begin{bmatrix} n_x & o_x & a_x & 0 \\ n_y & o_y & a_y & 0 \\ n_z & o_z & a_z & 0 \\ 0 & 0 & 0 & 1 \end{bmatrix}$$

则可由式(3-36)求得等效转角与转轴,即

$$\begin{bmatrix} n_x & o_x & a_x & 0 \\ n_y & o_y & a_y & 0 \\ n_z & o_z & a_z & 0 \\ 0 & 0 & 0 & 1 \end{bmatrix} = \begin{bmatrix} f_x f_x \mathrm{vers}\theta + c\theta & f_y f_x \mathrm{vers}\theta - f_z s\theta & f_z f_x \mathrm{vers}\theta + f_y s\theta & 0 \\ f_x f_y \mathrm{vers}\theta + f_z s\theta & f_y f_y \mathrm{vers}\theta + c\theta & f_z f_y \mathrm{vers}\theta - f_x s\theta & 0 \\ f_x f_z \mathrm{vers}\theta - f_y s\theta & f_y f_z \mathrm{vers}\theta + f_x s\theta & f_z f_z \mathrm{vers}\theta + c\theta & 0 \\ 0 & 0 & 0 & 1 \end{bmatrix}$$

将等式两边对应对角线元素相加并简化得

$$n_x + o_y + a_z = (f_x^2 + f_y^2 + f_z^2)\mathrm{vers}\theta + 3c\theta = 1 + 2c\theta$$

所以有

$$c\theta = \frac{1}{2}(n_x + o_y + a_z - 1) \tag{3-37}$$

将非对角元素成对相减则有

$$\begin{aligned} o_z - a_y &= 2f_x s\theta \\ a_x - n_z &= 2f_y s\theta \\ n_y - o_x &= 2f_z s\theta \end{aligned} \tag{3-38}$$

平方后再开方有

$$s\theta = \pm \frac{1}{2}\sqrt{(o_z - a_y)^2 + (a_x - n_z)^2 + (n_y - o_x)^2} \tag{3-39}$$

设 $0 \leqslant \theta \leqslant 180°$，则式(3-39)中 $s\theta$ 取正号，可得

$$\tan\theta = \frac{\sqrt{(o_z - a_y)^2 + (a_x - n_z)^2 + (n_y - o_x)^2}}{n_x + o_y + a_z - 1} \tag{3-40}$$

而由式(3-38)可得

$$\begin{aligned} f_x &= (o_z - a_y)/2s\theta \\ f_y &= (a_x - n_z)/2s\theta \\ f_z &= (n_y - o_x)/2s\theta \end{aligned} \tag{3-41}$$

至此,旋转矢量 $\boldsymbol{f}$ 和旋转角度均求出。

【例 3-6】 初始时坐标系 $\{B\}$ 与参考坐标系 $\{A\}$ 重合,现将其绕通过参考坐标系 $\{A\}$ 原点的转轴 $\boldsymbol{f} = \begin{bmatrix} 0.707 & 0.707 & 0 \end{bmatrix}^{\mathrm{T}}$ 旋转 $30°$,求转动后的坐标系 $\{B\}$。

解: 将 $f_x = f_y = 0.707, f_z = 0, \theta = 30°$ 代入式(3-36),有

$$\mathrm{Rot}(\boldsymbol{f}, 30°) = \begin{bmatrix} 0.933 & 0.067 & 0.354 & 0 \\ 0.067 & 0.933 & -0.354 & 0 \\ -0.354 & 0.354 & 0.866 & 0 \\ 0 & 0 & 0 & 1 \end{bmatrix}$$

3.5.3 绕不过原点轴线的通用旋转坐标变换

更一般的情况,若矢量 $\boldsymbol{f}$ 不通过原点,而是过任意 Q 点 (q_x, q_y, q_z),则旋转坐标变换矩阵为

$$\mathrm{Rot}(\boldsymbol{f}, \theta) = \begin{bmatrix} f_x f_x \mathrm{vers}\theta + c\theta & f_y f_x \mathrm{vers}\theta - f_z s\theta & f_z f_x \mathrm{vers}\theta + f_y s\theta & A \\ f_x f_y \mathrm{vers}\theta + f_z s\theta & f_y f_y \mathrm{vers}\theta + c\theta & f_z f_y \mathrm{vers}\theta - f_x s\theta & B \\ f_x f_z \mathrm{vers}\theta - f_y s\theta & f_y f_z \mathrm{vers}\theta + f_x s\theta & f_z f_z \mathrm{vers}\theta + c\theta & C \\ 0 & 0 & 0 & 1 \end{bmatrix} \tag{3-42}$$

其中：

$$\begin{bmatrix} A \\ B \\ C \end{bmatrix} = \begin{bmatrix} q_x \\ q_y \\ q_z \end{bmatrix} - \begin{bmatrix} f_x f_x \text{vers}\theta + c\theta & f_y f_x \text{vers}\theta - f_z s\theta & f_z f_x \text{vers}\theta + f_y s\theta \\ f_x f_y \text{vers}\theta + f_z s\theta & f_y f_y \text{vers}\theta + c\theta & f_z f_y \text{vers}\theta - f_x s\theta \\ f_x f_z \text{vers}\theta - f_y s\theta & f_y f_z \text{vers}\theta + f_x s\theta & f_z f_z \text{vers}\theta + c\theta \end{bmatrix} \begin{bmatrix} q_x \\ q_y \\ q_z \end{bmatrix}$$

$$(3\text{-}43)$$

在此不做推导和证明，感兴趣的读者可自行推导（本章习题 3.7）。

【例 3-7】 若坐标系 $\{B\}$ 与参考坐标系 $\{A\}$ 重合，现将其绕通过点 $q = \begin{bmatrix} 1 & 2 & 3 \end{bmatrix}^T$ 的矢量 $f = \begin{bmatrix} 0.707 & 0.707 & 0 \end{bmatrix}^T$ 旋转 30°，求转动后的旋转坐标变换矩阵。

解： 已知

$$f_x = f_y = 0.707, f_z = 0, \theta = 30°$$

$$q_x = 1, \quad q_y = 2, \quad q_z = 3$$

将其代入式（3-43）与式（3-42），有

$$\text{Rot}(f, 30°) = \begin{bmatrix} 0.933 & 0.067 & 0.354 & -1.13 \\ 0.067 & 0.933 & -0.354 & 1.13 \\ -0.354 & 0.354 & 0.866 & 0.04 \\ 0 & 0 & 0 & 1 \end{bmatrix}$$

3.6　机器人末端执行器姿态的其他描述方法

如前所述，用旋转矩阵表示机器人末端执行器（刚体）的转动简化了许多运算，但它需要 9 个元素来完全描述机器人末端执行器的姿态，因此旋转矩阵并不能直接得出末端执行器的一组完备的广义坐标，即它不能直接确定末端执行器在笛卡儿坐标系（直角坐标系）中的姿态角。所谓广义坐标，应能描述转动刚体相对于参考坐标系的方向，而被称为欧拉角的 3 个角度 ϕ、θ、ψ 就是这种广义坐标。

3.6.1　末端执行器姿态的欧拉角表示

用欧拉角来描述刚体的姿态需要绕 3 个轴依次旋转，但不能绕同一轴线连续旋转两次。共有 12 种欧拉角的旋转，它们均可描述刚体相对于参考坐标系的姿态。其中最常见的 3 种欧拉角类型如表 3-1 所示。

表 3-1　最常见的 3 种欧拉角类型

类型	第 1 步	第 2 步	第 3 步
类型 1 （z-x'-z''型）	绕 z 轴转 ϕ 角	绕新的 x 轴（x'，即 u'轴）转 θ 角	再绕新的 z 轴（z''，即 w''轴）转 ψ 角
类型 2 （z-y'-z''型）	绕 z 轴转 ϕ 角	绕新的 y 轴（y'，即 v'轴）转 θ 角	再绕新的 z 轴（z''，即 w''轴）转 ψ 角
类型 3 （x-y-z 型）	绕 x 轴转 ψ 角	绕 y 轴转 θ 角	绕 z 轴转 ϕ 角

注意:前两种类型的后两次转动都是绕固连于刚体上的动坐标系(其相对于参考坐标系的姿态随刚体的运动而变)的运动,而类型 3 的转动都是绕原坐标系(固定的参考坐标系)的运动,它等同于每次绕动坐标系轴的逆序旋转。围绕正在旋转的坐标系中的坐标轴的旋转也被称为内旋,而围绕固定坐标系 $O\text{-}xyz$ 的坐标轴进行的旋转被称为外旋。

1. $z\text{-}x'\text{-}z''$ 型欧拉角的旋转变换(通常用于表示陀螺运动)

如图 3-16 所示,$O\text{-}xyz$ 坐标系为固定参考坐标系,$O\text{-}uvw$ 为固连于刚体上的坐标系,初始时两坐标系完全重合,第一次变换为 $O\text{-}uvw$ 绕其 $w(z)$ 轴旋转 ϕ 角,得到 $O\text{-}u'v'w'$ 坐标系,第二次变换为 $O\text{-}u'v'w'$ 绕其 u' 轴旋转 θ 角,得到 $O\text{-}u''v''w''$ 坐标系,第三次变换为 $O\text{-}u''v''w''$ 绕其 w'' 轴旋转 ψ 角。因为每次变换都是基于动坐标系进行,可以表达为 $z\text{-}x'\text{-}z''$ 的旋转顺序,其变换矩阵为右乘形式:

$$
\begin{aligned}
\boldsymbol{R} &= \mathrm{Rot}(z,\phi)\,\mathrm{Rot}(u',\theta)\,\mathrm{Rot}(w'',\psi) \\[4pt]
&= \begin{bmatrix} \mathrm{c}\phi & -\mathrm{s}\phi & 0 \\ \mathrm{s}\phi & \mathrm{c}\phi & 0 \\ 0 & 0 & 1 \end{bmatrix}
\begin{bmatrix} 1 & 0 & 0 \\ 0 & \mathrm{c}\theta & -\mathrm{s}\theta \\ 0 & \mathrm{s}\theta & \mathrm{c}\theta \end{bmatrix}
\begin{bmatrix} \mathrm{c}\psi & -\mathrm{s}\psi & 0 \\ \mathrm{s}\psi & \mathrm{c}\psi & 0 \\ 0 & 0 & 1 \end{bmatrix} \\[4pt]
&= \begin{bmatrix}
\mathrm{c}\phi\mathrm{c}\psi - \mathrm{s}\phi\mathrm{c}\theta\mathrm{s}\psi & -\mathrm{c}\phi\mathrm{s}\psi - \mathrm{s}\phi\mathrm{c}\theta\mathrm{c}\psi & \mathrm{s}\phi\mathrm{s}\theta \\
\mathrm{s}\phi\mathrm{c}\psi + \mathrm{c}\phi\mathrm{c}\theta\mathrm{s}\psi & -\mathrm{s}\phi\mathrm{s}\psi + \mathrm{c}\phi\mathrm{c}\theta\mathrm{c}\psi & -\mathrm{c}\phi\mathrm{s}\theta \\
\mathrm{s}\theta\mathrm{s}\psi & \mathrm{s}\theta\mathrm{c}\psi & \mathrm{c}\theta
\end{bmatrix}
\end{aligned}
\tag{3-44}
$$

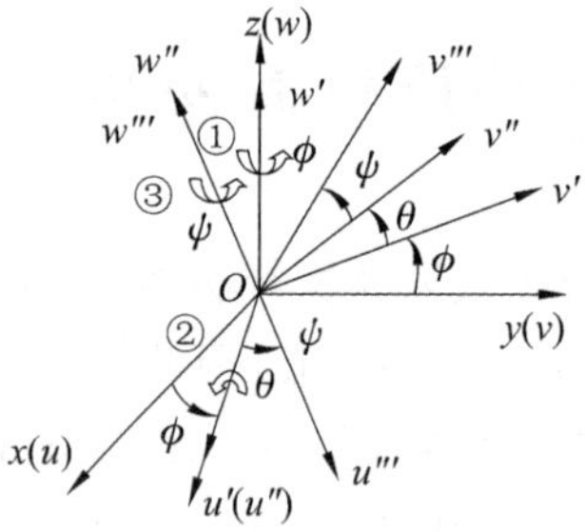

图 3-16　$z\text{-}x'\text{-}z''$ 型欧拉角的旋转变换过程

2. $z\text{-}y'\text{-}z''$ 型欧拉角的旋转变换

因为每次旋转是基于动坐标系进行的,故所得的变换矩阵也是以矩阵右乘形式得到:

$$
\begin{aligned}
\boldsymbol{R} &= \mathrm{Rot}(z,\phi)\,\mathrm{Rot}(v',\theta)\,\mathrm{Rot}(w'',\psi) \\[4pt]
&= \begin{bmatrix} \mathrm{c}\phi & -\mathrm{s}\phi & 0 \\ \mathrm{s}\phi & \mathrm{c}\phi & 0 \\ 0 & 0 & 1 \end{bmatrix}
\begin{bmatrix} \mathrm{c}\theta & 0 & \mathrm{s}\theta \\ 0 & 1 & 0 \\ -\mathrm{s}\theta & 0 & \mathrm{c}\theta \end{bmatrix}
\begin{bmatrix} \mathrm{c}\psi & -\mathrm{s}\psi & 0 \\ \mathrm{s}\psi & \mathrm{c}\psi & 0 \\ 0 & 0 & 1 \end{bmatrix} \\[4pt]
&= \begin{bmatrix}
\mathrm{c}\phi\mathrm{c}\theta\mathrm{c}\psi - \mathrm{s}\phi\mathrm{s}\psi & -\mathrm{c}\phi\mathrm{c}\theta\mathrm{s}\psi - \mathrm{s}\phi\mathrm{c}\psi & \mathrm{c}\phi\mathrm{s}\theta \\
\mathrm{s}\phi\mathrm{c}\theta\mathrm{c}\psi + \mathrm{c}\phi\mathrm{s}\psi & -\mathrm{s}\phi\mathrm{c}\theta\mathrm{s}\psi + \mathrm{c}\phi\mathrm{c}\psi & \mathrm{s}\phi\mathrm{s}\theta \\
-\mathrm{s}\theta\mathrm{c}\psi & \mathrm{s}\theta\mathrm{s}\psi & \mathrm{c}\theta
\end{bmatrix}
\end{aligned}
\tag{3-45}
$$

式(3-45)与前面所讨论的矩阵 $\boldsymbol{T}$ 中的旋转矩阵 $\boldsymbol{R}$ 一样,都描述了刚体相对于参考坐标系的姿态,读者可自行确定两者的对应关系,即 ϕ,θ,ψ 与 $\boldsymbol{n},\boldsymbol{o},\boldsymbol{a}$ 向量之间的关系。

$$T = \begin{bmatrix} & & & p_x \\ & \boldsymbol{R} & & p_y \\ & & & p_z \\ 0 & 0 & 0 & 1 \end{bmatrix} = \begin{bmatrix} n_x & o_x & a_x & p_x \\ n_y & o_y & a_y & p_y \\ n_z & o_z & a_z & p_z \\ 0 & 0 & 0 & 1 \end{bmatrix}$$

3. $z\text{-}y'\text{-}x''$ 型欧拉角（亦称 RPY 角）的旋转变换

一般称此转动的欧拉角为横滚、俯仰和偏航角（RPY 角），这种形式主要用于航空或航海工程中分析飞行器或船只的运动。图 3-17 所示为航空器的坐标轴与 RPY 角的定义，其按 $z\text{-}y'\text{-}x''$ 的顺序旋转的过程为内旋，旋转变换矩阵采用矩阵右乘形式获得：

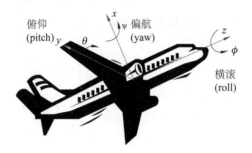

图 3-17 航空器的坐标轴与 RPY 角的定义

$$\boldsymbol{R} = \mathrm{Rot}(z,\phi)\,\mathrm{Rot}(y,\theta)\,\mathrm{Rot}(x,\psi)$$

$$= \begin{bmatrix} \mathrm{c}\phi & -\mathrm{s}\phi & 0 \\ \mathrm{s}\phi & \mathrm{c}\phi & 0 \\ 0 & 0 & 1 \end{bmatrix} \begin{bmatrix} \mathrm{c}\theta & 0 & \mathrm{s}\theta \\ 0 & 1 & 0 \\ -\mathrm{s}\theta & 0 & \mathrm{c}\theta \end{bmatrix} \begin{bmatrix} 1 & 0 & 0 \\ 0 & \mathrm{c}\psi & -\mathrm{s}\psi \\ 0 & \mathrm{s}\psi & \mathrm{c}\psi \end{bmatrix} \quad (3\text{-}46)$$

$$= \begin{bmatrix} \mathrm{c}\phi\mathrm{c}\theta & \mathrm{c}\phi\mathrm{s}\theta\mathrm{s}\psi - \mathrm{s}\phi\mathrm{c}\psi & \mathrm{c}\phi\mathrm{s}\theta\mathrm{c}\psi + \mathrm{s}\phi\mathrm{s}\psi \\ \mathrm{s}\phi\mathrm{c}\theta & \mathrm{s}\phi\mathrm{s}\theta\mathrm{s}\psi + \mathrm{c}\phi\mathrm{c}\psi & \mathrm{s}\phi\mathrm{s}\theta\mathrm{c}\psi - \mathrm{c}\phi\mathrm{s}\psi \\ -\mathrm{s}\theta & \mathrm{c}\theta\mathrm{s}\psi & \mathrm{c}\theta\mathrm{c}\psi \end{bmatrix}$$

值得注意的是，按照某顺序进行的内旋变换与其逆序的外旋变换等价。对于 $z\text{-}y'\text{-}x''$ 型欧拉角的旋转变换与表 3-1 中类型 3 的 $x\text{-}y\text{-}z$ 型欧拉角的旋转变换等价，读者也可自行考虑此处所列举的另外两种欧拉角的等效变换。

3.6.2 末端执行器姿态的单位四元数（欧拉参数）表示

用欧拉角表达物体的姿态会有万向节死锁问题，还有一种姿态表示方法是通过 4 个参数即欧拉参数来表示。本书在此不进行完整的讨论，下面只对该表示方法进行简单介绍。

在前述 3.5 节轴角的表达式式（3-36）中，也可以采用欧拉参数来表达。将欧拉参数定义为 $\boldsymbol{Q} = (\eta, \boldsymbol{\varepsilon})$，其中：

$$\begin{cases} \eta = \cos\dfrac{\theta}{2} \\ \boldsymbol{\varepsilon} = \sin\dfrac{\theta}{2}\boldsymbol{f}, \boldsymbol{f} = \begin{bmatrix} f_x & f_y & f_z \end{bmatrix}^{\mathrm{T}} \end{cases} \quad (3\text{-}47)$$

其中 η 称为欧拉参数的标量部分，而 $\boldsymbol{\varepsilon} = \begin{bmatrix} \varepsilon_x & \varepsilon_y & \varepsilon_z \end{bmatrix}^{\mathrm{T}}$ 称为欧拉参数的向量部分。这 4 个参数不是独立的，它们受到以下条件的约束：

$$\eta^2 + \varepsilon_x^2 + \varepsilon_y^2 + \varepsilon_z^2 = 1 \quad (3\text{-}48)$$

此约束条件限定了 4 个参数之间的关系,可以把它所代表的姿态看作四维空间中单位超球面上的一点。因为欧拉参数 $\boldsymbol{Q}$ 是一个 4×1 的矢量,而且满足单位超球面的约束条件,所以也被叫作单位四元数。单位四元数本质上可以看作一个超复数,即 $\boldsymbol{Q} = \eta + i\varepsilon_x + j\varepsilon_y + k\varepsilon_z$。

用单位四元数来表达的旋转矩阵为

$$\boldsymbol{R}(\eta, \boldsymbol{\varepsilon}) = \begin{bmatrix} 2(\eta^2 + \varepsilon_x{}^2) - 1 & 2(\varepsilon_x\varepsilon_y - \eta\varepsilon_z) & 2(\varepsilon_x\varepsilon_z + \eta\varepsilon_y) \\ 2(\varepsilon_x\varepsilon_y + \eta\varepsilon_z) & 2(\eta^2 + \varepsilon_y{}^2) - 1 & 2(\varepsilon_y\varepsilon_z - \eta\varepsilon_x) \\ 2(\varepsilon_x\varepsilon_z - \eta\varepsilon_y) & 2(\varepsilon_y\varepsilon_z + \eta\varepsilon_x) & 2(\eta^2 + \varepsilon_z{}^2) - 1 \end{bmatrix} \tag{3-49}$$

若要求其逆问题,则用已给定的旋转矩阵 $\boldsymbol{R} = \begin{bmatrix} r_{11} & r_{12} & r_{13} \\ r_{21} & r_{22} & r_{23} \\ r_{31} & r_{32} & r_{33} \end{bmatrix}$,可得到其对应的欧拉参数为

$$\begin{cases} \eta = \dfrac{1}{2}\sqrt{1 + r_{11} + r_{22} + r_{33}} \\[2mm] \varepsilon_x = \dfrac{r_{32} - r_{23}}{4\eta} \\[2mm] \varepsilon_y = \dfrac{r_{13} - r_{31}}{4\eta} \\[2mm] \varepsilon_z = \dfrac{r_{21} - r_{12}}{4\eta} \end{cases} \tag{3-50}$$

需要注意的是:从数学角度来看,当旋转矩阵表达的是绕某轴旋转 $180°$ 时,上式将失去意义,因为此时 $\eta = 0$。但从取极限的角度来看,因为从式(3-48)的定义上可看出 4 个欧拉参数的值均在区间 $[-1, 1]$,所以式(3-50)中的 ε_x、ε_y、ε_z 为有限值,即使是绕某轴旋转 $180°$,式(3-50)也成立。

四元数矩阵的逆可按照以下公式求:

$$\boldsymbol{Q}^{-1} = (\eta, -\boldsymbol{\varepsilon}) \tag{3-51}$$

四元数矩阵的乘积可按照以下公式计算:

$$\boldsymbol{Q}_1\boldsymbol{Q}_2 = (\eta_1\eta_2 - \boldsymbol{\varepsilon}_1^{\mathrm{T}}\boldsymbol{\varepsilon}_2, \ \eta_1\boldsymbol{\varepsilon}_2 + \eta_2\boldsymbol{\varepsilon}_1 + \boldsymbol{\varepsilon}_1 \times \boldsymbol{\varepsilon}_2) \tag{3-52}$$

本 章 小 结

本章主要介绍了机器人坐标变换的数学基础,包括刚体的位置和姿态表达、坐标变换与齐次坐标变换,以及物体的变换与逆变换等。

本章主要采用直角坐标系(笛卡儿坐标系)作为参考坐标系,空间中任意点的位置可以用一个 3×1 的列矢量来描述,列矢量中的每个元素是其在 3 个坐标轴的分量,空间中物体的姿态可以用固连于其上的坐标系相对于参考坐标系的 3×3 旋转矩阵来描述,并分别讨论了相对 x,y,z 轴的旋转矩阵表达形式。而物体在空间的位置和姿态可以通过位置矢量和旋转矩阵共同描述。

为了将坐标系之间的连续位姿变换统一起来,本章介绍了齐次坐标与齐次坐标变换的概念。将位置平移与姿态旋转结合起来,利用一个 4×4 的齐次坐标变换矩阵来描述物体的

位姿变换（包括单纯平移变换与单纯旋转变换），这些变换为空间物体的变换与逆变换以及机器人基坐标系、手腕坐标系、工具坐标系、工作站坐标系和目标坐标系之间的变换奠定了基础。最后介绍了通用旋转坐标变换的齐次矩阵、等效转轴与转角的表达式，以及末端执行器姿态的欧拉角表达式与单位四元数表达式。

本章结论为机器人的运动学、动力学以及控制建模提供了数学基础。

习　题

3.1　初始时坐标系$\{B\}$与参考坐标系$\{A\}$重合，现将坐标系$\{B\}$先绕z_A轴旋转θ角，然后绕x_A轴旋转ϕ角，试写出两次变换的旋转矩阵，并求转动后的坐标系$\{B\}$对坐标系$\{A\}$的旋转矩阵。

3.2　初始时坐标系$\{B\}$与参考坐标系$\{A\}$重合，现将坐标系$\{B\}$先绕z_B轴旋转θ角，然后绕x_B轴旋转ϕ角，试写出两次变换的旋转矩阵，并求转动后的坐标系$\{B\}$对坐标系$\{A\}$的旋转矩阵。

3.3　当$\theta=45°,\phi=30°$时，求习题 3.1 和 3.2 中的各旋转矩阵。

3.4　若某矢量为$\boldsymbol{u}=[10\ 20\ 30]^{\mathrm{T}}$，求使其绕$x$轴旋转$30°$，再沿$x,y,z$轴分别平移 11、$-3$ 和 9 个坐标值的新矢量$\boldsymbol{v}$。

3.5　图 3-18(a)给出了摆放在坐标系中的两个相同的楔形物体。要求把它们重新摆放在图 3-18(b)所示位置。

(1) 用数字值写出两个描述重新摆置的变换序列，每个变换表示沿某个轴平移或绕该轴旋转。在重置过程中，必须避免两楔形物体的碰撞。

(2) 作图说明每个变换矩阵从右至左相乘的变换序列。

(3) 作图说明每个变换矩阵从左至右相乘的变换序列。

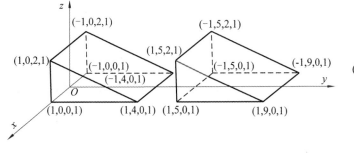 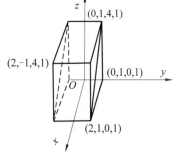

(a) 两个楔形物体的初始位置　　　　　　　　　(b) 重新摆放位置

图 3-18　楔形物体摆放

3.6　若已知某旋转坐标变换矩阵 $\mathrm{Rot}(\boldsymbol{f},\theta)=\begin{bmatrix} 0 & 1 & 0 & 0 \\ 0 & 0 & -1 & 0 \\ -1 & 0 & 0 & 0 \\ 0 & 0 & 0 & 1 \end{bmatrix}$，试求单位矢量$\boldsymbol{f}$和

旋转角 θ。

3.7 若初始时坐标系 $\{B\}$ 与参考坐标系 $\{A\}$ 重合，矢量 f 过任意 Q 点 (q_x,q_y,q_z)，求坐标系 $\{B\}$ 绕着矢量 f 旋转 θ 角度后的 4×4 旋转坐标变换矩阵 $\mathrm{Rot}(f,\theta)$。

3.8 若旋转矩阵表示为 ${}_B^A\boldsymbol{R}=\begin{bmatrix} r_{11} & r_{12} & r_{13} \\ r_{21} & r_{22} & r_{23} \\ r_{31} & r_{32} & r_{33} \end{bmatrix}$，单位四元数为 $\boldsymbol{Q}=(\eta,\boldsymbol{\varepsilon})$，可证明 $\boldsymbol{Q}$ 与旋转矩阵 ${}_B^A\boldsymbol{R}$ 之间的相互转换：

(1) 若已知单位四元数，则写出对应的旋转矩阵。

(2) 若已知旋转矩阵，则写出相关的单位四元数。

4 机器人运动学

机器人的操作主要通过各关节的运动来实现其末端执行器(手部、手爪)的运动,要实现对机器人手部的控制,必须建立起机器人的结构参数、关节运动与机器人手部位姿之间的关系,这就是机器人运动学。机器人运动学主要是把机器人相对于固定参考坐标系的运动(位移、速度、加速度)作为时间的函数进行分析研究,而不考虑引起这些运动的力和力矩,它建立起了机器人关节变量和机器人末端执行器位置和姿态之间的关系。本章只研究静止状态下机器人连杆和手部的位置和姿态,机器人运动时的速度和加速度将在第5章讨论。

为了便于处理机器人复杂的几何形状,首先需要在机器人的每个连杆上设置一个连杆坐标系,在末端执行器上设置一个工具(或手部)坐标系,然后讨论这些连杆通过关节连接起来后,连杆坐标系以及手部坐标系之间的相对关系。本章采用的连杆坐标系建立方法是Denavit 和 Hartenberg 于 1955 年提出的 D-H 方法。

本章重点讨论机器人运动学的正逆问题,描述机器人的杆件参数(亦称 D-H 参数)、机器人关节变量以及机器人手部位姿相对于机器人基坐标系的变换关系。

4.1 机器人运动学研究的对象及问题

4.1.1 运动学研究的对象

本书所讲的机器人主要是工业机器人。工业机器人从结构形式上主要分为两种:一种为串联机器人,由一系列连杆通过转动关节或移动关节串联形成,是一种开式运动链机器人,它利用驱动器来驱动各个关节的运动,从而带动连杆的相对运动,使机器人末端达到合适的位姿;另一种为并联机器人,在动平台和定平台之间有两个及以上独立的运动链并联连接,是一种闭式运动链机器人。工业机器人的两种主要结构形式如图 4-1 所示。

这两种机器人结构特点不同,所以性能上互补。

(1)串联机器人:工作空间大,灵活,但刚度差,负载小,误差累积并放大。

(2)并联机器人:刚度好,负载大,误差不累积,但工作空间小,姿态范围不大。

本章运动学分析以串联机器人为研究对象。

4.1.2 运动学研究的问题

如图 4-2 所示,机器人运动学主要研究运动学正问题和运动学逆问题这两类问题。

1. 运动学正问题

运动学正问题即正向运动学分析问题,是在已知机器人杆件的几何参数和关节角变量

(a) 串联机器人

(b) 并联机器人

图 4-1　工业机器人的两种主要结构形式

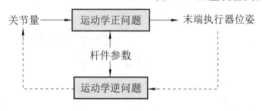

图 4-2　运动学正问题和运动学逆问题

的条件下,求机器人末端执行器相对于固定参考坐标系的位置和姿态,即位姿变换矩阵问题。机器人结构及关节的运动范围一旦确定,机器人的工作空间即可以由机器人正向运动学(正运动学)确定。

2. 运动学逆问题

运动学逆问题即逆向运动学分析问题,是在已知机器人杆件的几何参数,并给定机器人末端执行器相对于参考坐标系的期望位置和姿态(位姿)的条件下,判断机器人末端执行器能否达到这个预期的位姿。如能达到,那么机器人有几种不同形态(关节变量)可以满足同样的条件? 这个问题即机器人运动的综合问题。在机器人控制中需要根据期望的末端执行器位姿轨迹不断进行逆向运动学(逆运动学)求解。

机器人运动学正问题与运动学逆问题本质上是一个方程,只是已知条件和待求变量不同而已。方程的建立需要根据机器人杆件参数与机器人坐标系的定义,采用位姿变换矩阵来完成。

4.2　机器人连杆、关节和相关参数

4.2.1　连杆与关节的定义

基于本章的研究对象——串联机器人(操作臂,图 4-3),对操作臂的结构和运动进行以下描述。

(1) 操作臂由一串用转动或平移(棱柱形)关节连接的刚体(连杆)组成。

(2) 每一对关节-连杆构成 1 个自由度,因此 n 个自由度的操作臂就有 n 对关节-连杆。

（3）0 号连杆（一般不把它当作机器人的一部分）固连在基座上，通常在这里建立固定参考坐标系{0}，即基坐标系{B}。最后一个连杆与末端执行器相连。

（4）关节和连杆均由基座向外顺序排列，每个连杆最多和另外两个连杆相连，为开式链形式，不构成闭环。

关节是两个连杆之间的连接体，一般说来，两个连杆间是用低副相连的，只可能有 6 种低副关节，如图 4-4 所示：旋转（revolute，转动）、棱柱形（prismatic，移动）、圆柱形（cylindrical）、球形（spherical）、螺旋形（helical）和平面（planar）。其中只有转动和移动关节是操作臂常用的。

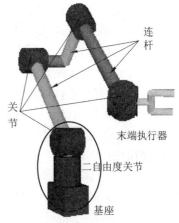

图 4-3　串联机器人

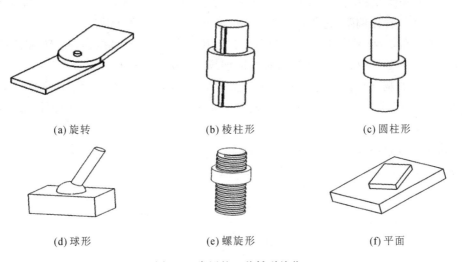

(a) 旋转　　　　　　　(b) 棱柱形　　　　　　(c) 圆柱形

(d) 球形　　　　　　　(e) 螺旋形　　　　　　(f) 平面

图 4-4　常用的 6 种低副关节

4.2.2　杆件参数的定义

在研究机器人运动学时，为了确定机器人两个相邻关节轴的位置关系，可把连杆看作一个刚体，关节轴看作空间中的一条直线（关节轴线）。不失一般性，将旋转运动中关节与连杆之间的连接以及有关参数定义如图 4-5 所示。操作臂杆件参数的定义条件如下。

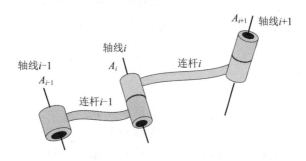

图 4-5　旋转运动中的关节与连杆之间的连接及有关参数定义

（1）关节与连杆均为串联，连杆、关节与关节轴线由基座往外顺序编号，如第 i 关节的

轴线为 A_i，对于 n 自由度的操作臂，其最末端连杆为连杆 n。

（2）每个关节最多与 2 个连杆相连，如第 i 关节与连杆 $i-1$ 和连杆 i 相连，连杆 i 绕关节轴线 A_i 相对于连杆 $i-1$ 转动。第 i 关节的轴线 A_i 位于 2 个连杆即连杆 $i-1$ 与连杆 i 连接处，第 $i-1$ 关节和第 $i+1$ 关节也各有一条轴线 A_{i-1} 和 A_{i+1}。

杆件参数有 4 个，以图 4-6 所示的关节 i 与 $i+1$ 以及连杆 i 的连接形式来定义，分别是连杆长度 a_i、连杆扭转角 α_i、杆件偏距 d_i 以及关节角 θ_i，具体定义如下。

（1）杆件长度 a_i：连杆 i 的长度，是轴线 A_i 和轴线 A_{i+1} 之间公法线的长度，它定义了两个轴之间的距离。

（2）杆件扭转角 α_i：轴线 A_i 与轴线 A_{i+1} 在垂直于 a_i 平面内的夹角，它定义了两个关节的相对位置，方向由轴线 A_i 转向轴线 A_{i+1}。图 4-6 中以三条短斜线标注的虚线与同样标注的轴线 A_i 平行。

（3）杆件偏距 d_i：A_i 为连杆 $i-1$ 与连杆 i 的公共轴线，两杆长 a_{i-1} 和 a_i 与轴线 A_i 相交点之间的距离即杆件偏距，它代表了连杆 i 相对于连杆 $i-1$ 的偏距。

（4）关节角 θ_i：相邻连杆 $i-1$ 与连杆 i 有公共轴线 A_i，绕该轴线由 a_{i-1} 转向 a_i 的夹角，即关节角 θ_i。图 4-6 中以两条短斜线标注的虚线与同样标注的杆长 a_i 平行。

以运动学的观点来看，杆件保持其两端关节间的形态不变，这种形态由两个参数（杆件长度 a_i 和杆件扭转角 α_i）决定。杆件的相对位置关系由另外两个参数即杆件偏距 d_i 和两连杆法线的夹角（关节的回转角）θ_i 决定。

上述 4 个参数，就确定了杆件的结构形态和相邻杆件之间的相对位置关系。

转动关节中的 a_i，α_i，d_i 是固定值，θ_i 是变量，如图 4-6 所示。

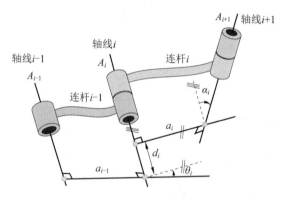

图 4-6　旋转运动中的连杆、关节以及杆件参数

移动关节中的 a_i，α_i，θ_i 是固定值，d_i 是变量，如图 4-7 所示。

若用 q_i 表示关节变量，则

$$q_i = s_i \theta_i + (1-s_i) d_i \tag{4-1}$$

其中：

$$s_i = \begin{cases} 1, i \text{ 为转动关节} \\ 0, i \text{ 为移动关节} \end{cases}$$

相邻两连杆之间的位置关系可以用相邻连杆坐标系间的坐标变换矩阵来表达。

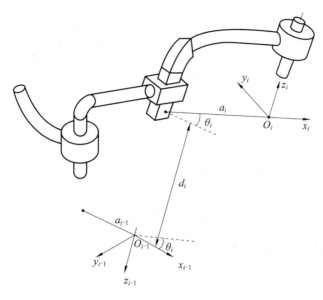

图 4-7　平移运动中的连杆、关节以及杆件参数

4.2.3　机器人连杆坐标系的建立

机器人连杆坐标系的建立主要是为了描述机器人各连杆和末端执行器之间的相对运动,为建立机器人运动学方程和进行动力学研究奠定基础。

为了描述两连杆之间的相对位置关系,1955 年 Denavit 和 Hartenberg 提出了一种为运动链中每个连杆建立附体坐标系的方法,即 D-H 方法。按照 D-H 方法,在每个连杆上建立一个固连的坐标系,该坐标系可按照其所在的连杆编号来命名。需要注意的是,有许多建立连杆坐标系的方法均称为 D-H 方法,但在细节上有所不同。本书中连杆坐标系命名及连杆参数的定义采用的是如下方法。

(1) 对于 n 自由度的机械臂,第 i 个连杆可以在关节轴线 A_i 处建立一个正规的笛卡儿坐标系 $(x_{i-1}, y_{i-1}, z_{i-1})(i=1,2,\cdots,n)$,再加上基座坐标系,一共有 $(n+1)$ 个坐标系。

(2) 基座坐标系定义为 $\{0\}$ 号坐标系 (x_0, y_0, z_0),它也是机器人的惯性坐标系,$\{0\}$ 号坐标系在基座上的位置和方向可任选,但简便起见,一般选择 z_0 轴线与关节 1 的轴线重合,并且当关节 1 变量为 0 时,$\{0\}$ 号坐标系与 $\{1\}$ 号坐标系的原点重合,这种选择隐含了条件 $a_0=0$;基座坐标系是一个固定坐标系,在机器人运动学问题中,可以把它作为参考坐标系来确定其他连杆坐标系的位置。

(3) 最后一个坐标系 $\{n\}$ 可以设在手部的任意位置,但一般要求 z_n 轴线与 z_{n-1} 轴线垂直。

机器人连杆坐标系的标号如图 4-8 所示。

按照 D-H 方法,具体的连杆坐标系建立原则与步骤如下。

(1) 采用右手坐标系。对于 $\{i\}$ 号坐标系,首先将原点 O_i 设在 a_i 与 A_{i+1} 轴线的交点上;然后确定 z_i 轴与轴线 A_{i+1} 重合,指向任意;再让 x_i 轴与公法线 a_i 重合,方向沿 a_i 由轴线 A_i 指向轴线 A_{i+1};最后按右手定则确定 y_i 轴。用同样方法在轴线 i 上建立 $\{i-1\}$ 号坐标系。按照此种方法建立关节坐标系,如图 4-9 所示。图 4-9 中,为了使图面简洁,没有画出 y 坐

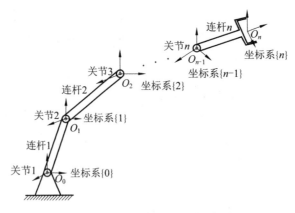

图 4-8　机器人连杆坐标系的标号

标轴,相互平行的直线用相同数量的短斜线标注。

（2）确定杆件参数具体步骤如下：

① 连杆长度 a_i ——轴线 A_i 与 A_{i+1} 之间的公垂线长度,即沿 x_i 轴,从 z_{i-1} 轴与 x_i 轴交点 O'_{i-1} 到 O_i 的距离；

② 杆件扭转角 α_i ——轴线 A_i 与 A_{i+1} 之间的夹角,即绕 x_i 轴由 z_{i-1} 轴转向 z_i 轴的角度,按照右手定则确定其正负号；

③ 杆件偏距 d_i ——相邻两条公垂线与公共轴线 A_i 交点之间的距离,即沿 z_{i-1} 轴由 z_{i-1} 轴和 x_i 交点 O'_{i-1} 至坐标系 $\{i-1\}$ 原点 O_{i-1} 的距离；

④ 杆件回转角 θ_i ——相邻两公垂线 a_{i-1} 与 a_i 之间的夹角,即绕 z_{i-1} 轴由 x_{i-1} 轴转向 x_i 轴的角度,按照右手定则确定其正负号。

以上 4 个杆件参数,连杆长度 a_i 对应的是距离,通常设为正值,而其他 3 个参数均可正可负。

在相邻两个坐标系建立的过程中,可能会遇到以下两种特殊情况。

（1）如图 4-10 所示,若两轴相交,即轴线 A_i 与 A_{i+1} 相交,可以按照以下步骤建立坐标系：

① O_i ——轴线 A_i 与 A_{i+1} 的交点；

② z_i ——轴线 A_{i+1}；

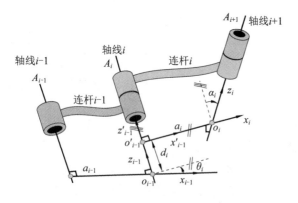

图 4-9　机器人 D-H 坐标系的建立

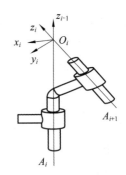

图 4-10　两轴相交时 D-H 坐标系的建立

③ x_i——z_i 轴和 z_{i-1} 轴构成的平面的法线 $[\overrightarrow{z_{i-1}} \times \overrightarrow{z_i}]$；

④ y_i——按照右手定则确定。

（2）如图 4-11 所示，若两轴平行，即轴线 A_i 与 A_{i+1} 平行，可以按照以下步骤建立坐标系：

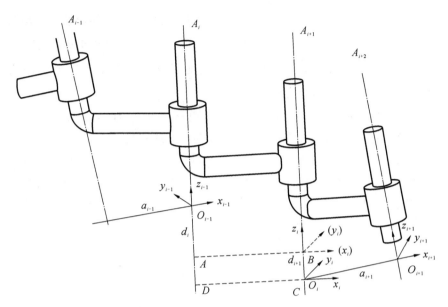

图 4-11　两轴平行时 D-H 坐标系的建立

① 先建立 $\{i-1\}$ 号坐标系 $\sum O_{i-1}$；

② 然后建立 $\{i+1\}$ 号坐标系 $\sum O_{i+1}$；

③ 最后建立 $\{i\}$ 号坐标系 $\sum O_i$。

注意：在图 4-11 中，由于轴线 A_i 和 A_{i+1} 平行，两轴线之间的公法线有很多。若选择公法线与轴线 A_i 交在 A 点位置，按照先前的定义，d_i 为 O_{i-1} 点和 A 点之间的距离，d_{i+1} 为 B 点和 C 点间的距离，这样设定是完全可以的。但如果我们变更一下，将 O_i 点选在 C 点，定义 O_i 在 a_{i+1} 和轴线 A_{i+1} 的交点上，这样可使 $d_{i+1}=0$，使计算简便，此时 $d_i=\overrightarrow{O_{i-1}D}$。当然，若选择轴线 A_i 和 A_{i+1} 的公法线与轴线 A_i 的交点在 O_{i-1} 处，也同样可简化计算。

最后需要说明的是，按照上述方法建立的连杆坐标系并不是唯一的，在两轴线 A_i 与 A_{i+1} 相交时（此时 $a_i=0$），x_i 轴选择在垂直于 z_i 轴与 z_{i-1} 轴构成的平面，其指向有两种选择；而对于两轴线 A_i 与 A_{i+1} 平行时，坐标系 $\{i\}$ 的原点可以有很多选择，但一般选取使偏距 $d_i=0$ 的点。另外，当关节为移动关节时，其坐标系的原点和 z 轴方向的选择也有一定的任意性。

4.3　相邻连杆坐标系变换与机器人运动学方程

本节将推导相邻连杆坐标系间坐标变换的一般形式，然后将它们联系起来得到 $\{n\}$ 号坐标系相对于 $\{0\}$ 号坐标系的位姿变换矩阵（后简称变换矩阵）。

4.3.1 相邻连杆坐标系变换

对于图 4-9 所示的转动关节，若要得到坐标系 $\{i\}$ 相对于坐标系 $\{i-1\}$ 的变换矩阵，可以通过把坐标系 $\sum O_{i-1}$ 做如下 4 次变换得到坐标系 $\sum O_i$：先将 x_{i-1} 轴绕 z_{i-1} 轴转 θ_i 角度，使其与 x_i 轴平行；再将旋转后的 x_{i-1} 轴沿 z_{i-1} 轴平移距离 d_i，使旋转后的 x_{i-1} 轴与 x_i 轴重合，这时所得的是坐标系 $\sum O'_{i-1}$。然后将坐标系 $\sum O'_{i-1}$ 沿 x_i 轴平移距离 a_i，使两坐标系原点及 x 轴均重合；最后将 z'_{i-1} 轴绕 x_i 轴旋转 α_i 角度，至此两坐标系完全重合。因此，坐标系 $\sum O_i$ 相对于坐标系 $\sum O_{i-1}$ 的变换矩阵为

$$_i^{i-1}\boldsymbol{T} = \mathrm{Rot}(z_{i-1},\theta_i)\mathrm{Trans}(z_{i-1},d_i)\mathrm{Trans}(x_i,a_i)\mathrm{Rot}(x_i,\alpha_i) \tag{4-2}$$

此变换矩阵亦称 D-H 变换矩阵，依次将变换矩阵相乘可得

$$_i^{i-1}\boldsymbol{T} = \begin{bmatrix} \cos\theta_i & -\sin\theta_i & 0 & 0 \\ \sin\theta_i & \cos\theta_i & 0 & 0 \\ 0 & 0 & 1 & 0 \\ 0 & 0 & 0 & 1 \end{bmatrix} \begin{bmatrix} 1 & 0 & 0 & 0 \\ 0 & 1 & 0 & 0 \\ 0 & 0 & 1 & d_i \\ 0 & 0 & 0 & 1 \end{bmatrix} \begin{bmatrix} 1 & 0 & 0 & a_i \\ 0 & 1 & 0 & 0 \\ 0 & 0 & 1 & 0 \\ 0 & 0 & 0 & 1 \end{bmatrix} \begin{bmatrix} 1 & 0 & 0 & 0 \\ 0 & \cos\alpha_i & -\sin\alpha_i & 0 \\ 0 & \sin\alpha_i & \cos\alpha_i & 0 \\ 0 & 0 & 0 & 1 \end{bmatrix}$$

即

$$_i^{i-1}\boldsymbol{T} = \begin{bmatrix} \cos\theta_i & -\cos\alpha_i\sin\theta_i & \sin\alpha_i\sin\theta_i & a_i\cos\theta_i \\ \sin\theta_i & \cos\alpha_i\cos\theta_i & -\sin\alpha_i\cos\theta_i & a_i\sin\theta_i \\ 0 & \sin\alpha_i & \cos\alpha_i & d_i \\ 0 & 0 & 0 & 1 \end{bmatrix} \tag{4-3}$$

对于图 4-9 所示的移动关节，其杆件参数中 $a_i,\alpha_i,\theta_i(a_i=0,\theta_i=0)$ 是固定值，d_i 是变量，其 D-H 变换矩阵由公式(4-2)得

$$_i^{i-1}\boldsymbol{T} = \begin{bmatrix} \cos\theta_i & -\sin\theta_i & 0 & 0 \\ \sin\theta_i & \cos\theta_i & 0 & 0 \\ 0 & 0 & 1 & 0 \\ 0 & 0 & 0 & 1 \end{bmatrix} \begin{bmatrix} 1 & 0 & 0 & 0 \\ 0 & 1 & 0 & 0 \\ 0 & 0 & 1 & d_i \\ 0 & 0 & 0 & 1 \end{bmatrix} \begin{bmatrix} 1 & 0 & 0 & a_i \\ 0 & 1 & 0 & 0 \\ 0 & 0 & 1 & 0 \\ 0 & 0 & 0 & 1 \end{bmatrix} \begin{bmatrix} 1 & 0 & 0 & 0 \\ 0 & \cos\alpha_i & -\sin\alpha_i & 0 \\ 0 & \sin\alpha_i & \cos\alpha_i & 0 \\ 0 & 0 & 0 & 1 \end{bmatrix}$$

即

$$_i^{i-1}\boldsymbol{T} = \begin{bmatrix} 1 & 0 & 0 & 0 \\ 0 & \cos\alpha_i & -\sin\alpha_i & 0 \\ 0 & \sin\alpha_i & \cos\alpha_i & d_i \\ 0 & 0 & 0 & 1 \end{bmatrix} \tag{4-4}$$

4.3.2 机器人运动学方程

在依次求得相邻连杆坐标系之间的变换矩阵后，对于 n 自由度的机器人，可得其运动学方程为

$$_n^0\boldsymbol{T} = {}_1^0\boldsymbol{T}\, {}_2^1\boldsymbol{T} \cdots {}_n^{n-1}\boldsymbol{T} \tag{4-5}$$

通常把 $_n^0\boldsymbol{T}$ 称作机器人的变换矩阵，显然它是 n 个关节变量 $q_1,q_2,\cdots,q_n$ 的函数，即

$$_n^0\boldsymbol{T}(q_1,q_2,\cdots,q_n) = {}_1^0\boldsymbol{T}(q_1)\, {}_2^1\boldsymbol{T}(q_2) \cdots {}_n^{n-1}\boldsymbol{T}(q_n) \tag{4-6}$$

当已知关节变量时，即可求出机器人末端执行器相对于{0}号坐标系的位姿，此即运动学正问题，亦为机器人的运动分析问题。它与第 3 章中用旋转矩阵 $\boldsymbol{R}$ 和位置矢量 $\boldsymbol{P}$ 以及

$[\boldsymbol{n}\quad \boldsymbol{o}\quad \boldsymbol{a}\quad \boldsymbol{p}]$ 所描述的末端执行器的位姿(图 4-12)相同,即

$$
\begin{bmatrix}
n_x & o_x & a_x & p_x \\
n_y & o_y & a_y & p_y \\
n_z & o_z & a_z & p_z \\
0 & 0 & 0 & 1
\end{bmatrix}
=
\begin{bmatrix}
{}_n^0\boldsymbol{R} & {}_n^0\boldsymbol{P} \\
\mathbf{0} & 1
\end{bmatrix}
= {}_1^0\boldsymbol{T}(q_1)\ {}_2^1\boldsymbol{T}(q_2)\cdots {}_n^{n-1}\boldsymbol{T}(q_n) \tag{4-7}
$$

式(4-7)建立了机器人末端执行器的位姿 $[\boldsymbol{n}\quad \boldsymbol{o}\quad \boldsymbol{a}\quad \boldsymbol{p}]$ 与机器人关节变量 $q_1,q_2,\cdots,q_n$ 之间的关系。

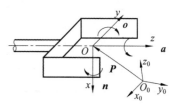

在机器人的运动控制中,以关节变量 $\boldsymbol{q} = [q_1,q_2,\cdots,q_n]^{\mathrm{T}}$ 构成的 $n\times 1$ 列向量通常被称为关节空间(后若是旋转关节用 θ 表示),以末端执行器在参考坐标系中的位姿 $[{}_n^0\boldsymbol{R}\quad {}_n^0\boldsymbol{P}]$ 构成的空间被称为操作空间,式(4-7)所示运动学方程建立起了关节空间与操作空间的映射关系。

图 4-12　机器人末端
执行器的位姿描述

由关节空间到操作空间的映射即运动学正问题;由操作空间到关节空间的映射即运动学逆问题,后文会涉及。

下面分析两种典型工业机器人的运动学问题。

4.3.3　PUMA560 机器人正向运动学分析

PUMA560 机器人为六自由度机器人,其关节均为旋转关节,因此属于 6R 型操作臂。与大多数六自由度机器人一样,其前三个关节用来调整机器人手部的位置,后三个关节用来调整手部的姿态,且其轴线相交于一点。其结构图与连杆坐标系如图 4-13 所示。在机器人关节上建立 D-H 坐标系,其中{0}号坐标系与{1}号坐标系都建在关节 1 的轴上,它们的 z 轴与原点均分别重合,但 x 轴不同;{2}号坐标系建在关节 2 的轴上,x_2 轴在杆长 a_2 方向上;{3}号坐标系建在关节 3 的轴上,关节 4 与关节 3 的轴线垂直但不相交;{4}号、{5}号与{6}号坐标系的原点均设在手腕处,但方向不同,其中{4}号与{6}号坐标系 z 轴相同,其方向指向手部前进方向(即 $\boldsymbol{a}$ 方向)。

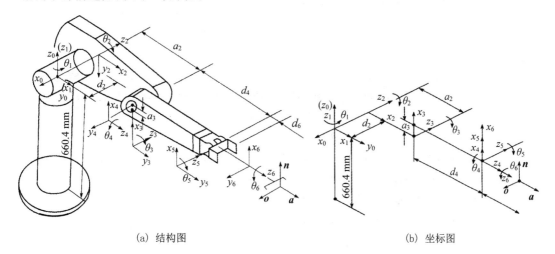

(a) 结构图　　　　　　　　　　　　　　　　　(b) 坐标图

图 4-13　PUMA560 机器人的结构图与连杆坐标系

分析坐标系之间的关系,根据杆件参数的定义确定其杆件参数,如表 4-1 所示。

表 4-1　PUMA560 机器人杆件参数

关节 i	关节角 θ_i	偏距 d_i	杆长 a_i	扭角 α_i	关节角范围	连杆参数
1	θ_1	0	0	$0°$	$-160°\sim160°$	$a_2=431.8$ mm
2	θ_2	d_2	0	$-90°$	$-225°\sim45°$	$a_3=20.32$ mm
3	θ_3	0	a_2	$0°$	$-45°\sim225°$	$d_2=149.09$ mm
4	θ_4	d_4	a_3	$-90°$	$-110°\sim170°$	$d_4=433.07$ mm
5	θ_5	0	0	$90°$	$-100°\sim100°$	
6	θ_6	0	0	$-90°$	$-266°\sim266°$	

求得各连杆坐标系的变换矩阵如下:

$$
{}_1^0\boldsymbol{T}=\begin{bmatrix} c\theta_1 & -s\theta_1 & 0 & 0 \\ s\theta_1 & c\theta_1 & 0 & 0 \\ 0 & 0 & 1 & 0 \\ 0 & 0 & 0 & 1 \end{bmatrix}, \quad
{}_2^1\boldsymbol{T}=\begin{bmatrix} c\theta_2 & -s\theta_2 & 0 & 0 \\ 0 & 0 & 1 & d_2 \\ -s\theta_2 & -c\theta_2 & 0 & 0 \\ 0 & 0 & 0 & 1 \end{bmatrix}, \quad
{}_3^2\boldsymbol{T}=\begin{bmatrix} c\theta_3 & -s\theta_3 & 0 & a_2 \\ s\theta_3 & c\theta_3 & 0 & 0 \\ 0 & 0 & 1 & 0 \\ 0 & 0 & 0 & 1 \end{bmatrix},
$$

$$
{}_4^3\boldsymbol{T}=\begin{bmatrix} c\theta_4 & -s\theta_4 & 0 & a_3 \\ 0 & 0 & 1 & d_4 \\ -s\theta_4 & -c\theta_4 & 0 & 0 \\ 0 & 0 & 0 & 1 \end{bmatrix}, \quad
{}_5^4\boldsymbol{T}=\begin{bmatrix} c\theta_5 & -s\theta_5 & 0 & 0 \\ 0 & 0 & -1 & 0 \\ s\theta_5 & c\theta_5 & 0 & 0 \\ 0 & 0 & 0 & 1 \end{bmatrix}, \quad
{}_6^5\boldsymbol{T}=\begin{bmatrix} c\theta_6 & -s\theta_6 & 0 & 0 \\ 0 & 0 & 1 & 0 \\ -s\theta_6 & -c\theta_6 & 0 & 0 \\ 0 & 0 & 0 & 1 \end{bmatrix}
$$

式中:为了缩短公式的长度,令 $c\theta_1=\cos\theta_1$,$s\theta_1=\sin\theta_1$,$\cdots$,$c\theta_6=\cos\theta_6$,$s\theta_6=\sin\theta_6$,以此类推。

${}_6^0\boldsymbol{T}$ 可简写为 ${}_6\boldsymbol{T}$,所以 PUMA560 机器人运动学方程为

$$
{}_6^0\boldsymbol{T}={}_6\boldsymbol{T}={}_1^0\boldsymbol{T}\,{}_2^1\boldsymbol{T}\,{}_3^2\boldsymbol{T}\,{}_4^3\boldsymbol{T}\,{}_5^4\boldsymbol{T}\,{}_6^5\boldsymbol{T}
$$

若令

$$
{}_6\boldsymbol{T}=\begin{bmatrix}\boldsymbol{n} & \boldsymbol{o} & \boldsymbol{a} & \boldsymbol{p}\end{bmatrix}=\begin{bmatrix} n_x & o_x & a_x & p_x \\ n_y & o_y & a_y & p_y \\ n_z & o_z & a_z & p_z \\ 0 & 0 & 0 & 1 \end{bmatrix}
$$

可得

$$
\begin{cases}
n_x=c\theta_1[c\theta_{23}(c\theta_4c\theta_5c\theta_6-s\theta_4s\theta_6)-s\theta_{23}s\theta_5c\theta_6]+s\theta_1(s\theta_4c\theta_5c\theta_6+c\theta_4s\theta_6) \\
n_y=s\theta_1[c\theta_{23}(c\theta_4c\theta_5c\theta_6-s\theta_4s\theta_6)-s\theta_{23}s\theta_5c\theta_6]-c\theta_1(s\theta_4c\theta_5c\theta_6+c\theta_4s\theta_6) \\
n_z=-s\theta_{23}(c\theta_4c\theta_5c\theta_6-s\theta_4s\theta_6)-c\theta_{23}s\theta_5c\theta_6
\end{cases}
$$

$$
\begin{cases}
o_x=c\theta_1[-c\theta_{23}(c\theta_4c\theta_5s\theta_6+s\theta_4c\theta_6)+s\theta_{23}s\theta_5s\theta_6]+s\theta_1(-s\theta_4c\theta_5s\theta_6+c\theta_4c\theta_6) \\
o_y=s\theta_1[-c\theta_{23}(c\theta_4c\theta_5s\theta_6+s\theta_4c\theta_6)+s\theta_{23}s\theta_5s\theta_6]-c\theta_1(-s\theta_4c\theta_5s\theta_6+c\theta_4c\theta_6) \\
o_z=s\theta_{23}(c\theta_4c\theta_5s\theta_6+s\theta_4c\theta_6)+c\theta_{23}s\theta_5s\theta_6
\end{cases}
$$

$$
\begin{cases}
a_x=-c\theta_1(c\theta_{23}c\theta_4s\theta_5+s\theta_{23}c\theta_5)-s\theta_1s\theta_4s\theta_5 \\
a_y=-s\theta_1(c\theta_{23}c\theta_4s\theta_5+s\theta_{23}c\theta_5)+c\theta_1s\theta_4s\theta_5 \\
a_z=s\theta_{23}c\theta_4s\theta_5-c\theta_{23}c\theta_5
\end{cases}
$$

$$
\begin{cases}
p_x=c\theta_1[a_2c\theta_2+a_3c\theta_{23}-d_4s\theta_{23}]-d_2s\theta_1 \\
p_y=s\theta_1[a_2c\theta_2+a_3c\theta_{23}-d_4s\theta_{23}]+d_2c\theta_1 \\
p_z=-a_3s\theta_{23}-a_2s\theta_2-d_4c\theta_{23}
\end{cases}
$$

式中：$c\theta_{23} = \cos(\theta_2 + \theta_3) = c\theta_2 c\theta_3 - s\theta_2 s\theta_3$，$s\theta_{23} = \sin(\theta_2 + \theta_3) = s\theta_2 c\theta_3 + c\theta_2 s\theta_3$

为了验证所求$_6T$的正确性，可以计算当$\theta_1 = 90°$，$\theta_2 = 0°$，$\theta_3 = -90°$，$\theta_4 = \theta_5 = \theta_6 = 0°$时（即图 4-13 所示位姿情况），机器人手部的变换矩阵为

$$_6T = \begin{bmatrix} 0 & 1 & 0 & -d_2 \\ 0 & 0 & 1 & a_2 + d_4 \\ 1 & 0 & 0 & a_3 \\ 0 & 0 & 0 & 1 \end{bmatrix}$$

可以直观地看到，这个结果与图示情况一致。

以上所求的实际只是机器人手部相对于基坐标系的位姿，从机器人的控制角度，我们还需知道机器人手部（亦称工具或末端执行器）相对于工作站坐标系$\{S\}$的位姿。如图 4-12 所示，机器人手部的坐标系用 3 个单位矢量n，o，a来表示，其中n是手部的法向矢量（标为x轴），o是手部的姿态矢量（标为y轴），a是手部的接近矢量（标为z轴），如前面所述，将该坐标系定义为工具坐标系$\{T\}$，则它相对于$\{6\}$号坐标系的变换矩阵为$_T^6T$，而$\{0\}$号坐标系相对于工作站坐标系$\{S\}$的变换矩阵为$_0^ST$（两坐标系一旦确定，该矩阵不变）。因此，工具坐标系$\{T\}$相对于工作站坐标系$\{S\}$的位姿可用以下变换矩阵求得：

$$_T^ST = {}_0^ST\,{}_6^0T\,{}_T^6T$$

显然$_T^ST$也是关节变量的函数，只要关节变量确定，即可求出手部相对于工作站坐标系的位姿，这还是属于运动学正问题。

值得说明的是，此例中 PUMA560 连杆坐标系的建立不符合前述 4.3 节中串联机器人 D-H 坐标系的建立形式，而按照 4.3 节中 D-H 坐标系建立方法可以建立如图 4-14 所示的坐标系。请大家自行分析和求解其运动学方程（已知转角，求各杆位姿）。

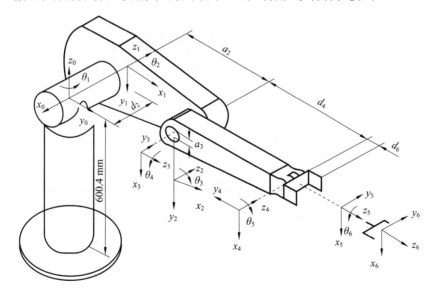

图 4-14　PUMA560 机器人连杆坐标系另一种建立方法

4.3.4　Stanford 机器人运动学方程的建立

Stanford 机器人也是六自由度机器人，除了关节 3 为平移运动外，其他关节均为旋转运动，且其后 3 个关节的轴线也相交于一点。其结构形式如图 4-15(a)所示。

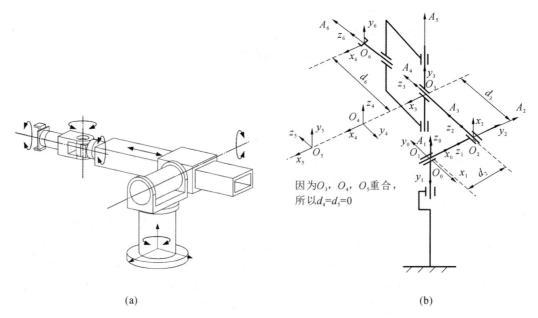

因为 O_3，O_4，O_5 重合，所以 $d_4=d_5=0$

$$(a) \qquad\qquad\qquad (b)$$

图 4-15　Stanford 机器人结构形式与坐标系建立

建立起的 D-H 坐标系如图 4-15(b)所示，其中{0}号坐标系与{1}号坐标系建在了关节1与关节2轴线的交点处，它们的 z 轴分别在关节1和关节2的轴线上，x 轴相互垂直；{2}号坐标系建在移动关节3上，z_2 轴在移动方向上；{3}号、{4}号与{5}号坐标系分别建在关节4、5、6的轴上，其原点均在3个关节轴线的交点上，z 轴在各自的旋转关节轴上；{6}号坐标系设在了机器人手部上，其 z 轴方向指向手部前进方向（即 a 方向）。采用右手坐标系，并确定 Standford 机器人杆件参数，如表 4-2 所示。

表 4-2　Standford 机器人杆件参数

关节 i	转角 θ_i	偏距 d_i	扭角 α_i	杆长 a_i
1	θ_1	0	$-90°$	0
2	θ_2	d_2	$90°$	0
3	0	d_3	$0°$	0
4	θ_4	0	$-90°$	0
5	θ_5	0	$90°$	0
6	θ_6	d_6	$0°$	0

求得各连杆坐标系的变换矩阵为

$$
{}_1^0\boldsymbol{T} = \mathrm{Rot}(z_0,\theta_1)\mathrm{Rot}(x_1,\alpha_1) = \begin{bmatrix} c\theta_1 & 0 & -s\theta_1 & 0 \\ s\theta_1 & 0 & c\theta_1 & 0 \\ 0 & -1 & 0 & 0 \\ 0 & 0 & 0 & 1 \end{bmatrix} \quad (\alpha_1 = -90°)
$$

$$
{}_2^1\boldsymbol{T} = \mathrm{Rot}(z_1,\theta_2)\mathrm{Trans}(0,0,d_2)\mathrm{Rot}(x_2,\alpha_2) = \begin{bmatrix} c\theta_2 & 0 & -s\theta_2 & 0 \\ s\theta_2 & 0 & c\theta_2 & 0 \\ 0 & 1 & 0 & d_2 \\ 0 & 0 & 0 & 1 \end{bmatrix} \quad (\alpha_2 = 90°)
$$

$$_3^2T = \mathrm{Trans}(0,0,d_3) = \begin{bmatrix} 1 & 0 & 0 & 0 \\ 0 & 1 & 0 & 0 \\ 0 & 0 & 1 & d_3 \\ 0 & 0 & 0 & 1 \end{bmatrix}$$

$$_4^3T = \mathrm{Rot}(z_3,\theta_4)\mathrm{Rot}(x_4,\alpha_4) = \begin{bmatrix} c\theta_4 & 0 & -s\theta_4 & 0 \\ s\theta_4 & 0 & c\theta_4 & 0 \\ 0 & -1 & 0 & 0 \\ 0 & 0 & 0 & 1 \end{bmatrix} \quad (\alpha_4 = -90°)$$

$$_5^4T = \mathrm{Rot}(z_4,\theta_5)\mathrm{Rot}(x_5,\alpha_5) = \begin{bmatrix} c\theta_5 & 0 & s\theta_5 & 0 \\ s\theta_5 & 0 & -c\theta_5 & 0 \\ 0 & 1 & 0 & 0 \\ 0 & 0 & 0 & 1 \end{bmatrix} \quad (\alpha_5 = 90°)$$

$$_6^5T = \mathrm{Rot}(z_5,\theta_6)\mathrm{Trans}(0,0,d_6) = \begin{bmatrix} c\theta_6 & -s\theta_6 & 0 & 0 \\ s\theta_6 & c\theta_6 & 0 & 0 \\ 0 & 0 & 1 & d_6 \\ 0 & 0 & 0 & 1 \end{bmatrix}$$

所以 Standford 机器人运动学方程为

$$_6^0T = {}_6T = {}_1^0T {}_2^1T {}_3^2T {}_4^3T {}_5^4T {}_6^5T$$

若令

$$_6T = \begin{bmatrix} \boldsymbol{n} & \boldsymbol{o} & \boldsymbol{a} & \boldsymbol{p} \end{bmatrix} = \begin{bmatrix} n_x & o_x & a_x & p_x \\ n_y & o_y & a_y & p_y \\ n_z & o_z & a_z & p_z \\ 0 & 0 & 0 & 1 \end{bmatrix}$$

则可得

$$\begin{cases} n_x = c\theta_1[c\theta_2(c\theta_4 c\theta_5 c\theta_6 - s\theta_4 s\theta_6) - s\theta_2 s\theta_5 c\theta_6] - s\theta_1(s\theta_4 c\theta_5 c\theta_6 + c\theta_4 c\theta_6) \\ n_y = s\theta_1[c\theta_2(c\theta_4 c\theta_5 c\theta_6 - s\theta_4 s\theta_6) - s\theta_2 s\theta_5 c\theta_6] + c\theta_1(s\theta_4 c\theta_5 c\theta_6 + c\theta_4 c\theta_6) \\ n_z = -s\theta_2(c\theta_4 c\theta_5 c\theta_6 - s\theta_4 s\theta_6) - c\theta_2 s\theta_5 c\theta_6 \end{cases}$$

$$\begin{cases} o_x = c\theta_1[-c\theta_2(c\theta_4 c\theta_5 s\theta_6 + s\theta_4 s\theta_6) + s\theta_2 s\theta_5 s\theta_6] - s\theta_1(-s\theta_4 c\theta_5 s\theta_6 + c\theta_4 c\theta_6) \\ o_y = s\theta_1[-c\theta_2(c\theta_4 c\theta_5 s\theta_6 + s\theta_4 s\theta_6) + s\theta_2 s\theta_5 s\theta_6] + c\theta_1(-s\theta_4 c\theta_5 s\theta_6 + c\theta_4 c\theta_6) \\ o_z = s\theta_2(c\theta_4 c\theta_5 s\theta_6 + s\theta_4 c\theta_6) + c\theta_2 s\theta_5 s\theta_6 \end{cases}$$

(4-8)

$$\begin{cases} a_x = c\theta_1(c\theta_2 c\theta_4 s\theta_5 + s\theta_2 c\theta_5) - s\theta_1 s\theta_4 s\theta_5 \\ a_y = s\theta_1(c\theta_2 c\theta_4 s\theta_5 + s\theta_2 c\theta_5) + c\theta_1 s\theta_4 s\theta_5 \\ a_z = -s\theta_2 c\theta_4 s\theta_5 + c\theta_2 c\theta_5 \end{cases}$$

$$\begin{cases} p_x = c\theta_1[c\theta_2 c\theta_4 s\theta_5 d_6 - s\theta_2(c\theta_5 d_6 - d_3)] - s\theta_1(s\theta_4 s\theta_5 d_6 + d_2) \\ p_y = s\theta_1[c\theta_2 c\theta_4 s\theta_5 d_6 - s\theta_2(c\theta_5 d_6 - d_3)] + c\theta_1(s\theta_4 s\theta_5 d_6 + d_2) \\ p_z = -[s\theta_2 c\theta_4 s\theta_5 d_6 + c\theta_2(c\theta_5 d_6 - d_3)] \end{cases}$$

当 $d_6 = 0$ 时,其方向矢量不变,位置矢量变为

$$\begin{cases} p_x = c\theta_1 s\theta_2 d_3 - s\theta_1 d_2 \\ p_y = s\theta_1 s\theta_2 d_3 + c\theta_1 d_2 \\ p_z = c\theta_2 d_3 \end{cases}$$

以上机器人所求的运动学方程是否正确,读者可用机器人的特殊位姿来验证。例如,当 $\theta_1 = \theta_2 = \theta_4 = \theta_5 = \theta_6 = 90°$,$d_2 = 100 \text{ mm}$,$d_3 = 300 \text{ mm}$,$d_6 = 50 \text{ mm}$ 时(图 4-15 所示位姿),利用以上运动学方程求该机器人手部位姿,并将其与直观获得的结果对比即可进行验证,此处不再详述。

4.3.5　D-H 坐标系的两种建立方法

关于 D-H 坐标系的建立,除了 4.3 节所述方法以外,还有一种主流的 D-H 坐标系建立方法,读者在阅读其他教材和文献时经常会看到。两种坐标系的主要区别在于坐标系序号与关节轴序号是否一致。

1.第一种 D-H 坐标系建立方法

第一种 D-H 坐标系建立方法即前面 4.3 节所述方法,其主要特点:z_i 轴与 $i+1$ 关节轴线重合;手部坐标系 $\{h\}$ 与坐标系 $\{n\}$ 重合。

例如,某三自由度机器人,前两个关节做旋转运动,第三个关节为平移运动,其连杆与关节序号如图 4-16 所示。若采用第一种方法建立 D-H 坐标系,其基座坐标系 $\{0\}$、连杆坐标系 $\{i\}$($i=1,2,3$)与手部坐标系 $\{h\}$ 的 z_i 轴均与 $i+1$ 关节轴线重合,其中连杆坐标系 $\{3\}$ 与手部坐标系 $\{h\}$ 重合,而基座坐标系 $\{0\}$ 建立在基座处,z_0 轴在关节 1 轴线上,x_0 轴在水平方向,其正向指向手部所在平面。

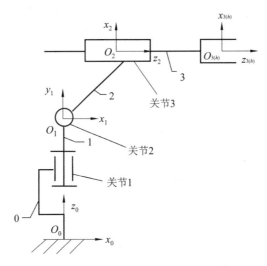

图 4-16　某三自由度机器人 D-H 坐标系的建立方法一

2.第二种 D-H 坐标系建立方法

第二种 D-H 坐标系建立方法的主要特点:z_i 轴与 i 关节轴线重合;手部坐标系 $\{h\}$ 与坐标系 $\{n\}$ 位置不同,但方向保持一致。以 Craig 为代表的学者采用的就是这种 D-H 坐标系建立方法,亦可称其为 Craig 法。

例如,仍然以图 4-16 所示的某三自由度机器人为例,采用第二种方法建立的坐标系如

图 4-17 所示:基座坐标系 $\{0\}$ 仍在基座上,选择同方法一;连杆坐标系 $\{i\}$ $(i=1,2,3)$ 分别在关节 1,2,3 处;手部坐标系 $\{h\}$ 与连杆坐标系 $\{3\}$ 位置不同,但方向相同。

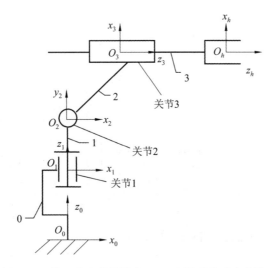

图 4-17 某三自由度机器人 D-H 坐标系的建立方法二

此三自由度机器人在两种 D-H 坐标系下的运动学方程读者可自行建立,此处不再详述。

【例 4-1】 已知三自由度平面关节型机器人如图 4-18 所示,设机器人杆件 1、2、3 的长度为 l_1,l_2,l_3(关节 3 中心到手部中心长度)。试建立此机器人的运动学方程。

解:

1) 采用第一种方法建立 D-H 坐标系

(1) 采用第一种方法建立 D-H 坐标系:基座坐标系 $\{0\}$,连杆坐标系 $\{i\}$ $(i=1,2,3)$ 与手部坐标系 $\{h\}$,其中手部坐标系 $\{h\}$ 与末端连杆坐标系 $\{3\}$ 重合,如图 4-19 所示。

(2) 确定连杆参数,如表 4-3 所示。

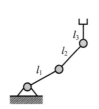

图 4-18 三自由度平面
关节型机器人

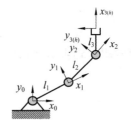

图 4-19 三自由度平面关节型机器人
D-H 坐标系的建立方法一

表 4-3 三自由度平面关节型机器人连杆参数

关节 i	转角 θ_i	偏距 d_i	扭角 α_i	杆长 a_i	关节变量 q_i
1	θ_1	0	0°	l_1	θ_1
2	θ_2	0	0°	l_2	θ_2
3	θ_3	0	0°	l_3	θ_3

（3）求相邻杆件坐标系的变换矩阵。

$$
{}_{1}^{0}\boldsymbol{T} = \mathrm{Rot}(z,\theta_1)\,\mathrm{Trans}(l_1,0,0)
$$

$$
= \begin{bmatrix} c\theta_1 & -s\theta_1 & 0 & 0 \\ s\theta_1 & c\theta_1 & 0 & 0 \\ 0 & 0 & 1 & 0 \\ 0 & 0 & 0 & 1 \end{bmatrix} \begin{bmatrix} 1 & 0 & 0 & l_1 \\ 0 & 1 & 0 & 0 \\ 0 & 0 & 1 & 0 \\ 0 & 0 & 0 & 1 \end{bmatrix} = \begin{bmatrix} c\theta_1 & -s\theta_1 & 0 & l_1 c\theta_1 \\ s\theta_1 & c\theta_1 & 0 & l_1 s\theta_1 \\ 0 & 0 & 1 & 0 \\ 0 & 0 & 0 & 1 \end{bmatrix}
$$

同理可得

$$
{}_{2}^{1}\boldsymbol{T} = \mathrm{Rot}(z,\theta_2)\,\mathrm{Trans}(l_2,0,0) = \begin{bmatrix} c\theta_2 & -s\theta_2 & 0 & l_2 c\theta_2 \\ s\theta_2 & c\theta_2 & 0 & l_2 s\theta_2 \\ 0 & 0 & 1 & 0 \\ 0 & 0 & 0 & 1 \end{bmatrix}
$$

$$
{}_{3(h)}^{2}\boldsymbol{T} = \mathrm{Rot}(z,\theta_3)\,\mathrm{Trans}(l_3,0,0) = \begin{bmatrix} c\theta_3 & -s\theta_3 & 0 & l_3 c\theta_3 \\ s\theta_3 & c\theta_3 & 0 & l_3 s\theta_3 \\ 0 & 0 & 1 & 0 \\ 0 & 0 & 0 & 1 \end{bmatrix}
$$

（4）建立其运动学方程。

将相邻杆件坐标系变换矩阵依次相乘，则有以下运动学方程：

$$
{}_{h}^{0}\boldsymbol{T} = {}_{1}^{0}\boldsymbol{T}\,{}_{2}^{1}\boldsymbol{T}\,{}_{3(h)}^{2}\boldsymbol{T} = \begin{bmatrix} c\theta_{123} & -s\theta_{123} & 0 & l_1 c\theta_1 + l_2 c\theta_{12} + l_3 c\theta_{123} \\ s\theta_{123} & c\theta_{123} & 0 & l_1 s\theta_1 + l_2 s\theta_{12} + l_3 s\theta_{123} \\ 0 & 0 & 1 & 0 \\ 0 & 0 & 0 & 1 \end{bmatrix} \tag{4-9}
$$

式中：$c\theta_{123} = \cos(\theta_1+\theta_2+\theta_3)$，$s\theta_{123} = \sin(\theta_1+\theta_2+\theta_3)$，$c\theta_{12} = \cos(\theta_1+\theta_2)$，$s\theta_{12} = \sin(\theta_1+\theta_2)$。

若用矩阵形式表示，则可表示为

$$
\begin{bmatrix} n_x & o_x & a_x & p_x \\ n_y & o_y & a_y & p_y \\ n_z & o_z & a_z & p_z \\ 0 & 0 & 0 & 1 \end{bmatrix} = \begin{bmatrix} c\theta_{123} & -s\theta_{123} & 0 & l_1 c\theta_1 + l_2 c\theta_{12} + l_3 c\theta_{123} \\ s\theta_{123} & c\theta_{123} & 0 & l_1 s\theta_1 + l_2 s\theta_{12} + l_3 s\theta_{123} \\ 0 & 0 & 1 & 0 \\ 0 & 0 & 0 & 1 \end{bmatrix} \tag{4-10}
$$

若用方程组形式表示，则有

$$
\begin{cases} n_x = c\theta_{123} \\ n_y = s\theta_{123} \\ o_x = -s\theta_{123} \\ o_y = c\theta_{123} \\ p_x = l_1 c\theta_1 + l_2 c\theta_{12} + l_3 c\theta_{123} \\ p_y = l_1 s\theta_1 + l_2 s\theta_{12} + l_3 s\theta_{123} \end{cases} \tag{4-11}
$$

2）采用第二种方法建立 D-H 坐标系

（1）采用第二种方法建立 D-H 坐标系，如图 4-20 所示：基座坐标系{0}，杆件坐标系{i}（$i=1,2,3$）与手部坐标系{h}，其中手部坐标系{h}与末端连杆坐标系{3}方向一致，但不重合。

（2）确定连杆参数，如表 4-4 所示。

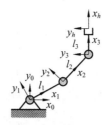

图 4-20　三自由度平面关节型机器人 D-H 坐标系的建立方法二

表 4-4　采用 Craig 法的三自由度平面关节型机器人杆件参数

关节 i	杆长 a_{i-1}	扭角 α_{i-1}	偏距 d_i	关节角 q_i	关节变量 q_i
1	0	0°	0	θ_1	θ_1
2	l_1	0°	0	θ_2	θ_2
3	l_2	0°	0	θ_3	θ_3
h^*	l_3	0°	0	0	0

* 表 4-4 中最后一行数据描述手部坐标系$\{h\}$和坐标系$\{3\}$之间的杆件参数。

（3）求相邻连杆坐标系的变换矩阵。

$$
{}_1^0\boldsymbol{T} = \mathrm{Rot}(z,\theta_1) = \begin{bmatrix} c\theta_1 & -s\theta_1 & 0 & 0 \\ s\theta_1 & c\theta_1 & 0 & 0 \\ 0 & 0 & 1 & 0 \\ 0 & 0 & 0 & 1 \end{bmatrix}
$$

$$
{}_2^1\boldsymbol{T} = \mathrm{Trans}(l_1,0,0)\,\mathrm{Rot}(z,\theta_2) = \begin{bmatrix} c\theta_2 & -s\theta_2 & 0 & l_1 \\ s\theta_2 & c\theta_2 & 0 & 0 \\ 0 & 0 & 1 & 0 \\ 0 & 0 & 0 & 1 \end{bmatrix}
$$

$$
{}_3^2\boldsymbol{T} = \mathrm{Trans}(l_2,0,0)\,\mathrm{Rot}(z,\theta_3) = \begin{bmatrix} c\theta_3 & -s\theta_3 & 0 & l_2 \\ s\theta_3 & c\theta_3 & 0 & 0 \\ 0 & 0 & 1 & 0 \\ 0 & 0 & 0 & 1 \end{bmatrix}
$$

$$
{}_h^3\boldsymbol{T} = \mathrm{Trans}(l_3,0,0) = \begin{bmatrix} 1 & 0 & 0 & l_3 \\ 0 & 1 & 0 & 0 \\ 0 & 0 & 1 & 0 \\ 0 & 0 & 0 & 1 \end{bmatrix}
$$

（4）建立其运动学方程。

将相邻杆件坐标系的变换矩阵依次相乘，则有

$$
{}_h^0\boldsymbol{T} = {}_1^0\boldsymbol{T}\,{}_2^1\boldsymbol{T}\,{}_3^2\boldsymbol{T}\,{}_h^3\boldsymbol{T} = \begin{bmatrix} c\theta_{123} & -s\theta_{123} & 0 & l_1c\theta_1 + l_2c\theta_{12} + l_3c\theta_{123} \\ s\theta_{123} & c\theta_{123} & 0 & l_1s\theta_1 + l_2s\theta_{12} + l_3s\theta_{123} \\ 0 & 0 & 1 & 0 \\ 0 & 0 & 0 & 1 \end{bmatrix} \tag{4-12}
$$

用矩阵形式表示为

$$
\begin{bmatrix}
n_x & o_x & a_x & p_x \\
n_y & o_y & a_y & p_y \\
n_z & o_z & a_z & p_z \\
0 & 0 & 0 & 1
\end{bmatrix}
=
\begin{bmatrix}
c\theta_{123} & -s\theta_{123} & 0 & l_1 c\theta_1 + l_2 c\theta_{12} + l_3 c\theta_{123} \\
s\theta_{123} & c\theta_{123} & 0 & l_1 s\theta_1 + l_2 s\theta_{12} + l_3 s\theta_{123} \\
0 & 0 & 1 & 0 \\
0 & 0 & 0 & 1
\end{bmatrix}
\tag{4-13}
$$

可得

$$
\begin{cases}
n_x = c\theta_{123} \\
n_y = s\theta_{123} \\
o_x = -s\theta_{123} \\
o_y = c\theta_{123} \\
p_x = l_1 c\theta_1 + l_2 c\theta_{12} + l_3 c\theta_{123} \\
p_y = l_1 s\theta_1 + l_2 s\theta_{12} + l_3 s\theta_{123}
\end{cases}
$$

显然,虽然以上两种 D-H 坐标系建立的方法不同,但因为基座坐标系$\{0\}$和手部坐标系$\{h\}$选择相同,所以最终获得的${}_h^0 \boldsymbol{T}$ 完全相同,即式(4-13)与式(4-10)相同。

4.4 运动学逆问题

在 4.3 节中我们已经讨论了机器人运动学正问题,即在关节变量已知时,机器人末端执行器相对于固定参考坐标系的位置和姿态问题。本节将讨论机器人的运动学逆问题,即已知末端执行器在参考坐标系中的期望位姿,求得满足要求的机器人各关节角。运动学逆问题是进行机器人轨迹规划和运动控制时必须要面对的问题,但因为它涉及逆解的存在性、多解性以及解法等问题,因而比运动学正问题复杂得多,也比运动学正问题求解难度更大。本节将重点讨论上述涉及的问题。

4.4.1 运动学逆解的存在性

如前所述,运动学正问题就是已知关节角度或位移,计算末端执行器的对应位姿。对于n自由度机器人,即通过以下方程来获得坐标系$\{n\}$相对于参考坐标系$\{0\}$的变换矩阵:

$$
{}_n^0 \boldsymbol{T} = {}_n \boldsymbol{T} = {}_1^0 \boldsymbol{T} {}_2^1 \boldsymbol{T} \cdots {}_n^{n-1} \boldsymbol{T}
$$

以上方程右边的每个 $\boldsymbol{T}$ 矩阵都是唯一的,因而所得的${}_n^0 \boldsymbol{T}$也是唯一的,且总是有解的。

而运动学逆问题是已知末端执行器的位姿,求解对应的关节变量。本质上就是通过以上方程左边的已知矩阵${}_n^0 \boldsymbol{T}$ 中的 6 个独立位姿分量,求右边 n 个 $\boldsymbol{T}$ 矩阵中包含的 n 个未知关节量,所求可能存在无解或多解的情况。若有解,我们需要多次求解非线性超越方程,考虑其可能存在多解问题以及获得求解方法。因而运动学逆问题更困难。

1. 逆解的存在性

运动学逆解的存在性是与机器人的工作空间相联系的。机器人的工作空间是末端执行器能达到的空间位置(所有点)的集合。若要运动学的逆解存在,首先需要保证所指定的目标点,即末端执行器在参考坐标系中的期望位姿位于机器人的工作空间内。

而机器人工作空间的计算通常较困难,一般是利用正运动学模型,通过改变关节变量的值来获得的。在进行机器人结构设计时就要考虑如何简化机器人的工作空间分析。在分析机器人的工作空间时，还有以下概念也很有用。

(1) 灵巧空间是指末端执行器可以以任何姿态到达的空间位置集合。

(2) 可达空间是指末端执行器可以至少以一个姿态到达的空间位置集合。

显然在这几个空间概念中，工作空间包含可达空间，可达空间又包含灵巧空间。操作机器人时通常希望末端执行器至少工作在可达空间。

例如，对于图 4-21 所示的平面二连杆机器人及其工作空间示意图，假设所有关节角都能进行 360°旋转，当两连杆长度相等时，其可达空间是半径为 $2l_1$ 的平面圆，而灵巧空间只是该平面圆上的一个点，即原点。如果两连杆长度不相等，即 $l_1 \neq l_2$，则不存在灵巧空间，可达空间为一外径为 $l_1 + l_2$、内径为 $|l_1 - l_2|$ 的平面圆环。在可达空间内部，末端执行器有两组可能的解，在工作空间的边界上则只有一种可能的解。

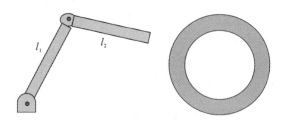

图 4-21 平面二连杆机器人及其工作空间示意图

在这里讨论平面二连杆机器人的工作空间时，假设了关节角都能进行 360°旋转，这种情况在实际中是很少能见到的，因此若考虑实际的关节角达不到 360°旋转的情况下，则上述机器人的工作空间范围或可达姿态数目还要减少。另外，如果要求机器人的末端执行器能以任意姿态到达三维空间的任意位置，则至少需要机器人具有 6 个自由度。因此，要确定一个多自由度机器人的工作空间也不是那么容易，好在现在可以借助 MATLAB 计算机软件、SOLIDWORKS 等获得其工作空间。

对于求解运动学逆问题，首先需要确保设定的末端执行器期望位姿在机器人的工作空间内，这是保证逆解存在的基本条件。

2. 逆解的多解问题

对于逆运动学的求解还有一个多解问题。如图 4-22 所示的平面三连杆机器人，对于同样的末端执行器位姿，其逆解有两个，这就是逆运动学的多解问题。

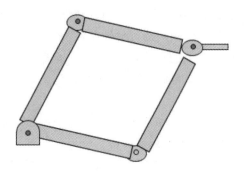

图 4-22 平面三连杆机器人

机器人逆运动学问题实际上是解三角函数方程,在解反三角函数方程时会产生多个解。那么,在存在多解的情况下,如何选择最合适的解? 显然,对于真实的机器人,只有一组解与实际情况相对应,因此必须作出判断,以选择合适的解。

通常采用如下方法剔除多余解。

(1) 根据关节运动空间确定合适的解。例如若求得机器人某关节角的两个解为

$$\theta_{i1} = 40°, \quad \theta_{i2} = 40° + 180° = 220°$$

若该关节运动空间为$\pm 100°$,则应选$\theta_i = 40°$。

(2) 按照最近(最短行程)原则,选择一个与前一采样时间最接近的解。例如对于某关节获得的两个解为

$$\theta_{i1} = 40°, \quad \theta_{i2} = 40° + 180° = 220°$$

若该关节运动空间为$\pm 250°$,且其前一采样角度为$160°$,则应选$\theta_i = 220°$。

(3) 根据避障要求选择合适的解。例如,在图 4-22 中,若机器人安装在车间地面上,受地面的限制,向下的位形需要剔掉。

(4) 逐级剔除多余解。对于具有 n 个关节的机器人,其全部解将构成树形结构。简化起见,应逐级剔除多余解。这样可以便于在树形结构中选择合适的解。

4.4.2 逆运动学的可解性与求解方法

如前所述,由于机器人逆运动学要解非线性超越方程,而对于非线性超越方程没有通用的求解算法。

如果各关节角能够用某种算法获得,那么一个机器人的运动学逆问题是有解的,而且逆运动学算法应包含所有可能解,特别是对于多解的情况,我们的要求是能求出所有解。

我们可把机器人逆运动学求解方法分成两类:解析解法(封闭形式的解法)与数值解法(数值迭代方法)。因为数值解的迭代性质,所以它一般要比相应封闭形式的解法的求解速度慢得多,而且不能保证求出全部可能解。实际上,我们对封闭形式的解法更感兴趣,所以在这里不考虑机器人逆运动学求解的数值迭代方法。对机器人逆运动学求解的数值迭代方法本身已构成一个完整的研究领域,感兴趣的读者可以参阅相关参考文献。

下面主要讨论封闭形式的解法,"封闭形式"意指可以用解析形式给出其逆运动学的解。封闭形式的解法可分为两类:代数方法与几何方法。有时这两种方法区别并不明显,因为在几何方法中也引入了代数描述。

对于给定的机器人,能否求得它的逆运动学解的解析式(也叫封闭解),是机器人的可解性问题。下面给出机器人逆运动学问题的可解性条件:

(1) 所有具有转动和移动关节的系统,在一个单一串联链中总共有 6 个或小于 6 个自由度时,是可解的,其通解一般是数值解,并不是解析表达式,而且利用数值迭代原理求解,数值解的计算量要比解析解大;

(2) 在某些特殊情况下,如若干个关节轴线相交或多个关节轴线的扭角等于 0°或 90°的情况下,具有 6 个自由度的机器人可得到解析解。

Pieper 准则:具有 6 个旋转关节的串联机器人存在封闭解的充分条件是相邻的 3 个关节轴线相交于一点。

为使机器人有解析解,一般设计时应使机器人结构尽量满足上述这些特殊条件。

4.4.3　运动学逆问题的解法

对于逆运动学的求解方法,我们更关注的是它的解析解法,主要是代数方法和几何方法,下面分别来介绍。

1. 代数方法

求六自由度机器人的逆运动学解法有多种,下面主要介绍利用递推逆变换方法求得解析解的过程。递推逆变换方法求逆运动学解的步骤如下:

(1)用未知的逆变换逐次左乘,由乘得的矩阵方程的元素决定未知数,即用逆变换把一个未知数由矩阵方程的右边移到左边;

(2)方程式左、右端矩阵,其对应位置的矩阵元素相等,以此产生一个有效方程式;

(3)然后解这个三角函数方程式,以求解出一个未知数;

(4)接着用逆变换再把下一个未知数移到左边;

(5)重复上述过程,直到求出所有解;

(6)若无法从数种可能解中直接得出合适的解,则需要通过人为选择。

例如,六自由度机器人的运动学方程:

$$_6^0\boldsymbol{T} = {}_6\boldsymbol{T} = {}_1^0\boldsymbol{T}\,{}_2^1\boldsymbol{T}\,{}_3^2\boldsymbol{T}\,{}_4^3\boldsymbol{T}\,{}_5^4\boldsymbol{T}\,{}_6^5\boldsymbol{T}$$

在方程左边矩阵 $_6\boldsymbol{T}$ 已知的情况下,即

$$_6\boldsymbol{T} = \begin{bmatrix} n_x & o_x & a_x & p_x \\ n_y & o_y & a_y & p_y \\ n_z & o_z & a_z & p_z \\ 0 & 0 & 0 & 1 \end{bmatrix}$$

先利用 $(_1^0\boldsymbol{T})^{-1}{}_6^0\boldsymbol{T} = {}_2^1\boldsymbol{T}\,{}_3^2\boldsymbol{T}\,{}_4^3\boldsymbol{T}\,{}_5^4\boldsymbol{T}\,{}_6^5\boldsymbol{T}$ 求得关节变量 q_1,再利用下式求得 q_2:

$$(_2^1\boldsymbol{T})^{-1}(_1^0\boldsymbol{T})^{-1}{}_6^0\boldsymbol{T} = {}_3^2\boldsymbol{T}\,{}_4^3\boldsymbol{T}\,{}_5^4\boldsymbol{T}\,{}_6^5\boldsymbol{T}$$

以此类推:

$$\vdots$$

$$(_5^4\boldsymbol{T})^{-1}(_4^3\boldsymbol{T})^{-1}(_3^2\boldsymbol{T})^{-1}(_2^1\boldsymbol{T})^{-1}(_1^0\boldsymbol{T})^{-1}{}_6^0\boldsymbol{T} = {}_6^5\boldsymbol{T} \quad 求得关节变量\ q_5$$

$$(_6^5\boldsymbol{T})^{-1}\cdots(_1^0\boldsymbol{T})^{-1}{}_6^0\boldsymbol{T} = \boldsymbol{E} \qquad\qquad 求得关节变量\ q_6$$

注意:在这个过程中,不要用反余弦(arccos)来求解关节角,如果这样求解,不仅关节角的符号无法确定[因为 $\cos\theta = \cos(-\theta)$],而且角的精度也难以保证[$\mathrm{d}(\cos\theta)/\mathrm{d}\theta\big|_{\theta=0°,\pm180°} = 0$]。

因此,通常用反正切函数 $\mathrm{Atan2}(y,x)$ 来确定 θ 值,它可把 $\arctan(y/x)$ 校正到适当的象限(图 4-23),其定义为

$$\theta = \mathrm{Atan2}(y,x) = \begin{cases} 0° \leqslant \theta < 90° & (当\ y,x\ 均为正) \\ 90° \leqslant \theta < 180° & (当\ y\ 为正,x\ 为负) \\ -180° \leqslant \theta < -90° & (当\ y,x\ 均为负) \\ -90° \leqslant \theta < 0° & (当\ y\ 为负,x\ 为正) \end{cases} \tag{4-14}$$

以下介绍两种运动学求逆解的方法。

1)欧拉角表达的运动学求逆解法

以通常用于描述陀螺运动的欧拉角(z-x'-z''型)为例,求其逆运动学方程的解。

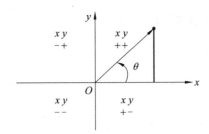

图 4-23　θ 的正弦、余弦函数值与其所在象限关系

在第 3 章 3.6 节中，我们已得到 $z\text{-}x'\text{-}z''$ 型欧拉角的旋转变换矩阵：

$$\boldsymbol{R} = \mathrm{Rot}(z,\phi)\mathrm{Rot}(u',\theta)\mathrm{Rot}(w'',\psi)$$

$$= \begin{bmatrix} c\phi & -s\phi & 0 \\ s\phi & c\phi & 0 \\ 0 & 0 & 1 \end{bmatrix} \begin{bmatrix} 1 & 0 & 0 \\ 0 & c\theta & -s\theta \\ 0 & s\theta & c\theta \end{bmatrix} \begin{bmatrix} c\psi & -s\psi & 0 \\ s\psi & c\psi & 0 \\ 0 & 0 & 1 \end{bmatrix} \qquad (4\text{-}15)$$

$$= \begin{bmatrix} c\phi c\psi - s\phi c\theta s\psi & -c\phi s\psi - s\phi c\theta c\psi & s\phi s\theta \\ s\phi c\psi + c\phi c\theta s\psi & -s\phi s\psi + c\phi c\theta c\psi & -c\phi s\theta \\ s\theta s\psi & s\theta c\psi & c\theta \end{bmatrix}$$

现在方程左边的矩阵 $\boldsymbol{R} = \begin{bmatrix} n_x & o_x & a_x \\ n_y & o_y & a_y \\ n_z & o_z & a_z \end{bmatrix}$ 已知，因此有

$$\begin{bmatrix} n_x & o_x & a_x \\ n_y & o_y & a_y \\ n_z & o_z & a_z \end{bmatrix} = \begin{bmatrix} c\phi & -s\phi & 0 \\ s\phi & c\phi & 0 \\ 0 & 0 & 1 \end{bmatrix} \begin{bmatrix} 1 & 0 & 0 \\ 0 & c\theta & -s\theta \\ 0 & s\theta & c\theta \end{bmatrix} \begin{bmatrix} c\psi & -s\psi & 0 \\ s\psi & c\psi & 0 \\ 0 & 0 & 1 \end{bmatrix} \qquad (4\text{-}16)$$

用 $\mathrm{Rot}^{-1}(z,\phi)$ 左乘式(4-16)的两边，可使一个未知数 ϕ 在方程的左边，而另两个未知数在右边，即得

$$\begin{bmatrix} c\phi & s\phi & 0 \\ -s\phi & c\phi & 0 \\ 0 & 0 & 1 \end{bmatrix} \begin{bmatrix} n_x & o_x & a_x \\ n_y & o_y & a_y \\ n_z & o_z & a_z \end{bmatrix} = \begin{bmatrix} 1 & 0 & 0 \\ 0 & c\theta & -s\theta \\ 0 & s\theta & c\theta \end{bmatrix} \begin{bmatrix} c\psi & -s\psi & 0 \\ s\psi & c\psi & 0 \\ 0 & 0 & 1 \end{bmatrix}$$

$$\begin{bmatrix} c\phi n_x + s\phi n_y & c\phi o_x + s\phi o_y & c\phi a_x + s\phi a_y \\ -s\phi n_x + c\phi n_y & -s\phi o_x + c\phi o_y & -s\phi a_x + c\phi a_y \\ n_z & o_z & a_z \end{bmatrix} = \begin{bmatrix} c\psi & -s\psi & 0 \\ c\theta s\psi & c\theta c\psi & -s\theta \\ s\theta s\psi & s\theta c\psi & c\theta \end{bmatrix} \qquad (4\text{-}17)$$

由式(4-17)中等式两边矩阵的(1,3)元素相等，有

$$c\phi a_x + s\phi a_y = 0$$

可由上式求得

$$\phi = \mathrm{Atan2}(-a_x, a_y) \text{ 或 } 180° + \mathrm{Atan2}(-a_x, a_y) \qquad (4\text{-}18)$$

按照前面图 4-23 中的定义，确定 ϕ 所在象限。

由等式(4-17)中两边矩阵(1,1)元素和(1,2)元素分别相等，有

$$\begin{cases} c\psi = c\phi n_x + s\phi n_y \\ -s\psi = c\phi o_x + s\phi o_y \end{cases}$$

所以得

$$\psi = \text{Atan2}(-c\phi o_x - s\phi o_y, c\phi n_x + s\phi n_y) \tag{4-19}$$

由等式(4-17)中两边矩阵(2,3)和(3,3)元素分别相等,有

$$\begin{cases} -s\theta = -s\phi a_x + c\phi a_y \\ c\theta = a_z \end{cases}$$

所以可得

$$\theta = \text{Atan2}(s\phi a_x - c\phi a_y, a_z) \tag{4-20}$$

当然也可以用右乘的方法来求解。用左乘还是右乘,取决于使用者的直觉。

总体来讲,正运动学求解可得唯一解;逆运动学求解可能有多解,可以靠正切函数分子、分母的符号来决定象限,也可以根据结构的约束条件剔除不合要求的解,需要具体分析。

2) Standford 机器人运动学求逆解法

已知 Standford 机器人(如图 4-15 所示)运动学方程为

$$_6T = \begin{bmatrix} \mathbf{n} & \mathbf{o} & \mathbf{a} & \mathbf{p} \end{bmatrix} = \begin{bmatrix} n_x & o_x & a_x & p_x \\ n_y & o_y & a_y & p_y \\ n_z & o_z & a_z & p_z \\ 0 & 0 & 0 & 1 \end{bmatrix} = {}_1^0T\,{}_2^1T\,{}_3^2T\,{}_4^3T\,{}_5^4T\,{}_6^5T$$

其中,相邻坐标系之间的变换矩阵为

$$_1^0T = \begin{bmatrix} c\theta_1 & 0 & -s\theta_1 & 0 \\ s\theta_1 & 0 & c\theta_1 & 0 \\ 0 & -1 & 0 & 0 \\ 0 & 0 & 0 & 1 \end{bmatrix}, \quad {}_2^1T = \begin{bmatrix} c\theta_2 & 0 & -s\theta_2 & 0 \\ s\theta_2 & 0 & c\theta_2 & 0 \\ 0 & 1 & 0 & d_2 \\ 0 & 0 & 0 & 1 \end{bmatrix}, \quad {}_3^2T = \begin{bmatrix} 1 & 0 & 0 & 0 \\ 0 & 1 & 0 & 0 \\ 0 & 0 & 1 & d_3 \\ 0 & 0 & 0 & 1 \end{bmatrix}$$

$$_4^3T = \begin{bmatrix} c\theta_4 & 0 & -s\theta_4 & 0 \\ s\theta_4 & 0 & c\theta_4 & 0 \\ 0 & -1 & 0 & 0 \\ 0 & 0 & 0 & 1 \end{bmatrix}, \quad {}_5^4T = \begin{bmatrix} c\theta_5 & 0 & s\theta_5 & 0 \\ s\theta_5 & 0 & -c\theta_5 & 0 \\ 0 & 1 & 0 & 0 \\ 0 & 0 & 0 & 1 \end{bmatrix}, \quad {}_6^5T = \begin{bmatrix} c\theta_6 & -s\theta_6 & 0 & 0 \\ s\theta_6 & c\theta_6 & 0 & 0 \\ 0 & 0 & 1 & d_6 \\ 0 & 0 & 0 & 1 \end{bmatrix}$$

(1) 求 θ_1。

用 ${}_1^0T^{-1}$ 左乘上式,得

$$_1^0T^{-1}{}_6T = \begin{bmatrix} c\theta_1 & s\theta_1 & 0 & 0 \\ 0 & 0 & -1 & 0 \\ -s\theta_1 & c\theta_1 & 0 & 0 \\ 0 & 0 & 0 & 1 \end{bmatrix} \begin{bmatrix} n_x & o_x & a_x & p_x \\ n_y & o_y & a_y & p_y \\ n_z & o_z & a_z & p_z \\ 0 & 0 & 0 & 1 \end{bmatrix} = {}_2^1T\,{}_3^2T\cdots{}_6^5T$$

即方程左边为

$$\begin{bmatrix} n_x c\theta_1 + n_y s\theta_1 & o_x c\theta_1 + o_y s\theta_1 & a_x c\theta_1 + a_y s\theta_1 & p_x c\theta_1 + p_y s\theta_1 \\ -n_z & -o_z & -a_z & -p_z \\ -n_x s\theta_1 + n_y c\theta_1 & -o_x s\theta_1 + o_y c\theta_1 & -a_x s\theta_1 + a_y c\theta_1 & -p_x s\theta_1 + p_y c\theta_1 \\ 0 & 0 & 0 & 1 \end{bmatrix} = {}_6^1T \tag{4-21}$$

而方程右边为

$$_6^1T = \begin{bmatrix} c\theta_2(c\theta_4 c\theta_5 c\theta_6 - s\theta_4 s\theta_6) - s\theta_2 s\theta_5 c\theta_6 & -c\theta_2(c\theta_4 c\theta_5 s\theta_6 + s\theta_4 c\theta_6) + s\theta_2 s\theta_5 s\theta_6 & c\theta_2 c\theta_4 s\theta_5 + s\theta_2 c\theta_5 & s\theta_2 d_3 \\ s\theta_2(c\theta_4 c\theta_5 c\theta_6 - s\theta_4 s\theta_6) + c\theta_2 s\theta_5 c\theta_6 & -s\theta_2(c\theta_4 c\theta_5 s\theta_6 + s\theta_4 c\theta_6) - c\theta_2 s\theta_5 s\theta_6 & s\theta_2 c\theta_4 s\theta_5 - c\theta_2 c\theta_5 & -c\theta_2 d_3 \\ s\theta_4 c\theta_5 c\theta_6 + c\theta_4 s\theta_6 & -s\theta_4 c\theta_5 s\theta_6 + c\theta_4 c\theta_6 & s\theta_4 s\theta_5 & d_2 \\ 0 & 0 & 0 & 1 \end{bmatrix}$$

$$\tag{4-22}$$

由式(4-21)与式(4-22)两端矩阵对应(3,4)元素相等可得

$$- p_x s\theta_1 + p_y c\theta_1 = d_2 \tag{4-23}$$

作三角变换:

$$p_x = r\cos\phi, \quad p_y = r\sin\phi \tag{4-24}$$

式中:

$$r = \sqrt{p_x{}^2 + p_y{}^2}, \quad \phi = \text{Atan2}(p_y, p_x) \tag{4-25}$$

将式(4-24)代入式(4-23)可得

$$\sin\phi\cos\theta_1 - \cos\phi\sin\theta_1 = d_2/r \tag{4-26}$$

将式(4-26)用正弦函数的和角公式表示则有

$$\sin(\phi - \theta_1) = d_2/r (0 < \phi - \theta_1 < \pi)$$
$$\cos(\phi - \theta_1) = \pm \sqrt{1 - (d_2/r)^2} \tag{4-27}$$

所以由式(4-25)和式(4-27)可求得

$$\theta_1 = \text{Atan2}(p_y, p_x) - \text{Atan2}\left[d_2/r, \pm \sqrt{1 - (d_2/r)^2}\right] \tag{4-28}$$

θ_1 有两个解,它对应了 Standford 机器人的两个位形,可以根据机器人的实际工作要求或避障需求等进行取舍。

(2) 求 θ_2。

由式(4-21)与式(4-22)两端矩阵中(1,4)和(2,4)元素对应相等,得

$$\begin{cases} p_x c\theta_1 + p_y s\theta_1 = s\theta_2 d_3 \\ - p_z = - c\theta_2 d_3 \end{cases} \tag{4-29}$$

$$\theta_2 = \text{Atan2}(p_x c\theta_1 + p_y s\theta_1, p_z) \tag{4-30}$$

注意:如果 $d_3 = 0$,则 θ_2 不能唯一确定。

(3) 求 θ_3。

在 Standford 机器人中,$\theta_3 = d_3$。所以根据式(4-29),可得

$$d_3 = \sqrt{(p_x c\theta_1 + p_y s\theta_1)^2 + p_z{}^2} \tag{4-31}$$

(4) 求 θ_4。

由于 ${}_6^3\boldsymbol{T} = {}_4^3\boldsymbol{T} {}_5^4\boldsymbol{T} {}_6^5\boldsymbol{T}$,所以有 $({}_4^3\boldsymbol{T})^{-1} {}_6^3\boldsymbol{T} = {}_5^4\boldsymbol{T} {}_6^5\boldsymbol{T}$,对两边分别展开并以 $f_4(\boldsymbol{n}), f_4(\boldsymbol{o}), f_4(\boldsymbol{a})$ 代表方程左边矩阵中的三个列向量,得

$$\begin{bmatrix} f_{41}(\boldsymbol{n}) & f_{41}(\boldsymbol{o}) & f_{41}(\boldsymbol{a}) & 0 \\ f_{42}(\boldsymbol{n}) & f_{42}(\boldsymbol{o}) & f_{42}(\boldsymbol{a}) & 0 \\ f_{43}(\boldsymbol{n}) & f_{43}(\boldsymbol{o}) & f_{43}(\boldsymbol{a}) & 0 \\ 0 & 0 & 0 & 1 \end{bmatrix} = \begin{bmatrix} c\theta_5 c\theta_6 & - c\theta_5 s\theta_6 & s\theta_5 & 0 \\ s\theta_5 c\theta_6 & - s\theta_5 s\theta_6 & - c\theta_5 & 0 \\ s\theta_6 & c\theta_6 & 0 & 0 \\ 0 & 0 & 0 & 1 \end{bmatrix} \tag{4-32}$$

式中第三列为

$$\begin{cases} f_{41}(\boldsymbol{a}) = c\theta_4 [c\theta_2 (c\theta_1 a_x + s\theta_1 a_y) - s\theta_2 a_z] + s\theta_4 (- s\theta_1 a_x + c\theta_1 a_y) \\ f_{42}(\boldsymbol{a}) = - s\theta_2 (c\theta_1 a_x + s\theta_1 a_y) - c\theta_2 a_z \\ f_{43}(\boldsymbol{a}) = - s\theta_4 [c\theta_2 (c\theta_1 a_x + s\theta_1 a_y) - s\theta_2 a_z] + c\theta_4 (- s\theta_1 a_x + c\theta_1 a_y) \end{cases} \tag{4-33}$$

其中,令式(4-32)两边矩阵中的(3,3)元素分别相等,可得对于 θ_4 的方程:

$$- s\theta_4 [c\theta_2 (c\theta_1 a_x + s\theta_1 a_y) - s\theta_2 a_z] + c\theta_4 (- s\theta_1 a_x + c\theta_1 a_y) = 0$$

可得两个解:

$$\theta_4 = \text{Atan2}[-s\theta_1 a_x + c\theta_1 a_y, c\theta_2(c\theta_1 a_x + s\theta_1 a_y) - s\theta_2 a_z]$$
$$\text{或}\ 180° + \text{Atan2}[-s\theta_1 a_x + c\theta_1 a_y, c\theta_2(c\theta_1 a_x + s\theta_1 a_y) - s\theta_2 a_z] \tag{4-34}$$

这相当于机器人的两个位形。当 $s\theta_6 = 0, \theta_6 = 0°$ 时,由于关节 4 和关节 6 的轴线共线,机器人出现退化。在这种状态中,仅 θ_4 和 θ_6 之和有意义。如果 $\theta_6 = 0°$, θ_4 值可以任意选择。

(5) 求 θ_5。

令式(4-32)两边矩阵中(1,3)元素和(2,3)元素分别相等,可得

$$c\theta_4[c\theta_2(c\theta_1 a_x + s\theta_1 a_y) - s\theta_2 a_z] + s\theta_4(-s\theta_1 a_x + c\theta_1 a_y) = s\theta_5$$
$$s\theta_2(c\theta_1 a_x + s\theta_1 a_y) + c\theta_2 a_z = c\theta_5$$

所以

$$\theta_5 = \arctan \frac{c\theta_4[c\theta_2(c\theta_1 a_x + s\theta_1 a_y) - s\theta_2 a_z] + s\theta_4(-s\theta_1 a_x + c\theta_1 a_y)}{s\theta_2(c\theta_1 a_x + s\theta_1 a_y) + c\theta_2 a_z} \tag{4-35}$$

(6) 求 θ_6。

采用方程 $({}^4_5\boldsymbol{T})^{-1}{}^4_6\boldsymbol{T} = {}^5_6\boldsymbol{T}$,将等式两边分别展开,并取其矩阵中(1,2)元素和(2,2)元素分别相等,有

$$-c\theta_5\{c\theta_4[c\theta_2(c\theta_1 o_x + s\theta_1 o_y) - s\theta_2 o_z] + s\theta_4(-s\theta_1 o_x + c\theta_1 o_y)\} = s\theta_6$$
$$-s\theta_4[c\theta_2(c\theta_1 o_x + s\theta_1 o_y) - s\theta_2 o_z] + c\theta_4(-s\theta_1 o_x + c\theta_1 o_y) = c\theta_6$$

所以

$$\theta_6 = \arctan \frac{-c\theta_5\{c\theta_4[c\theta_2(c\theta_1 o_x + s\theta_1 o_y) - s\theta_2 o_z] + s\theta_4(-s\theta_1 o_x + c\theta_1 o_y)\}}{-s\theta_4[c\theta_2(c\theta_1 o_x + s\theta_1 o_y) - s\theta_2 o_z] + c\theta_4(-s\theta_1 o_x + c\theta_1 o_y)} \tag{4-36}$$

至此,$\theta_1, \theta_2, \theta_3, \theta_4, \theta_5, \theta_6$ 全部求出。因这种方法是依次把待求的关节变量变换到方程左边进行分离,所以也可称其为分离变量法。

2. 几何方法

下面我们通过一个简单的例子来介绍机器人逆运动学的几何方法。

对于图 4-18 所示的三自由度平面关节型机器人,其正运动学方程已经由式(4-10)给出。现在需要求取末端执行器对应于某一位姿(如图 4-24 所示)的关节变量 θ_1, θ_2, θ_3。

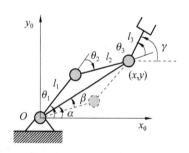

图 4-24　三自由度平面
关节型机器人

在图 4-24 中,机器人的末端相对于坐标系{0}中 x_0 轴的姿态角度为 γ,定义坐标系{2}的原点即连杆 2 的末端点位置为(x, y),则有以下关系成立:

$$\gamma = \theta_1 + \theta_2 + \theta_3 \tag{4-37}$$

由该平面关节型机器人的运动学关系可得

$$x = l_1 c\theta_1 + l_2 c\theta_{12}$$
$$y = l_1 s\theta_1 + l_2 s\theta_{12} \tag{4-38}$$

将以上方程式两边分别平方再相加,可得

$$x^2 + y^2 = l_1^2 + l_2^2 + 2l_1 l_2 c\theta_2 \tag{4-39}$$

因此可得

$$c\theta_2 = \frac{x^2 + y^2 - l_1^2 - l_2^2}{2l_1 l_2} \tag{4-40}$$

根据解的存在性，$c\theta_2$ 应该在 $[-1,1]$ 之间，否则给定点将超出机器人的可达空间。而

$$s\theta_2 = \pm \sqrt{1 - c\theta_2^2} \tag{4-41}$$

其中，正号对应图中虚线所示机器人的位姿，负号对应实线所示机器人的位姿。则由式(4-41)和式(4-40)相除并求反正切可得关节角：

$$\theta_2 = \text{Atan2}(s\theta_2, c\theta_2) \tag{4-42}$$

确定 θ_2 后，再由式(4-38)来求 θ_1。将 θ_2 代入式(4-38)，可得

$$s\theta_1 = \frac{(l_1 + l_2 c\theta_2)y - l_2 s\theta_2 x}{x^2 + y^2} \tag{4-43}$$

$$c\theta_1 = \frac{(l_1 + l_2 c\theta_2)x + l_2 s\theta_2 y}{x^2 + y^2} \tag{4-44}$$

类似地，由反正切函数可求得

$$\theta_1 = \text{Atan2}(s\theta_1, c\theta_1) \tag{4-45}$$

最后由式(4-37)求得

$$\theta_3 = \gamma - (\theta_1 + \theta_2) \tag{4-46}$$

对于本例，当 $s\theta_2 = 0$ 时，意味着 $\theta_2 = 0°$ 或 $\pm 180°$，这些位置对应了连杆 2 与连杆 1 处于完全展开或完全折叠在一条线上的状态，均属于机器人运动学的奇异位置。而这时的 θ_1 仍然可以在 $l_1 \neq l_2$ 且 $(x,y) \neq (0,0)$ 的条件下唯一确定。以上方法可以称作代数方法。

下面描述另一种求解方法——几何方法。在连杆 1，2 围成的三角形当中，利用余弦定理可得

$$x^2 + y^2 = l_1^2 + l_2^2 - 2l_1 l_2 \cos(\pi - \theta_2) \tag{4-47}$$

故有

$$c\theta_2 = \frac{x^2 + y^2 - l_1^2 - l_2^2}{2l_1 l_2} \tag{4-48}$$

只要三角形满足存在性要求，即 $\sqrt{x^2 + y^2} \leqslant (l_1 + l_2)$，且 θ_2 取值在 $[-\pi, \pi]$ 之间，则可求得

$$\theta_2 = \pm \arccos(c\theta_2) \tag{4-49}$$

下面再求 θ_1。由图 4-22 所示的平面三连杆机器人的两个位形可知

$$\theta_1 = \alpha \pm \beta \tag{4-50}$$

其中 $\alpha = \text{Atan2}(y,x)$，$\beta$ 可再次利用三角形的余弦函数来求，即根据

$$c\beta = \frac{l_1 + l_2 c\theta_2}{\sqrt{x^2 + y^2}} \tag{4-51}$$

以及式(4-48)可得

$$\beta = \arccos\left(\frac{x^2 + y^2 + l_1^2 - l_2^2}{2l_1 \sqrt{x^2 + y^2}}\right) \tag{4-52}$$

同样，为保持三角形的存在，β 的取值范围应在 $(0, \pi)$ 之间。所以

$$\theta_1 = \alpha \pm \beta = \text{Atan2}(y,x) \pm \arccos\left(\frac{x^2 + y^2 + l_1^2 - l_2^2}{2l_1 \sqrt{x^2 + y^2}}\right) \tag{4-53}$$

其中，当 $\theta_2 < 0°$ 时，上式取"+"；当 $\theta_2 > 0°$ 时，上式取"-"。

而 θ_3 的求取仍由式(4-37)可得

$$\theta_3 = \gamma - (\theta_1 + \theta_2)$$

实际上,在上述机器人逆运动学求解过程中,几何方法与代数方法是融于一体的。只要能求出逆运动学的解析解,两种方法也不必分得太清楚。

4.5 运动学方程的其他描述

如果用广义关节矢量 $q=[q_1 \quad q_2 \quad \cdots \quad q_n]^T$ 构成一个 n 自由度机器人的关节空间,其手部的位姿用一个六维列矢量表示:

$$X = [x \quad y \quad z \quad \phi_x \quad \phi_y \quad \phi_z]^T \tag{4-54}$$

其中前三个元素 x,y,z 表示的是机器人手部在笛卡儿坐标系中的位置,后三个元素 ϕ_x,ϕ_y,ϕ_z 表示的是机器人手部在笛卡儿坐标系中的姿态,它们都是 n 个关节变量的函数,可写为

$$X = X(q) \tag{4-55}$$

这就是用位置和角度设定法表示机器人手部在笛卡儿坐标系中位姿的机器人运动学方程。它与 $T=[n \quad o \quad a \quad p]$ 所描述的手部姿态,仅仅描述方法不同而已。但在后续机器人的速度与加速度分析以及机器人的动力学分析、机器人控制中还是会经常用到式(4-55)表达的运动学方程。

本 章 小 结

本章主要讨论了机器人运动学问题,包括正、逆运动学问题,以及机器人坐标系的建立方法和杆件参数的定义,以 PUMA560 机器人等为例分析了机器人运动学方程建立的过程,分析了逆运动学求解中涉及的问题,并以有关机器人为例进行了机器人逆运动学的求解,最后介绍了机器人运动学的另一种表示方法,即关节空间与操作空间(笛卡儿空间)的运动学方程。

习　题

4.1　什么是机器人运动学研究的问题?

4.2　简述 D-H 坐标变换的过程。

4.3　简述机器人 D-H 坐标系的建立方法。

4.4　简述机器人正运动学方程建立步骤和方法。

4.5　简述机器人逆运动学方程求解方法。

4.6　机器人逆运动学求解什么时候无解,什么时候多解?

4.7　求出表 3-1 中类型 2 和类型 3 欧拉角表达的正逆运动学方程的解。

4.8　求 PUMA560 机器人的逆运动学方程的解。

4.9　对于图 4-25 所示三自由度机械手的结构参数与坐标系,其关节 1 与关节 2 轴线相交,关节 2 与关节 3 轴线平行,各关节的正向转动角度如图标示,请建立该机械手的 D-H

坐标系,并求其变换矩阵${}_1^0\boldsymbol{T},{}_2^1\boldsymbol{T},{}_3^2\boldsymbol{T}$。

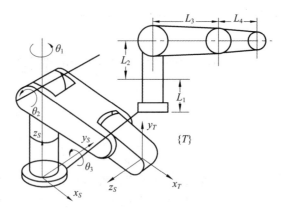

图 4-25　三自由度机械手的结构参数与坐标系

4.10　四轴平面关节型 SCARA 机器人的结构参数如图 4-26 所示,试计算:

(1) 机器人的运动学方程;

(2) 当关节变量取 $q_i = \begin{bmatrix} 30° & -60° & -120 & 90° \end{bmatrix}^{\mathrm{T}}$ 时,机器人手部的位置和姿态;

(3) 机器人逆运动学解的数学表达式。

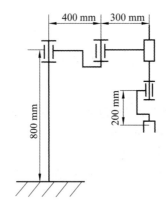

图 4-26　四轴平面关节型 SCARA 机器人的结构参数

5 机器人静力学和动力学

前面我们所讨论的机器人运动学都是在机器人静止或缓慢运动的稳态下进行的,没有考虑机器人在驱动力或力矩作用下运动的位移、速度和加速度等动态过程。实际上,为了实现机器人的高效工作,须在机器人的各关节处施加足够的驱动力或力矩,使机器人的各关节、连杆和末端执行器能以期望的速度和加速度进行高效工作,达到期望的位置精度。机器人的位移、速度和加速度体现了其动态性能,驱动机器人运动的力或力矩与机器人运动之间的关系,即机器人的动力学问题。

以动力学体现的机器人动态性能不仅与运动学相对位置有关,还与机器人的结构形式、质量分布、执行机构的位置、传动装置等因素有关。

静力学和动力学分析,是机器人(操作臂)设计和动态性能分析的基础。特别是动力学分析,它还是机器人控制器设计和机器人运动的计算机仿真的基础。本章将重点讨论这两个问题及其数学方程的建立。

5.1 机器人静力学与动力学问题

机器人静力学研究机器人静止或缓慢运动(机器人处于静态平衡位形)时,作用在机器人关节上的力和力矩问题,特别是当机器人手部与环境有相互作用时,各关节上的驱动力(或力矩)与作用于机器人手部力的关系。

机器人动力学是考虑机器人运动学相对位置、结构形式、质量分布、执行机构的位置、传动装置等因素,研究机器人的运动与关节驱动力(力矩)之间的动态关系的一门学科。描述这种动态关系的微分方程称为机器人动力学方程。机器人动力学问题可分为正问题和逆问题。

(1)动力学正问题:根据关节驱动力(f)或力矩(τ),计算机器人的运动轨迹,即关节位移、速度和加速度,用 $\theta, \dot{\theta}, \ddot{\theta}$ 表示旋转关节运动的角位移、角速度和角加速度,用 $d, \dot{d}, \ddot{d}$ 表示平移关节运动的线位移、线速度和线加速度。

(2)动力学逆问题:已知轨迹对应的关节位移、速度和加速度($\theta, \dot{\theta}, \ddot{\theta}$ 或 $d, \dot{d}, \ddot{d}$),求出所需要的关节驱动力(f)或力矩(τ)。

不考虑机电控制装置的惯性、摩擦、间隙、饱和等因素时,n 自由度机器人的动力学方程为 n 个二阶耦合的非线性微分方程。该方程包括惯性力/力矩、科氏力/力矩、离心力/力矩及重力/力矩,是一个耦合的非线性多输入多输出系统。

机器人动力学研究可采用的方法很多,有拉格朗日(Lagrange)方法、牛顿-欧拉

(Newton-Euler)方法、高斯(Gauss)法、凯恩(Kane)法、旋量对偶数法以及罗伯逊-魏登堡(Roberson-Wittenburg)法等。

相对于机器人静力学,机器人动力学研究更重要一些,因为机器人动力学研究的目的是多方面的,其中动力学正问题与机器人的仿真有关。机器人在设计中需要根据连杆质量、运动学和动力学参数、传动机构特征和负载大小进行动态仿真,从而确定机器人的结构参数和传动方案,验算设计方案的合理性和可行性,以及结构优化程度。而动力学逆问题是为了实时控制的需要。动力学模型可以实现机器人最优控制,使机器人具有良好的动态性能和最优指标。

另外,在离线编程时,为了估计机器人高速运动引起的动载荷和路径偏差,也要进行路径控制仿真和动态模型仿真。这些都需要以机器人动力学模型为基础。

机器人控制系统原理图及本章内容在其中的作用如图 5-1 所示。

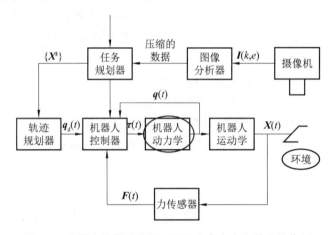

图 5-1　机器人控制系统原理图及本章内容在其中的作用

5.2　机器人雅可比矩阵

在机器人静力学和动力学分析中会引入机器人雅可比矩阵。下面先对机器人雅可比矩阵加以介绍。

5.2.1　雅可比矩阵定义

雅可比矩阵(Jacobi matrix)以卡尔·古斯塔夫·雅各布·雅可比命名。

数学上的雅可比矩阵是一个多元函数的偏导矩阵。假设有 6 个函数 $y_1, y_2, \cdots, y_6$,每个函数有 6 个变量 $x_1, x_2, \cdots, x_6$,即

$$\begin{cases} y_1 = f_1(x_1, x_2, x_3, x_4, x_5, x_6) \\ y_2 = f_2(x_1, x_2, x_3, x_4, x_5, x_6) \\ \vdots \\ y_6 = f_6(x_1, x_2, x_3, x_4, x_5, x_6) \end{cases} \tag{5-1}$$

将其写为矩阵和向量形式:

$$\boldsymbol{Y} = \boldsymbol{F}(\boldsymbol{X}) \tag{5-2}$$

式中：$\boldsymbol{Y} = \begin{bmatrix} y_1 & y_2 & \cdots & y_6 \end{bmatrix}^\mathrm{T}$，$\boldsymbol{X} = \begin{bmatrix} x_1 & x_2 & \cdots & x_6 \end{bmatrix}^\mathrm{T}$。

将式(5-1)微分，有

$$\begin{cases} \mathrm{d}y_1 = \dfrac{\partial f_1}{\partial x_1}\mathrm{d}x_1 + \dfrac{\partial f_1}{\partial x_2}\mathrm{d}x_2 + \cdots + \dfrac{\partial f_1}{\partial x_6}\mathrm{d}x_6 \\[2mm] \mathrm{d}y_2 = \dfrac{\partial f_2}{\partial x_1}\mathrm{d}x_1 + \dfrac{\partial f_2}{\partial x_2}\mathrm{d}x_2 + \cdots + \dfrac{\partial f_2}{\partial x_6}\mathrm{d}x_6 \\[2mm] \qquad\qquad \cdots\cdots \\[2mm] \mathrm{d}y_6 = \dfrac{\partial f_6}{\partial x_1}\mathrm{d}x_1 + \dfrac{\partial f_6}{\partial x_2}\mathrm{d}x_2 + \cdots + \dfrac{\partial f_6}{\partial x_6}\mathrm{d}x_6 \end{cases} \tag{5-3}$$

用矩阵和向量表示，即

$$\begin{bmatrix} \mathrm{d}y_1 \\ \mathrm{d}y_2 \\ \vdots \\ \mathrm{d}y_6 \end{bmatrix} = \begin{bmatrix} \dfrac{\partial f_1}{\partial x_1} & \dfrac{\partial f_1}{\partial x_2} & \cdots & \dfrac{\partial f_1}{\partial x_6} \\[2mm] \dfrac{\partial f_2}{\partial x_1} & \dfrac{\partial f_2}{\partial x_2} & \cdots & \dfrac{\partial f_2}{\partial x_6} \\[2mm] \vdots & \vdots & & \vdots \\[2mm] \dfrac{\partial f_6}{\partial x_1} & \dfrac{\partial f_6}{\partial x_2} & \cdots & \dfrac{\partial f_6}{\partial x_6} \end{bmatrix} \begin{bmatrix} \mathrm{d}x_1 \\ \mathrm{d}x_2 \\ \vdots \\ \mathrm{d}x_6 \end{bmatrix} \tag{5-4}$$

写作向量与矩阵形式：

$$\mathrm{d}\boldsymbol{Y} = \frac{\partial \boldsymbol{F}}{\partial \boldsymbol{X}}\mathrm{d}\boldsymbol{X} \tag{5-5}$$

式(5-4)中的 6×6 矩阵为 $\dfrac{\partial \boldsymbol{F}}{\partial \boldsymbol{X}}$，即雅可比矩阵。

对于一个 n 自由度机器人，其关节变量向量可以用广义关节变量表示为

$$\boldsymbol{q} = \begin{bmatrix} q_1 & q_2 & \cdots & q_n \end{bmatrix}^\mathrm{T}$$

该机器人手部在参考坐标系中的位置和姿态可用向量 $\boldsymbol{X}$ 表示为

$$\boldsymbol{X} = \begin{bmatrix} x & y & z & \phi_x & \phi_y & \phi_z \end{bmatrix}^\mathrm{T}$$

其中，前三个元素 x,y,z 表示机器人手部（末端执行器）在笛卡儿坐标系中的位置，后三个元素 ϕ_x,ϕ_y,ϕ_z 表示机器人手部在笛卡儿坐标系中的姿态，它们都是 n 个关节变量的函数，可写为

$$\boldsymbol{X} = X(\boldsymbol{q}) \tag{5-6}$$

其对时间的导数为

$$\frac{\mathrm{d}\boldsymbol{X}}{\mathrm{d}t} = \boldsymbol{J}(\boldsymbol{q})\,\frac{\mathrm{d}\boldsymbol{q}}{\mathrm{d}t} \quad \text{或} \quad \boldsymbol{v} = \boldsymbol{J}(\boldsymbol{q})\dot{\boldsymbol{q}} \tag{5-7}$$

式中：$\dfrac{\mathrm{d}\boldsymbol{X}}{\mathrm{d}t}$——机器人末端执行器在笛卡儿坐标系中的 6×1 维速度矢量，$\dfrac{\mathrm{d}\boldsymbol{X}}{\mathrm{d}t} = \boldsymbol{v}$；

$\dfrac{\mathrm{d}\boldsymbol{q}}{\mathrm{d}t}$——机器人关节运动的 $n\times 1$ 维速度矢量，$\dfrac{\mathrm{d}\boldsymbol{q}}{\mathrm{d}t} = \dot{\boldsymbol{q}}$；

$\boldsymbol{J}(\boldsymbol{q})$——$6\times n$ 的偏导数矩阵，即 n 自由度机器人的速度雅可比矩阵，也经常简称为机器人雅可比矩阵。

式(5-7)亦被称为机器人的微分运动学方程。

机器人雅可比矩阵的展开形式为

$$J(q) = \frac{\mathrm{d}X}{\mathrm{d}q} = \begin{bmatrix} \dfrac{\partial x}{\partial q_1} & \dfrac{\partial x}{\partial q_2} & \cdots & \dfrac{\partial x}{\partial q_n} \\ \dfrac{\partial y}{\partial q_1} & \dfrac{\partial y}{\partial q_2} & \cdots & \dfrac{\partial y}{\partial q_n} \\ \vdots & \vdots & & \vdots \\ \dfrac{\partial \phi_z}{\partial q_1} & \dfrac{\partial \phi_z}{\partial q_2} & \cdots & \dfrac{\partial \phi_z}{\partial q_n} \end{bmatrix} \tag{5-8}$$

机器人雅可比矩阵对机器人运动速度、加速度以及静力学分析等具有重要意义,它具有以下意义:

(1) 建立起了机器人末端执行器笛卡儿速度与关节速度的映射关系;

(2) 雅可比矩阵中含有关节变量,是时变的线性变换;

(3) 雅可比矩阵的行数对应机器人在笛卡儿空间(亦称操作空间、直角坐标空间)的操作自由度数,列数对应机器人的关节数(自由度);

(4) 当雅可比矩阵的行列式值 $\det|J(q)| = 0$ 时,机器人处于奇异状态,此时机器人将失去一个或几个自由度。

因为雅可比矩阵是机器人位形 q 的函数,使其不满秩的位形称为运动学的奇异点,利用雅可比矩阵找到机器人的奇异点具有以下重要意义:

(1) 当机器人处于奇异点时,机器人运动是退化的,不能任意对末端执行器施加运动;

(2) 当机器人结构处于奇异点时,逆运动学问题可能存在无穷多个解;

(3) 在奇异点的邻域内,笛卡儿空间内很小的速度可能导致关节空间内很高的速度,在进行机器人控制中要特别注意。

5.2.2 机器人雅可比矩阵构造方法

机器人雅可比矩阵可以采用空间矢量的叉积(几何法)进行构造,也可以直接利用运动学方程对其两边分别求导数来获得。

对于 n 自由度的机器人,若手部速度 v 的前三个元素用 $v_e = \begin{bmatrix} v_{ex} & v_{ey} & v_{ez} \end{bmatrix}^{\mathrm{T}}$ 来表示手部在参考坐标系(即 D-H 方法定义的坐标系 $\{0\}$)中的线速度,后三个元素用 $\omega_e = \begin{bmatrix} \omega_{ex} & \omega_{ey} & \omega_{ez} \end{bmatrix}^{\mathrm{T}}$ 来表示手部在参考坐标系中的角速度,则将其写成分块矩阵,有

$$v = \begin{bmatrix} v_e \\ \omega_e \end{bmatrix} = \begin{bmatrix} J_{L1} & J_{L2} & \cdots & J_{Ln} \\ J_{A1} & J_{A2} & \cdots & J_{An} \end{bmatrix} \begin{bmatrix} \dot{q}_1 \\ \vdots \\ \dot{q}_n \end{bmatrix}$$

$$= \begin{bmatrix} J_{L1}\dot{q}_1 + J_{L2}\dot{q}_2 + \cdots + J_{Ln}\dot{q}_n \\ J_{A1}\dot{q}_1 + J_{A2}\dot{q}_2 + \cdots + J_{An}\dot{q}_n \end{bmatrix} = \begin{bmatrix} \sum\limits_{i}^{n} J_{Li}\dot{q}_i \\ \sum\limits_{i}^{n} J_{Ai}\dot{q}_i \end{bmatrix} \tag{5-9}$$

其中,3×1 的分块矩阵 J_{Li} 和 J_{Ai} 分别表示由第 i 个关节运动引起的三维线速度系数和三维角速度系数。由此可见,只要求出 J_{Li} 和 J_{Ai},即可确定雅可比矩阵。如前所述,对于操作臂型(串联型)工业机器人,其关节运动一般只有平移运动或旋转运动,下面分别来看其雅可比分块矩阵的构造方法。

（1）如图 5-2 所示，当第 i 个关节为移动关节时，$q_i = d_i$，$\dot{q}_i = \dot{d}_i$。

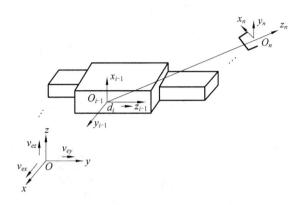

图 5-2 第 i 个关节为移动关节

其对应的雅可比分块矩阵为

$$\begin{bmatrix} \boldsymbol{J}_{\mathrm{L}i} \\ \boldsymbol{J}_{\mathrm{A}i} \end{bmatrix} = \begin{bmatrix} \boldsymbol{k}_{i-1} \\ \boldsymbol{0} \end{bmatrix} \tag{5-10}$$

式中：$\boldsymbol{k}_{i-1}$ 为 z_{i-1} 轴上的单位矢量在参考坐标系 $\{0\}$ 中的表达。

（2）如图 5-3 所示，当第 i 个关节为旋转关节时，$q_i = \theta_i$，$\dot{q}_i = \dot{\theta}_i$。

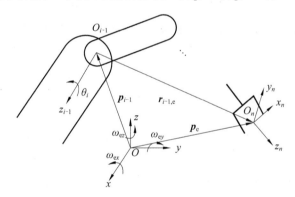

图 5-3 第 i 个关节为旋转关节

其对应的雅可比分块矩阵为

$$\begin{bmatrix} \boldsymbol{J}_{\mathrm{L}i} \\ \boldsymbol{J}_{\mathrm{A}i} \end{bmatrix} = \begin{bmatrix} \boldsymbol{k}_{i-1} \times \boldsymbol{r}_{i-1,\mathrm{e}} \\ \boldsymbol{k}_{i-1} \end{bmatrix} \tag{5-11}$$

其中，$\boldsymbol{r}_{i-1,\mathrm{e}}$ 是末端执行器所在坐标系 $\{n\}$ 的原点与坐标系 $\{i-1\}$ 的原点间的位置矢量在参考坐标系 $\{0\}$ 中的表达，可以用位置矢量 $\boldsymbol{p}_{i-1}$ 和 $\boldsymbol{p}_\mathrm{e}$ 来表示，如图 5-3 所示，即

$$\boldsymbol{r}_{i-1,\mathrm{e}} = \boldsymbol{p}_\mathrm{e} - \boldsymbol{p}_{i-1} \tag{5-12}$$

然后将其代入式（5-11）可得

$$\begin{bmatrix} \boldsymbol{J}_{\mathrm{L}i} \\ \boldsymbol{J}_{\mathrm{A}i} \end{bmatrix} = \begin{bmatrix} \boldsymbol{k}_{i-1} \times (\boldsymbol{p}_\mathrm{e} - \boldsymbol{p}_{i-1}) \\ \boldsymbol{k}_{i-1} \end{bmatrix} \tag{5-13}$$

事实上，方向矢量 $\boldsymbol{k}_{i-1}$、位置矢量 $\boldsymbol{p}_{i-1}$ 和 $\boldsymbol{p}_\mathrm{e}$ 均为关节变量的函数，利用第 4 章中的运动学方程可以求出，其中 $\boldsymbol{k}_{i-1}$ 由 ${}_{i-1}^{0}\boldsymbol{T}$ 中的第三列中的前三个元素给出，$\boldsymbol{p}_{i-1}$ 由 ${}_{i-1}^{0}\boldsymbol{T}$ 中的第四列中的前三个元素给出，$\boldsymbol{p}_\mathrm{e}$ 由 ${}_{\mathrm{e}}^{0}\boldsymbol{T}$（即 ${}_{n}^{0}\boldsymbol{T}$）中的第四列中的前三个元素给出，即

$$\boldsymbol{k}_{i-1} = {}^0_1\boldsymbol{T}\,{}^1_2\boldsymbol{T}\cdots{}^{i-2}_{i-1}\boldsymbol{T}\begin{bmatrix}0 & 0 & 1 & 0\end{bmatrix}^{\mathrm{T}} \tag{5-14}$$

$$\boldsymbol{p}_{i-1} = {}^0_1\boldsymbol{T}\,{}^1_2\boldsymbol{T}\cdots{}^{i-2}_{i-1}\boldsymbol{T}\begin{bmatrix}0 & 0 & 0 & 1\end{bmatrix}^{\mathrm{T}} \tag{5-15}$$

$$\boldsymbol{p}_{\mathrm{e}} = {}^0_1\boldsymbol{T}\,{}^1_2\boldsymbol{T}\cdots{}^{n-1}_n\boldsymbol{T}\begin{bmatrix}0 & 0 & 0 & 1\end{bmatrix}^{\mathrm{T}} \tag{5-16}$$

按照式(5-10)至式(5-16)将所有关节的雅可比分块矩阵都求出,即可获得整个机器人的雅可比矩阵。

【例 5-1】 构造图 5-4 所示二自由度平面机器人的雅可比矩阵。

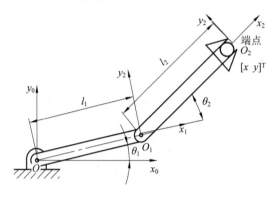

图 5-4　二自由度平面机器人

解: 因为机器人末端执行器所在的坐标系与图中关节坐标系{2}完全重合,所以根据坐标系之间的关系可求得末端执行器与坐标系{0}、坐标系{1}之间的位置矢量。

首先确定坐标系{0}~{2}的位置矢量:

$$\boldsymbol{p}_0 = \begin{bmatrix}0\\0\\0\end{bmatrix}, \quad \boldsymbol{p}_1 = \begin{bmatrix}l_1\mathrm{c}\theta_1\\l_1\mathrm{s}\theta_1\\0\end{bmatrix}, \quad \boldsymbol{p}_{\mathrm{e}} = \boldsymbol{p}_2 = \begin{bmatrix}l_1\mathrm{c}\theta_1 + l_2\mathrm{c}\theta_{12}\\l_1\mathrm{s}\theta_1 + l_2\mathrm{s}\theta_{12}\\0\end{bmatrix}$$

然后利用式(5-12)求得末端执行器与坐标系{0}、坐标系{1}之间的位置矢量:

$$\boldsymbol{r}_{0,\mathrm{e}} = \boldsymbol{p}_{\mathrm{e}} - \boldsymbol{p}_0 = \begin{bmatrix}l_1\mathrm{c}\theta_1 + l_2\mathrm{c}\theta_{12}\\l_1\mathrm{s}\theta_1 + l_2\mathrm{s}\theta_{12}\\0\end{bmatrix}, \quad \boldsymbol{r}_{1,\mathrm{e}} = \boldsymbol{p}_{\mathrm{e}} - \boldsymbol{p}_1 = \begin{bmatrix}l_2\mathrm{c}\theta_{12}\\l_2\mathrm{s}\theta_{12}\\0\end{bmatrix}$$

式中:$\mathrm{c}\theta_1 = \cos\theta_1$,$\mathrm{s}\theta_1 = \sin\theta_1$,$\mathrm{c}\theta_{12} = \cos(\theta_1 + \theta_2)$,$\mathrm{s}\theta_{12} = \sin(\theta_1 + \theta_2)$。

而 $\boldsymbol{k}_0$,$\boldsymbol{k}_1$ 为 z_0,z_1 轴的方向矢量,且互相平行,所以

$$\boldsymbol{k}_0 = \boldsymbol{k}_1 = \begin{bmatrix}0\\0\\1\end{bmatrix}$$

因此根据式(5-11)可求得雅可比分块矩阵如下:

$$\boldsymbol{J}_{\mathrm{L1}} = \boldsymbol{k}_0 \times \boldsymbol{r}_{0,\mathrm{e}} = \begin{vmatrix}\boldsymbol{i} & \boldsymbol{j} & \boldsymbol{k}\\ 0 & 0 & 1\\ l_1\mathrm{c}\theta_1 + l_2\mathrm{c}\theta_{12} & l_1\mathrm{s}\theta_1 + l_2\mathrm{s}\theta_{12} & 0\end{vmatrix} = \begin{bmatrix}-l_1\mathrm{s}\theta_1 - l_2\mathrm{s}\theta_{12}\\ l_1\mathrm{c}\theta_1 + l_2\mathrm{c}\theta_{12}\\ 0\end{bmatrix}$$

$$\boldsymbol{J}_{\mathrm{L2}} = \boldsymbol{k}_1 \times \boldsymbol{r}_{1,\mathrm{e}} = \begin{vmatrix}\boldsymbol{i} & \boldsymbol{j} & \boldsymbol{k}\\ 0 & 0 & 1\\ l_2\mathrm{c}\theta_{12} & l_2\mathrm{s}\theta_{12} & 0\end{vmatrix} = \begin{bmatrix}-l_2\mathrm{s}\theta_{12}\\ l_2\mathrm{c}\theta_{12}\\ 0\end{bmatrix}$$

$$\boldsymbol{J}_{A1} = \boldsymbol{k}_0 = \begin{bmatrix} 0 \\ 0 \\ 1 \end{bmatrix}, \quad \boldsymbol{J}_{A2} = \boldsymbol{k}_1 = \begin{bmatrix} 0 \\ 0 \\ 1 \end{bmatrix}$$

因此可得

$$\boldsymbol{J}(\boldsymbol{\theta}) = \begin{bmatrix} \boldsymbol{J}_{L1} & \boldsymbol{J}_{L2} \\ \boldsymbol{J}_{A1} & \boldsymbol{J}_{A2} \end{bmatrix} = \begin{bmatrix} -l_1 s\theta_1 - l_2 s\theta_{12} & -l_2 s\theta_{12} \\ l_1 c\theta_1 + l_2 c\theta_{12} & l_2 c\theta_{12} \\ 0 & 0 \\ 0 & 0 \\ 0 & 0 \\ 1 & 1 \end{bmatrix} \tag{5-17}$$

所以二自由度平面机器人的末端速度与关节速度关系为

$$\begin{bmatrix} v_{ex} \\ v_{ey} \\ v_{ez} \\ \omega_{ex} \\ \omega_{ey} \\ \omega_{ez} \end{bmatrix} = \begin{bmatrix} -l_1 s\theta_1 - l_2 s\theta_{12} & -l_2 s\theta_{12} \\ l_1 c\theta_1 + l_2 c\theta_{12} & l_2 c\theta_{12} \\ 0 & 0 \\ 0 & 0 \\ 0 & 0 \\ 1 & 1 \end{bmatrix} \begin{bmatrix} \dot{\theta}_1 \\ \dot{\theta}_2 \end{bmatrix} = \begin{bmatrix} -(l_1 s\theta_1 + l_2 s\theta_{12})\dot{\theta}_1 - l_2 s\theta_{12}\dot{\theta}_2 \\ (l_1 c\theta_1 + l_2 c\theta_{12})\dot{\theta}_1 + l_2 c\theta_{12}\dot{\theta}_2 \\ 0 \\ 0 \\ 0 \\ \dot{\theta}_1 + \dot{\theta}_2 \end{bmatrix} \tag{5-18}$$

从雅可比矩阵的表达式(5-17)中可以看到,6×2 的雅可比矩阵只有 3 个非零行是不相关的(矩阵的秩等于 3),它们对应了机器人的两个线速度分量 v_{ex},v_{ey} 和一个角速度分量 ω_{ez},这与该机器人的实际结构是相符的,此机器人虽为二自由度机器人,但它的运动是平面运动,要由 3 个自由度来描述,即式(5-18)中的 v_{ex},v_{ey} 和 ω_{ez},而其他 3 个自由度上的运动速度 v_{ez} 和 ω_{ex},ω_{ey} 始终为零。

若不考虑机器人的旋转方向(姿态),则二自由度平面机器人的位置可以只给出雅可比矩阵的前两行,即

$$\boldsymbol{J}(\boldsymbol{\theta}) = \begin{bmatrix} -l_1 s\theta_1 - l_2 s\theta_{12} & -l_2 s\theta_{12} \\ l_1 c\theta_1 + l_2 c\theta_{12} & l_2 c\theta_{12} \end{bmatrix} \tag{5-19}$$

最后,还需注意的是,雅可比矩阵取决于所选取的参考坐标系,以上公式都是用于计算末端执行器相对于参考坐标系即坐标系{0}的雅可比矩阵。

更一般地,我们可以用图 5-5 来说明刚体的速度在不同坐标系中的表达,以及相邻两直角坐标系中的速度关系。

1. 不同坐标系间的速度变换

在图 5-5 中,两个坐标系{1}和{2}属于同一刚体,虽然其位置不同,但是其相对于参考坐标系{0}的速度是相同的,即两者速度之间的关系为

$$\boldsymbol{\omega}_2 = \boldsymbol{\omega}_1$$
$$\boldsymbol{v}_2 = \boldsymbol{v}_1 + \boldsymbol{\omega}_1 \times \boldsymbol{r}_{12} \quad (\boldsymbol{v}_2 = \dot{\boldsymbol{p}}_2, \boldsymbol{v}_1 = \dot{\boldsymbol{p}}_1)$$

写成向量与矩阵形式,则有

$$\begin{bmatrix} \boldsymbol{v}_2 \\ \boldsymbol{\omega}_2 \end{bmatrix} = \begin{bmatrix} \boldsymbol{I} & -\boldsymbol{S}(\boldsymbol{r}_{12}) \\ \boldsymbol{0} & \boldsymbol{I} \end{bmatrix} \begin{bmatrix} \boldsymbol{v}_1 \\ \boldsymbol{\omega}_1 \end{bmatrix} \tag{5-20}$$

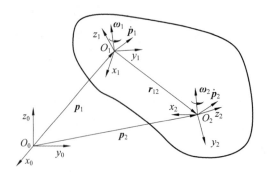

图 5-5　同一刚体的线速度与角速度在不同坐标系中的表示

式中：$\boldsymbol{S}(\boldsymbol{r}_{12})$——$\boldsymbol{r}_{12}$ 的反对称矩阵，若将 $\boldsymbol{r}_{12}$ 表示为 $\begin{bmatrix} r_{12x} & r_{12y} & r_{12z} \end{bmatrix}^{\mathrm{T}}$，则 $\boldsymbol{S}(\boldsymbol{r}_{12})$ 可以表示为

$$\boldsymbol{S}(\boldsymbol{r}_{12}) = \begin{bmatrix} 0 & -r_{12z} & r_{12y} \\ r_{12z} & 0 & -r_{12x} \\ -r_{12y} & r_{12x} & 0 \end{bmatrix} \tag{5-21}$$

注意：式(5-20)中所有的矢量都是相对于参考坐标系{0}的。若考虑它们与自身坐标系的矢量关系，则有

$$\boldsymbol{r}_{12} = {}_{1}^{0}\boldsymbol{R}\, {}^{1}\boldsymbol{r}_{12}$$
$$\boldsymbol{v}_{1} = {}_{1}^{0}\boldsymbol{R}\, {}^{1}\boldsymbol{v}_{1}, \quad \boldsymbol{v}_{2} = {}_{2}^{0}\boldsymbol{R}\, {}^{2}\boldsymbol{v}_{2} = {}_{1}^{0}\boldsymbol{R}\, {}_{2}^{1}\boldsymbol{R}\, {}^{2}\boldsymbol{v}_{2}$$
$$\boldsymbol{\omega}_{1} = {}_{1}^{0}\boldsymbol{R}\, {}^{1}\boldsymbol{\omega}_{1}, \quad \boldsymbol{\omega}_{2} = {}_{2}^{0}\boldsymbol{R}\, {}^{2}\boldsymbol{\omega}_{2} = {}_{1}^{0}\boldsymbol{R}\, {}_{2}^{1}\boldsymbol{R}\, {}^{2}\boldsymbol{\omega}_{2}$$

式中：矢量的左上标代表着其所在坐标系，在参考坐标系{0}中的矢量则省略了左上标，例如 ${}^{0}\boldsymbol{r}_{12}$ 直接写作 $\boldsymbol{r}_{12}$；$\boldsymbol{R}$ 为旋转矩阵。利用上式和式(5-20)有

$$\boldsymbol{v}_{2} = {}_{1}^{0}\boldsymbol{R}\, {}_{2}^{1}\boldsymbol{R}\, {}^{2}\boldsymbol{v}_{2} = {}_{1}^{0}\boldsymbol{R}\, {}^{1}\boldsymbol{v}_{1} - \boldsymbol{S}({}_{1}^{0}\boldsymbol{R}\, {}^{1}\boldsymbol{r}_{12}){}_{1}^{0}\boldsymbol{R}\, {}^{1}\boldsymbol{\omega}_{1} = {}_{1}^{0}\boldsymbol{R}\, {}^{1}\boldsymbol{v}_{1} - {}_{1}^{0}\boldsymbol{R}\boldsymbol{S}({}^{1}\boldsymbol{r}_{12}){}_{1}^{0}\boldsymbol{R}^{\mathrm{T}}\, {}_{1}^{0}\boldsymbol{R}\, {}^{1}\boldsymbol{\omega}_{1}$$
$$\boldsymbol{\omega}_{2} = {}_{1}^{0}\boldsymbol{R}\, {}_{2}^{1}\boldsymbol{R}\, {}^{2}\boldsymbol{\omega}_{2} = {}_{1}^{0}\boldsymbol{R}\, {}^{1}\boldsymbol{\omega}_{1}$$

其中，$\boldsymbol{S}({}_{1}^{0}\boldsymbol{R}\, {}^{1}\boldsymbol{r}_{12}) = {}_{1}^{0}\boldsymbol{R}\boldsymbol{S}({}^{1}\boldsymbol{r}_{12}){}_{1}^{0}\boldsymbol{R}^{\mathrm{T}}$。

因此可以找到两个坐标系中速度矢量的关系如下：

$$\begin{bmatrix} {}^{2}\boldsymbol{v}_{2} \\ {}^{2}\boldsymbol{\omega}_{2} \end{bmatrix} = \begin{bmatrix} {}_{1}^{2}\boldsymbol{R} & -{}_{1}^{2}\boldsymbol{R}\boldsymbol{S}({}^{1}\boldsymbol{r}_{12}) \\ \boldsymbol{0} & {}_{1}^{2}\boldsymbol{R} \end{bmatrix} \begin{bmatrix} {}^{1}\boldsymbol{v}_{1} \\ {}^{1}\boldsymbol{\omega}_{1} \end{bmatrix} \tag{5-22}$$

上式给出了两个直角坐标系之间速度变换的一般关系。

式(5-22)也可以写作以下形式：

$$^{2}\boldsymbol{v} = {}_{1}^{2}\boldsymbol{J}\, {}^{1}\boldsymbol{v} \tag{5-23}$$

式中：$^{2}\boldsymbol{v} = \begin{bmatrix} {}^{2}\boldsymbol{v}_{2} & {}^{2}\boldsymbol{\omega}_{2} \end{bmatrix}^{\mathrm{T}}$，$^{1}\boldsymbol{v} = \begin{bmatrix} {}^{1}\boldsymbol{v}_{1} & {}^{1}\boldsymbol{\omega}_{1} \end{bmatrix}^{\mathrm{T}}$ 分别是坐标系{2}和{1}中的广义速度矢量。式(5-23)中的变换矩阵起到了真正雅可比矩阵的作用，它建立起两个坐标系速度之间的变换关系。

2. 不同坐标系间雅可比矩阵的变换

相对简单地，若已经获得了末端执行器相对于参考坐标系{0}的速度，想要进一步获取其相对于坐标系{i}的速度雅可比矩阵，则只需要知道坐标系{i}相对于参考坐标系{0}的旋转矩阵${}_{0}^{i}\boldsymbol{R}$ 就足够了，可以通过以下关系式获得末端执行器在坐标系{i}中的速度：

$$\begin{bmatrix} {}^{i}\boldsymbol{v}_{e} \\ {}^{i}\boldsymbol{\omega}_{e} \end{bmatrix} = \begin{bmatrix} {}_{0}^{i}\boldsymbol{R} & \boldsymbol{0} \\ \boldsymbol{0} & {}_{0}^{i}\boldsymbol{R} \end{bmatrix} \begin{bmatrix} \boldsymbol{v}_{e} \\ \boldsymbol{\omega}_{e} \end{bmatrix} \tag{5-24}$$

将 $\begin{bmatrix} v_e \\ \omega_e \end{bmatrix} = J(q)\dot{q}$ 代入式(5-24),从而得到末端执行器在坐标系 $\{i\}$ 中的速度雅可比矩阵:

$$^{i}J(q) = \begin{bmatrix} {}^{i}_{0}R & 0 \\ 0 & {}^{i}_{0}R \end{bmatrix} J(q) \tag{5-25}$$

同样地,若已知坐标系 $\{B\}$ 中的雅可比矩阵,要求其在坐标系 $\{A\}$ 中的雅可比矩阵,则可直接利用以下关系式完成雅可比矩阵的变换:

$$^{A}J(q) = \begin{bmatrix} {}^{A}_{B}R & 0 \\ 0 & {}^{A}_{B}R \end{bmatrix} {}^{B}J(q) \tag{5-26}$$

5.2.3 机器人的逆速度雅可比矩阵

实际上,在例 5-1 中,我们也可以直接利用基于几何分析法或者 D-H 坐标变换法所获得的二自由度平面机器人的运动学方程:

$$\begin{cases} x = l_1 c\theta_1 + l_2 c\theta_{12} \\ y = l_1 s\theta_1 + l_2 s\theta_{12} \end{cases}$$

两边分别对操作空间变量和关节空间变量求导数,即可得到二自由度平面机器人的手部速度如下:

$$\begin{bmatrix} v_x \\ v_y \end{bmatrix} = \begin{bmatrix} -l_1 s\theta_1 - l_2 s\theta_{12} & -l_2 s\theta_{12} \\ l_1 c\theta_1 + l_2 c\theta_{12} & l_2 c\theta_{12} \end{bmatrix} \begin{bmatrix} \dot{\theta}_1 \\ \dot{\theta}_2 \end{bmatrix} = \begin{bmatrix} -(l_1 s\theta_1 + l_2 s\theta_{12})\dot{\theta}_1 - l_2 s\theta_{12}\dot{\theta}_2 \\ (l_1 c\theta_1 + l_2 c\theta_{12})\dot{\theta}_1 + l_2 c\theta_{12}\dot{\theta}_2 \end{bmatrix}$$

这与式(5-18)结果完全相同。

因此,基于机器人的微分运动学,已知机器人的关节空间速度矢量 $\dot{q}$,就可求出其手部在操作空间的瞬时速度:

$$v = J(q)\dot{q}$$

其中,$J(q)$ 又称为速度雅可比矩阵。

反之,已知机器人手部速度,亦可求出其相应的关节速度:

$$\dot{q} = J^{-1}(q)v$$

其中,$J^{-1}(q)$ 为逆速度雅可比矩阵。

求解逆速度雅可比矩阵一般比较困难。当雅可比矩阵为非满秩矩阵,即其行列式的值等于零时,其逆矩阵不存在。这时会出现运动学奇异点,可以分为以下两种情况。

(1)当机器人位姿处于工作域边界时。此时机器人手臂全部展开或全部折回。这类奇异点并不表示机器人有真正的缺陷,因为它可以通过不被驱动到可达空间的边界而避免。

(2)当机器人位姿处于工作域内部时。此时机器人的两个或多个关节轴线重合,或者末端执行器达到了特殊位形,此时机器人丧失了一个或多个自由度,出现退化。

值得注意的是,与第一种情况不同,第二种情况的奇异点可能对机器人操作造成严重损害,因为对操作空间的一条规划路径而言,在可达空间的任意位置都有可能碰到这样的奇异点,所以会给操作机器人带来危险。

【例 5-2】 图 5-6 为前述二自由度平面机器人,当两杆长 $l_1 = l_2 = 0.5$ m 时,在某瞬时 $\theta_1 = 30°, \theta_2 = -60°$,手部沿固定坐标轴 x_0 正方向以 1.0 m/s 移动,求此时的关节速度。

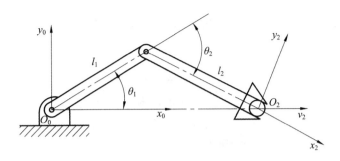

图 5-6　二自由度平面机器人的运动

解：首先由例 5-1 求得的雅可比矩阵为

$$\boldsymbol{J}(\boldsymbol{\theta}) = \begin{bmatrix} -l_1 \mathrm{s}\theta_1 - l_2 \mathrm{s}\theta_{12} & -l_2 \mathrm{s}\theta_{12} \\ l_1 \mathrm{c}\theta_1 + l_2 \mathrm{c}\theta_{12} & l_2 \mathrm{c}\theta_{12} \end{bmatrix}$$

对其求逆可得

$$\boldsymbol{J}^{-1}(\boldsymbol{\theta}) = \frac{1}{l_1 l_2 \mathrm{s}\theta_2} \begin{bmatrix} l_2 \mathrm{c}\theta_{12} & l_2 \mathrm{s}\theta_{12} \\ -l_1 \mathrm{c}\theta_1 - l_2 \mathrm{c}\theta_{12} & -l_1 \mathrm{s}\theta_1 - l_2 \mathrm{s}\theta_{12} \end{bmatrix}$$

已知 $\boldsymbol{v} = \begin{bmatrix} 1 & 0 \end{bmatrix}^{\mathrm{T}}$，$\theta_1 = 30°$，$\theta_2 = -60°$，$l_1 = l_2 = 0.5 \text{ m}$，由 $\dot{\boldsymbol{\theta}} = \boldsymbol{J}^{-1}(\boldsymbol{\theta})\boldsymbol{v}$ 可求得

$$\begin{bmatrix} \dot{\theta}_1 \\ \dot{\theta}_2 \end{bmatrix} = \frac{1}{l_1 l_2 \mathrm{s}\theta_2} \begin{bmatrix} l_2 \mathrm{c}\theta_{12} & l_2 \mathrm{s}\theta_{12} \\ -l_1 \mathrm{c}\theta_1 - l_2 \mathrm{c}\theta_{12} & -l_1 \mathrm{s}\theta_1 - l_2 \mathrm{s}\theta_{12} \end{bmatrix} \begin{bmatrix} 1 \\ 0 \end{bmatrix}$$

因此两关节的速度为

$$\dot{\theta}_1 = \frac{\mathrm{c}\theta_{12}}{l_1 \mathrm{s}\theta_2} = -2 \text{ rad/s}$$

$$\dot{\theta}_2 = -\frac{\mathrm{c}\theta_1}{l_2 \mathrm{s}\theta_2} - \frac{\mathrm{c}\theta_{12}}{l_1 \mathrm{s}\theta_2} = 4 \text{ rad/s}$$

此例中，当 $\det|\boldsymbol{J}(\boldsymbol{\theta})| = l_1 l_2 \mathrm{s}\theta_2 = 0$ 且杆长 $l_1 \neq 0$，$l_2 \neq 0$ 时，则有 $\theta_2 = 0°$ 或 $\pm 180°$，机器人手臂的连杆 2 完全伸直或缩回，这时机器人处于边界奇异位形，而 θ_1 的取值与奇异位形的确定并不相关。这时雅可比矩阵的秩等于 1，这意味着二自由度平面机器人退化为单自由度平面机器人，机器人末端的两个速度分量不是独立的。

5.3　机器人静力学

　　机器人静力学研究机器人在静止或缓慢运动时作用在机器人手臂上的力和力矩问题，特别是当手部（末端执行器）与环境（或工件）之间有相互作用的接触力和力矩时，比如机器人末端执行器抓持某个负载或推动某个物体的情况下。机器人静力学表达的是机器人各关节的力（或力矩）与末端执行器作用于环境（或工件）的力与力矩的关系。

5.3.1　机器人中的静力和力矩平衡

　　n 自由度机器人（操作臂）的连杆 i 通过关节 i 和 $i+1$ 分别与连杆 $i-1$ 和 $i+1$ 相连，

按照 D-H 方法建立的坐标系 $\sum O_{i-1}$ 和 $\sum O_i$ 如图 5-7 所示。

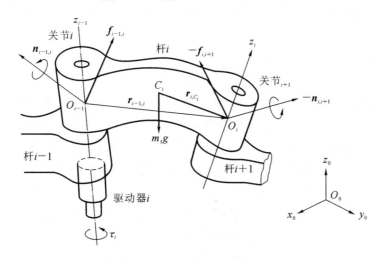

图 5-7 机器人单个连杆的静力平衡

所涉及变量定义如下：

$f_{i-1,i}, n_{i-1,i}$——连杆 $i-1$ 通过关节 i 作用于连杆 i 上的力和力矩；

$f_{i,i+1}, n_{i,i+1}$——连杆 i 通过关节 $i+1$ 作用于连杆 $i+1$ 上的力和力矩；

$-f_{i,i+1}, -n_{i,i+1}$——连杆 $i+1$ 通过关节 $i+1$ 作用于连杆 i 上的力和力矩；

$m_i g$——连杆 i 的重力，作用于质心 C_i；

$f_{n,n+1}, n_{n,n+1}$——机器人第 n 个连杆对环境的作用力和力矩（图中暂无此变量）；

$-f_{n,n+1}, -n_{n,n+1}$——环境对机器人第 n 个连杆的作用力和力矩（图中暂无此变量）；

$f_{0,1}, n_{0,1}$——机器人基座对连杆 1 的作用力和力矩（图中暂无此变量）；

$r_{i-1,i}$——从坐标系 $\sum O_{i-1}$ 到坐标系 $\sum O_i$ 的位置矢量；

r_{i,C_i}——从质心 C_i 到坐标系 $\sum O_i$ 的位置矢量。

根据静力平衡条件，连杆上所受的合力与合力矩为零，因此在连杆 i 上的力和绕质心 C_i 的力矩平衡方程分别为

$$f_{i-1,i} + (-f_{i,i+1}) + m_i g = 0 \tag{5-27}$$
$$n_{i-1,i} + (-n_{i,i+1}) + (r_{i-1,i} + r_{i,C_i}) \times f_{i-1,i} + r_{i,C_i} \times (-f_{i,i+1}) = 0 \tag{5-28}$$

接下来的问题是：为了平衡施加在连杆 i 上的力和力矩，需要在关节 i 上施加多大的力矩 τ_i？

解决以上问题的思路是：如果已知外界环境对机器人末端的作用力和力矩，则作用力和力矩可由末端执行器（手部）向其上一个连杆递推，直至基座（0 连杆），再分别计算出每个连杆的受力情况，由此获得力雅可比矩阵。

5.3.2　机器人的力雅可比矩阵

为了方便表达，将每个关节上作用的关节力矩 $\tau_i(i=1,2,\cdots,n)$（亦称广义驱动力矩，指向 z_i 轴的正向）组合表示为 n 维矢量形式

$$\boldsymbol{\tau} = \begin{bmatrix} \tau_1 & \tau_2 & \cdots & \tau_n \end{bmatrix}^{\mathrm{T}}$$

称为关节力矩矢量。将末端执行器对外界环境的 6×1 维力和力矩(亦称末端广义力)表示为

$$\boldsymbol{F} = \begin{bmatrix} \boldsymbol{f}_{n,n+1} \\ \boldsymbol{n}_{n,n+1} \end{bmatrix}$$

下面利用虚功原理(principle of virtual work)建立机器人静力平衡方程。

虚功原理又称虚位移原理,是分析静力学的重要原理,是约瑟夫·路易斯·拉格朗日(Joseph-Louis Lagrange,1736—1813)于 1764 年建立的。其内容为:一个原为静止的具有理想约束的质点系,其系统继续保持静止(平衡)的条件是所有作用于该质点系的主动力对作用点的虚位移所作虚功之和为零。

如图 5-8 所示的机器人静力学分析,假设其各个关节都没有摩擦,并忽略各杆件的重力,其末端执行器所受环境的作用力和力矩分别为 $-\boldsymbol{f}_{n,n+1}$、$-\boldsymbol{n}_{n,n+1}$,其关节空间中的 $n \times 1$ 维虚位移为 $\delta\boldsymbol{q}$,其末端执行器(手部)的 6×1 维虚位移即操作空间虚位移为 $\delta\boldsymbol{X}$,即

$$\delta\boldsymbol{q} = \begin{bmatrix} \delta q_1 & \cdots & \delta q_i & \cdots & \delta q_n \end{bmatrix}^{\mathrm{T}}$$

$$\delta\boldsymbol{X} = \begin{bmatrix} \boldsymbol{d} \\ \boldsymbol{\delta} \end{bmatrix}, \text{其中} \boldsymbol{d} = \begin{bmatrix} d_x \\ d_y \\ d_z \end{bmatrix}, \boldsymbol{\delta} = \begin{bmatrix} \delta\phi_x \\ \delta\phi_y \\ \delta\phi_z \end{bmatrix}$$

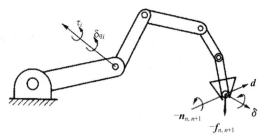

图 5-8　机器人的静力学分析

于是,机器人的总虚功是

$$\delta W = \boldsymbol{\tau}^{\mathrm{T}} \delta\boldsymbol{q} - \boldsymbol{F}^{\mathrm{T}} \delta\boldsymbol{X}$$

根据虚功原理,若系统处于平衡,则总虚功(虚功之和)为 $\boldsymbol{0}$,即

$$\boldsymbol{\tau}^{\mathrm{T}} \delta\boldsymbol{q} - \boldsymbol{F}^{\mathrm{T}} \delta\boldsymbol{X} = \boldsymbol{0} \qquad\qquad (5\text{-}29)$$

由机器人运动微分关系可知,$\delta\boldsymbol{X} = \boldsymbol{J}(\boldsymbol{q})\delta\boldsymbol{q}$,则有

$$\begin{bmatrix} \boldsymbol{\tau} - \boldsymbol{J}^{\mathrm{T}}(\boldsymbol{q})\boldsymbol{F} \end{bmatrix}^{\mathrm{T}} \delta\boldsymbol{q} = \boldsymbol{0}$$

因为 q_i 是独立坐标,则 $\delta\boldsymbol{q} \neq \boldsymbol{0}$,所以有

$$\boldsymbol{\tau} = \boldsymbol{J}^{\mathrm{T}}(\boldsymbol{q})\boldsymbol{F} \qquad\qquad (5\text{-}30)$$

式中:$\boldsymbol{J}(\boldsymbol{q})$——速度分析时引出的雅可比矩阵,其元素为相应的偏速度;

$\boldsymbol{J}^{\mathrm{T}}(\boldsymbol{q})$——机器人力雅可比矩阵。

上式是静态平衡状态下,机器人的广义关节力与末端执行器作用点上所产生的力和力矩之间的映射关系式。

该式表明关节空间和直角坐标空间的广义关节力可以借助力雅可比矩阵 $J^T(q)$ 进行变换。这种变换关系,也可推广到任意两连杆上固连直角坐标系之间的广义力变换,这时应将关节空间与直角坐标空间之间的雅可比矩阵换作两连杆上固连的直角坐标空间的雅可比矩阵。

5.3.3　机器人的静力计算

机器人静力学研究的两类问题如下。

(1) 已知机器人手部对环境的作用力或力矩,求满足静力平衡条件的各关节力(或力矩),可用以下公式:

$$\tau = J^T(q)F$$

(2) 已知各关节力(或力矩),确定机器人手部对环境的作用力或力矩,可用下面公式:

$$F = [J^T(q)]^{-1}\tau \tag{5-31}$$

第二类问题涉及矩阵求逆,当力雅可比矩阵 $J^T(q)$ 不是方阵时,其逆解不存在,所以第二类问题的求解相对困难。

【例 5-3】　如图 5-9 所示,已知二自由度平面机器人的手部作用力 $F=\begin{bmatrix}F_x & F_y\end{bmatrix}^T$,忽略摩擦和重力,求其关节力矩以及当关节角 $\theta_1=0°$,$\theta_2=90°$ 时的瞬时关节力矩。

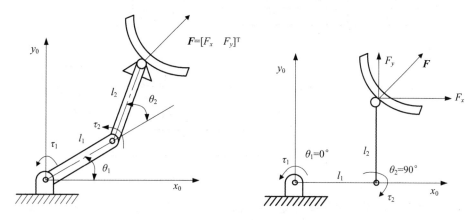

图 5-9　二自由度平面机器人的末端对外界环境施加力

解:在前面 5.1.3 节中已经求过该机器人的速度雅可比矩阵为

$$J = \begin{bmatrix} -l_1 s\theta_1 - l_2 s\theta_{12} & -l_2 s\theta_{12} \\ l_1 c\theta_1 + l_2 c\theta_{12} & l_2 c\theta_{12} \end{bmatrix}$$

式中:$s\theta_1=\sin\theta_1$,$c\theta_1=\cos\theta_1$,$s\theta_{12}=\sin(\theta_1+\theta_2)$,$c\theta_{12}=\cos(\theta_1+\theta_2)$。

所以,该机器人的力雅可比矩阵为

$$J^T = \begin{bmatrix} -l_1 s\theta_1 - l_2 s\theta_{12} & l_1 c\theta_1 + l_2 c\theta_{12} \\ -l_2 s\theta_{12} & l_2 c\theta_{12} \end{bmatrix}$$

由 $\tau = J^T F$ 可得

$$\begin{bmatrix} \tau_1 \\ \tau_2 \end{bmatrix} = \begin{bmatrix} -l_1 s\theta_1 - l_2 s\theta_{12} & l_1 c\theta_1 + l_2 c\theta_{12} \\ -l_2 s\theta_{12} & l_2 c\theta_{12} \end{bmatrix} \begin{bmatrix} F_x \\ F_y \end{bmatrix}$$

即

$$\tau_1 = (-l_1 s\theta_1 - l_2 s\theta_{12})F_x + (l_1 c\theta_1 + l_2 c\theta_{12})F_y$$

$$\tau_2 = -l_2 s\theta_{12}F_x + l_2 c\theta_{12}F_y$$

当关节角 $\theta_1 = 0°$，$\theta_2 = 90°$时，在坐标系$\{0\}$中度量的瞬时关节力矩为

$$\tau_1 = -l_2 F_x + l_1 F_y$$

$$\tau_2 = -l_2 F_x$$

【例5-4】 如图5-10所示，操作臂的手爪正抓持着扳手拧一枚螺栓，手爪上方连接一测力传感器，该测力传感器可测六维力向量（力和力矩）。试确定测力传感器测得的力与扭动扳手时力和力矩的关系。

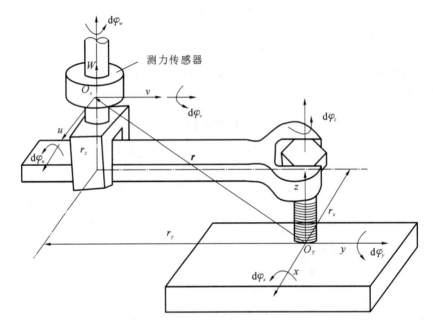

图5-10 机械臂手爪夹持扳手进行螺栓装配

解：设在测力传感器上设置坐标系$\{S\}$，在螺栓上设置坐标系$\{T\}$。在图5-10所示瞬间，两坐标系彼此平行。因为刚体的无限小位移（平移和转动）可表示为六维向量，故二者的微位移可分别表示为

$$\delta\boldsymbol{p} = [\mathrm{d}u \quad \mathrm{d}v \quad \mathrm{d}w \quad \delta\phi_u \quad \delta\phi_v \quad \delta\phi_w]^{\mathrm{T}}$$

$$\delta\boldsymbol{q} = [\mathrm{d}x \quad \mathrm{d}y \quad \mathrm{d}z \quad \delta\phi_x \quad \delta\phi_y \quad \delta\phi_z]^{\mathrm{T}}$$

由于两坐标系的坐标轴平行，于是可以得到：

$$\delta\boldsymbol{p} = \begin{bmatrix} \mathrm{d}u \\ \mathrm{d}v \\ \mathrm{d}w \\ \delta\phi_u \\ \delta\phi_v \\ \delta\phi_w \end{bmatrix} = \begin{bmatrix} 1 & 0 & 0 & 0 & r_z & -r_y \\ 0 & 1 & 0 & -r_z & 0 & r_x \\ 0 & 0 & 1 & r_y & -r_x & 0 \\ 0 & 0 & 0 & 1 & 0 & 0 \\ 0 & 0 & 0 & 0 & 1 & 0 \\ 0 & 0 & 0 & 0 & 0 & 1 \end{bmatrix} \begin{bmatrix} \mathrm{d}x \\ \mathrm{d}y \\ \mathrm{d}z \\ \delta\phi_x \\ \delta\phi_y \\ \delta\phi_z \end{bmatrix} = \boldsymbol{J}\delta\boldsymbol{q} \qquad (5\text{-}32)$$

其中,雅可比矩阵可以按照以下形式构造:

$$
\boldsymbol{J} = \begin{bmatrix}
n_x & n_y & n_z & (\boldsymbol{p}\times\boldsymbol{n})_x & (\boldsymbol{p}\times\boldsymbol{n})_y & (\boldsymbol{p}\times\boldsymbol{n})_z \\
o_x & o_y & o_z & (\boldsymbol{p}\times\boldsymbol{o})_x & (\boldsymbol{p}\times\boldsymbol{o})_y & (\boldsymbol{p}\times\boldsymbol{o})_z \\
a_x & a_y & a_z & (\boldsymbol{p}\times\boldsymbol{a})_x & (\boldsymbol{p}\times\boldsymbol{a})_y & (\boldsymbol{p}\times\boldsymbol{a})_z \\
0 & 0 & 0 & 1 & 0 & 0 \\
0 & 0 & 0 & 0 & 1 & 0 \\
0 & 0 & 0 & 0 & 0 & 1
\end{bmatrix}
$$

$$
= \begin{bmatrix} \boldsymbol{R}^\mathrm{T} & -\boldsymbol{R}^\mathrm{T}\boldsymbol{S}(\boldsymbol{r}) \\ \boldsymbol{0} & \boldsymbol{R}^\mathrm{T} \end{bmatrix} = \begin{bmatrix}
1 & 0 & 0 & 0 & r_z & -r_y \\
0 & 1 & 0 & -r_z & 0 & r_x \\
0 & 0 & 1 & r_y & -r_x & 0 \\
0 & 0 & 0 & 1 & 0 & 0 \\
0 & 0 & 0 & 0 & 1 & 0 \\
0 & 0 & 0 & 0 & 0 & 1
\end{bmatrix}
$$

其中,$\boldsymbol{S}(\boldsymbol{r}) = \begin{bmatrix} 0 & -r_z & r_y \\ r_z & 0 & -r_x \\ -r_y & r_x & 0 \end{bmatrix}$ 是位置矢量 $\boldsymbol{r}$ 的反对称矩阵,$\boldsymbol{R}$ 是姿态矩阵。式(5-32)也可以从图 5-10 中求得。

设 $\boldsymbol{\tau}$ 为相应于 $\boldsymbol{q}$ 的广义力向量,$\boldsymbol{F}$ 为相应于 $\boldsymbol{p}$ 的广义力向量,则可得

$$
\boldsymbol{\tau} = \begin{bmatrix} F_x \\ F_y \\ F_z \\ M_x \\ M_y \\ M_z \end{bmatrix} = \begin{bmatrix}
1 & 0 & 0 & 0 & 0 & 0 \\
0 & 1 & 0 & 0 & 0 & 0 \\
0 & 0 & 1 & 0 & 0 & 0 \\
0 & -r_z & r_y & 1 & 0 & 0 \\
r_z & 0 & -r_x & 0 & 1 & 0 \\
-r_y & r_x & 0 & 0 & 0 & 1
\end{bmatrix} \begin{bmatrix} F_u \\ F_v \\ F_w \\ M_u \\ M_v \\ M_w \end{bmatrix} = \boldsymbol{J}^\mathrm{T}\boldsymbol{F} \tag{5-33}
$$

式(5-33)也可直接用虚功原理求得。

【例 5-5】 已知某球面坐标型机器人的雅可比矩阵如下:

$$
\boldsymbol{J} = \begin{bmatrix}
20 & 0 & 0 & 0 & 0 & 0 \\
-5 & 0 & 1 & 0 & 0 & 0 \\
0 & 20 & 0 & 0 & 0 & 0 \\
0 & 1 & 0 & 0 & 1 & 0 \\
0 & 0 & 0 & 1 & 0 & 0 \\
-1 & 0 & 0 & 0 & 0 & 1
\end{bmatrix}
$$

为在装配件上钻孔,希望沿手部坐标系的 z 轴产生 1 磅(1 磅≈0.45 kg)的力,并对 z 轴产生每英寸 20 磅的力矩。试确定需要施加的关节力和力矩。

解:将给定值代入 $\boldsymbol{\tau} = \boldsymbol{J}^\mathrm{T}\boldsymbol{F}$,可得

$$
\begin{bmatrix} \tau_1 \\ \tau_2 \\ \tau_3 \\ \tau_4 \\ \tau_5 \\ \tau_6 \end{bmatrix} = \begin{bmatrix} 20 & 0 & 0 & 0 & 0 & 0 \\ -5 & 0 & 1 & 0 & 0 & 0 \\ 0 & 20 & 0 & 0 & 0 & 0 \\ 0 & 1 & 0 & 0 & 1 & 0 \\ 0 & 0 & 0 & 1 & 0 & 0 \\ -1 & 0 & 0 & 0 & 1 & 1 \end{bmatrix}^{T} \begin{bmatrix} 0 \\ 0 \\ 1 \\ 0 \\ 0 \\ 20 \end{bmatrix} = \begin{bmatrix} 20 & -5 & 0 & 0 & 0 & -1 \\ 0 & 0 & 20 & 1 & 0 & 0 \\ 0 & 1 & 0 & 0 & 0 & 0 \\ 0 & 0 & 0 & 0 & 1 & 0 \\ 0 & 0 & 0 & 1 & 0 & 0 \\ 0 & 0 & 0 & 0 & 0 & 1 \end{bmatrix} \begin{bmatrix} 0 \\ 0 \\ 1 \\ 0 \\ 0 \\ 20 \end{bmatrix} = \begin{bmatrix} -20 \\ 20 \\ 0 \\ 0 \\ 0 \\ 20 \end{bmatrix}
$$

对于以上结果,读者们可以思考一下:为什么平动关节不需要施加力?

5.4 机器人动力学概述

机器人动力学主要研究机器人运动与关节驱动力(矩)间的动态关系。描述这种动态关系的微分方程称为动力学模型。

由于机器人结构的复杂性,其动力学模型常常也很复杂,难以实现基于机器人动力学模型的实时控制。然而高质量的控制应当基于被控对象的动态特性,因此,如何合理简化机器人动力学模型,使其满足实时控制的要求,一直是机器人动力学研究者追求的目标。

5.4.1 机器人动力学研究的目的

如前所述,在进行机器人结构设计时,为了合理地确定各驱动单元(以下称关节)的电机功率以满足机器人的负载与运动等设计指标,需要对机器人动力学进行仿真;另外,在为机器人设置完成某指定任务的操作时,还需要研究伺服驱动系统的控制问题,特别是涉及力的控制问题。

在机器人处于不同位置(位形)时,各关节的有效惯量及耦合量都会发生变化(时变的),因此,若要保持机器人各关节和末端所要求的运动速度与加速度,施加于各关节和末端的驱动力也应是时变的,两者之间的关系可由动力学方程确定。

5.4.2 机器人动力学研究的问题

机器人动力学研究的问题可分为以下两类:

(1)给定机器人的驱动力(或力矩),用动力学方程求解机器人关节的运动轨迹,即已知 f(或 τ),求关节位移、速度和加速度(d,$\dot{d}$ 和 $\ddot{d}$ 或 θ,$\dot{\theta}$ 和 $\ddot{\theta}$),称为动力学正问题。

(2)给定机器人的运动轨迹,求应施加于机器人关节上的驱动力(或力矩),即已知 θ,$\dot{\theta}$ 和 $\ddot{\theta}$ 或 d,$\dot{d}$ 和 $\ddot{d}$,求 f(或 τ),称为动力学逆问题。

5.4.3 动力学研究方法

如前所述,研究动力学的方法有很多,我们主要介绍以下两种。

(1)拉格朗日方法:通过动、势能变化与广义力的关系,建立机器人的动力学方程。其计算量是 $O(n^4)$,经优化可以达到 $O(n^3)$,若以递推方式来求,则为 $O(n)$。

(2)牛顿-欧拉方法:用构件质心的平动和相对质心的转动表示机器人构件的运动,利用动静法建立基于牛顿-欧拉方程的动力学方程。其计算量是 $O(n)$。

不同于牛顿-欧拉方法，拉格朗日方法是基于系统能量的概念，以简单的形式求得非常复杂的系统动力学方程，并具有显式结构，物理意义比较明确。

5.5　二连杆机器人的拉格朗日方程

5.5.1　刚体系统的拉格朗日方程

拉格朗日方程是经典力学的两大体系之一，它应用质点系的拉格朗日方程来处理杆系的动力学问题。下面介绍拉格朗日函数和动力学方程，以及利用拉格朗日函数建立机器人动力学方程的过程。

1. 拉格朗日函数的定义

机械系统的拉格朗日函数可在广义坐标系（generalized coordinate system）中定义为

$$L = E_k - E_p \tag{5-34}$$

式中：L——拉格朗日函数；

E_k——系统动能（kinetic energy）之和；

E_p——系统势能（potential energy）之和。

注意，系统的动能和势能可在任何坐标系（极坐标系、圆柱坐标系等）中表示，不是一定要在直角坐标系中表示。

设 $q_i(i=1,2,\cdots,n)$ 是代表系统确定位置的广义关节变量，则 $\dot{q}_i$ 是相应的广义关节速度。系统动能 E_k 是 q_i 和 $\dot{q}_i$ 的函数，系统势能 E_p 是 q_i 的函数，因此拉格朗日函数也是 q_i 和 $\dot{q}_i$ 的函数，即

$$L(\boldsymbol{q},\dot{\boldsymbol{q}}) = E_k(\boldsymbol{q},\dot{\boldsymbol{q}}) - E_p(\boldsymbol{q}) \tag{5-35}$$

2. 拉格朗日动力学方程

拉格朗日动力学方程为

$$F_i = \frac{\mathrm{d}}{\mathrm{d}t}\frac{\partial L}{\partial \dot{q}_i} - \frac{\partial L}{\partial q_i} \tag{5-36}$$

式中：F_i——第 i 关节的广义力（力或力矩）；

$\dot{q}_i$——第 i 关节的广义速度（$\dot{\theta}_i$ 或 $\dot{d}_i$）；

q_i——第 i 关节的广义坐标（θ_i 或 d_i）。

当考虑系统摩擦时，可以计算出系统的耗散能量 E_d，此时拉格朗日方程为

$$F_i = \frac{\mathrm{d}}{\mathrm{d}t}\frac{\partial L}{\partial \dot{q}_i} - \frac{\partial L}{\partial q_i} + \frac{\partial E_d}{\partial \dot{q}_i} \tag{5-37}$$

3. 用拉格朗日方法建立机器人动力学方程的步骤

（1）建立 D-H 坐标系，确定完全而独立的广义关节变量 $q_i(i=1,2,\cdots,n)$；

（2）确定相应关节上的广义力 F_i；

（3）求出各构件的动能和势能，构造拉格朗日函数；

（4）代入拉格朗日动力学方程，求得系统的动力学方程。

下面将借助几个较简单的机械系统例子，分别讲解用牛顿-欧拉方法和拉格朗日方法建立刚体动力学方程的过程，重点比较随着自由度和变量数的增加，两种方法复杂度的增加情况。

【例 5-6】　对于图 5-11 所示的单自由度机械系统（质量-弹簧系统），小车质量为 m，弹簧刚度为 k。当给小车施加力作用 $f(t)$ 时，小车的位移为 $x(t)$，试建立描述小车位移与作用力之间关系的系统动力学方程。

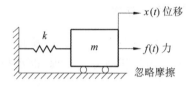

图 5-11　单自由度的质量-弹簧系统

解：　（1）采用拉格朗日方法。

系统的动能：

$$E_k = \frac{1}{2} m \dot{x}^2$$

系统的势能：

$$E_p = \frac{1}{2} k x^2$$

拉格朗日函数：

$$L = E_k - E_p = \frac{1}{2} m \dot{x}^2 - \frac{1}{2} k x^2$$

根据拉格朗日方程 $\dfrac{\mathrm{d}}{\mathrm{d}t}\dfrac{\partial L}{\partial \dot{x}} - \dfrac{\partial L}{\partial x} = f$，分别求以下偏导数：

$$\begin{cases} \dfrac{\mathrm{d}}{\mathrm{d}t}\dfrac{\partial L}{\partial \dot{x}} = \dfrac{\mathrm{d}}{\mathrm{d}t}(m \dot{x}) = m \ddot{x} \\ \dfrac{\partial L}{\partial x} = -kx \end{cases}$$

最后得到系统的动力学方程：

$$m\ddot{x} + kx = f$$

（2）采用牛顿-欧拉方法。

首先对质量块进行受力分析，因为系统只在水平方向上做直线运动，所以只画出了水平方向上的受力情况，其中，$m\ddot{x}$ 为质量块的惯性力，kx 为弹簧的弹性力，如图 5-12 所示。

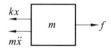

图 5-12　对质量块进行水平方向的受力分析

质量块水平方向的力平衡方程为

$$m\ddot{x} + kx = f$$

此即例 5-6 的动力学方程，它与我们在机械控制理论基础课程中用达朗贝尔原理（D′

Alembert's principle)建立的动力学方程(如下式)完全一致,即

$$m_i a_i = \sum F_i$$

式中:$m_i a_i$——第 i 质点所受的惯性力;

　　a_i——第 i 质点的加速度;

　　$\sum F_i$——第 i 质点所受的所有主动力与约束力。

从例 5-6 中可以看到,对于很简单的单自由度机械系统,采用牛顿-欧拉方法计算比较简单,而采用拉格朗日方法计算时,计算量较大。

【例 5-7】 对图 5-13 所示的二自由度机械系统(质量-弹簧-阻尼系统),当给系统施加作用力 $f(t)$ 时,两质量块的位移分别为 $x_1(t)$ 与 $x_2(t)$,试建立系统的动力学方程。

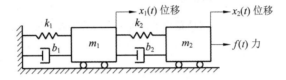

图 5-13　二自由度的质量-弹簧-阻尼系统

解:(1) 采用拉格朗日方法。

系统的动能:

$$E_k = \frac{1}{2} m_1 \dot{x}_1^2 + \frac{1}{2} m_2 \dot{x}_2^2$$

系统的势能:

$$E_p = \frac{1}{2} k_1 x_1^2 + \frac{1}{2} k_2 (x_1 - x_2)^2$$

系统耗散的能量:

$$E_d = \frac{1}{2} b_1 \dot{x}_1^2 + \frac{1}{2} b_2 (\dot{x}_1 - \dot{x}_2)^2$$

则拉格朗日函数为

$$L = E_k - E_p = \left(\frac{1}{2} m_1 \dot{x}_1^2 + \frac{1}{2} m_2 \dot{x}_2^2 \right) - \frac{1}{2} k_1 x_1^2 - \frac{1}{2} k_2 (x_1 - x_2)^2$$

对拉格朗日函数分别求偏导数:

$$
\begin{cases}
\dfrac{\mathrm{d}}{\mathrm{d}t} \dfrac{\partial L}{\partial \dot{x}_1} = m_1 \ddot{x}_1 \\[2mm]
\dfrac{\partial L}{\partial x_1} = -k_1 x_1 - k_2 (x_1 - x_2) \\[2mm]
\dfrac{\partial E_d}{\partial \dot{x}_1} = b_1 \dot{x}_1 + b_2 (\dot{x}_1 - \dot{x}_2)
\end{cases}
\qquad
\begin{cases}
\dfrac{\mathrm{d}}{\mathrm{d}t} \dfrac{\partial L}{\partial \dot{x}_2} = m_2 \ddot{x}_2 \\[2mm]
\dfrac{\partial L}{\partial x_2} = k_2 (x_1 - x_2) \\[2mm]
\dfrac{\partial E_d}{\partial \dot{x}_2} = -b_2 (\dot{x}_1 - \dot{x}_2)
\end{cases}
$$

两质量块 m_1 和 m_2 的拉格朗日方程:

$$\frac{\mathrm{d}}{\mathrm{d}t} \frac{\partial L}{\partial \dot{x}_1} - \frac{\partial L}{\partial x_1} + \frac{\partial E_d}{\partial \dot{x}_1} = 0$$

$$\frac{\mathrm{d}}{\mathrm{d}t} \frac{\partial L}{\partial \dot{x}_2} - \frac{\partial L}{\partial x_2} + \frac{\partial E_d}{\partial \dot{x}_2} = f$$

可得质量块 m_1 和 m_2 的动力学方程:

$$\begin{cases} m_1\ddot{x}_1 + k_1 x_1 + k_2(x_1 - x_2) + b_1\dot{x}_1 + b_2(\dot{x}_1 - \dot{x}_2) = 0 \\ m_2\ddot{x}_2 - k_2(x_1 - x_2) - b_2(\dot{x}_1 - \dot{x}_2) = f \end{cases}$$

（2）采用牛顿-欧拉方法。

首先对两质量块分别进行水平方向的受力分析，如图 5-14 所示。

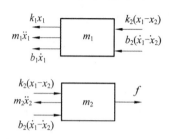

图 5-14　对质量块进行水平方向的受力分析

建立其动力学平衡方程：

$$\begin{cases} m_1\ddot{x}_1 + b_1\dot{x}_1 + k_1 x_1 + k_2(x_1 - x_2) + b_2(\dot{x}_1 - \dot{x}_2) = 0 \\ m_2\ddot{x}_2 - k_2(x_1 - x_2) - b_2(\dot{x}_1 - \dot{x}_2) = f \end{cases}$$

这与我们在机械控制理论基础课程中用达朗贝尔原理所得到的结果相同，亦与拉格朗日方法得到的结果完全相同。

例 5-7 为较简单的二自由度机械系统（只有一个方向的平动），采用牛顿-欧拉方法仍相比拉格朗日方法简单一些。

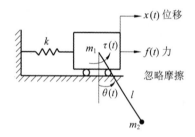

图 5-15　二自由度的车-摆
系统原理图

【例 5-8】 如图 5-15 所示的二自由度机械系统（车-摆系统原理图），小车质量为 m_1，其上连接了一个摆球，质量为 m_2，它与支持面之间的摩擦忽略不计，弹簧刚度为 k。当给系统中的摆球和小车分别施加作用力 $f(t)$ 和力矩 $\tau(t)$ 时，摆球与小车的位移分别为 $\theta(t)$ 和 $x(t)$，试建立系统的动力学方程。

解： （1）采用拉格朗日方法。

系统含有两个运动体，要注意摆球的速度是小车速度和其自身相对于小车的速度之和。

系统的动能：

$$E_k = \frac{1}{2}m_1\dot{x}^2 + \frac{1}{2}m_2(\dot{x} + l\dot{\theta}\cos\theta)^2 + \frac{1}{2}m_2(l\dot{\theta}\sin\theta)^2$$

系统的势能：

$$E_p = \frac{1}{2}kx^2 - m_2 gl\cos\theta \quad \text{（以小车与单摆铰接点为参考点）}$$

可得拉格朗日函数：

$$L = E_k - E_p = \frac{1}{2}m_1\dot{x}^2 + \frac{1}{2}m_2(\dot{x} + l\dot{\theta}\cos\theta)^2 + \frac{1}{2}m_2(l\dot{\theta}\sin\theta)^2 - \frac{1}{2}kx^2 + m_2 gl\cos\theta$$

求拉格朗日函数关于 x, θ 的偏导数，如下：

$$\begin{cases} \dfrac{\partial L}{\partial \dot{x}} = m_1 \dot{x} + m_2 \dot{x} + m_2 l \dot{\theta} \cos\theta \\[3mm] \dfrac{\mathrm{d}}{\mathrm{d}t} \dfrac{\partial L}{\partial \dot{x}} = m_1 \ddot{x} + m_2 \ddot{x} + m_2 l \ddot{\theta} \cos\theta - m_2 l \dot{\theta}^2 \sin\theta \\[3mm] \dfrac{\partial L}{\partial x} = -kx \end{cases}$$

$$\begin{cases} \dfrac{\partial L}{\partial \dot{\theta}} = m_2 l^2 \dot{\theta} + m_2 l \dot{x} \cos\theta \\[3mm] \dfrac{\mathrm{d}}{\mathrm{d}t} \dfrac{\partial L}{\partial \dot{\theta}} = m_2 l^2 \ddot{\theta} + m_2 l \ddot{x} \cos\theta - m_2 l \dot{x} \dot{\theta} \sin\theta \\[3mm] \dfrac{\partial L}{\partial \theta} = -m_2 l \dot{x} \dot{\theta} \sin\theta - m_2 g l \sin\theta \end{cases}$$

因此可得以下动力学方程：

$$f = \frac{\mathrm{d}}{\mathrm{d}t} \frac{\partial L}{\partial \dot{x}} - \frac{\partial L}{\partial x} = (m_1 + m_2) \ddot{x} + m_2 l \ddot{\theta} \cos\theta - m_2 l \dot{\theta}^2 \sin\theta + kx$$

$$\tau = \frac{\mathrm{d}}{\mathrm{d}t} \frac{\partial L}{\partial \dot{\theta}} - \frac{\partial L}{\partial \theta} = m_2 l^2 \ddot{\theta} + m_2 l \ddot{x} \cos\theta + m_2 g l \sin\theta$$

以矩阵形式表达：

$$\begin{bmatrix} f \\ \tau \end{bmatrix} = \begin{bmatrix} m_1 + m_2 & m_2 l \cos\theta \\ m_2 l \cos\theta & m_2 l^2 \end{bmatrix} \begin{bmatrix} \ddot{x} \\ \ddot{\theta} \end{bmatrix} + \begin{bmatrix} 0 & -m_2 l \sin\theta \\ 0 & 0 \end{bmatrix} \begin{bmatrix} \dot{x}^2 \\ \dot{\theta}^2 \end{bmatrix} + \begin{bmatrix} kx \\ m_2 g l \sin\theta \end{bmatrix}$$

（2）采用牛顿-欧拉方法。

对系统中的两质量 m_1、m_2 分别进行受力分析（没有画出小车所受的支持力和重力），N 和 P 是小车与摆球之间相互作用的内力，如图 5-16 所示。

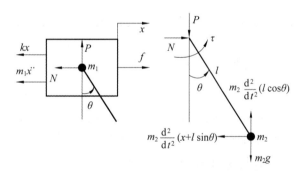

图 5-16 对两个质量为 m_1、m_2 的小球分别进行受力分析

根据每个单体在水平方向和垂直方向的力平衡，可得到系统的动力学方程如下。

小车在水平方向上的力平衡方程为

$$f = m_1 \ddot{x} + kx + N$$

小球在水平方向上的力平衡方程为

$$N = m_2 \frac{\mathrm{d}^2}{\mathrm{d}t^2} (x + l\sin\theta)$$

消去内力后并展开求导项，小车力平衡方程为

$$f = (m_1 + m_2) \ddot{x} + m_2 l \ddot{\theta} \cos\theta - m_2 l \dot{\theta}^2 \sin\theta + kx$$

摆球绕铰接点的力矩平衡方程如下：

$$\tau = m_2 \frac{\mathrm{d}^2}{\mathrm{d}t^2}(x + l\sin\theta)l\cos\theta - m_2 \frac{\mathrm{d}^2}{\mathrm{d}t^2}(l\cos\theta)l\sin\theta + m_2 gl\sin\theta$$

上式与拉格朗日方法建立的动力学方程完全相同。

对于例 5-8，机械系统较为复杂，既有平移运动又有旋转运动，还有相对运动，采用牛顿-欧拉方法涉及内力分析，要特别注意其大小和方向，一不小心就容易出错；相对而言，拉格朗日方法只涉及能量（为标量）分析，概念简单，虽计算量较大，但不容易出错。

对于本书讨论的大部分三自由度以上的串联机器人来说，采用拉格朗日方法进行动力学建模要更方便和容易。

两种建立动力学模型的方法（拉格朗日方法和牛顿-欧拉方法）的比较如表 5-1 所示。

表 5-1　拉格朗日方法和牛顿-欧拉方法的比较

拉格朗日方法	牛顿-欧拉方法
将系统作为整体看待	将系统拆成单个刚体（及质点），分别考虑
处理的是功、势能、动能等标量	处理的是力、力矩、加速度等矢量
未知量只有描述运动的广义坐标	未知量包括描述运动的直角坐标及连接处的内力
所得方程为常微分方程	所得方程为微分代数方程
所得方程个数等于系统自由度数，即"最小方程数"	所得方程个数等于各刚体直角坐标数与系统内力数之和，即"最大方程数"
需要对动能求两次导数，推导烦冗	推导过程简洁，各项物理概念清楚
所得方程很长	所得方程较短
当刚体数及自由度数增加时，推导过程烦冗，为人力所不能胜任	当刚体数增加时，未知量及方程数急剧增加，方程求解困难

5.5.2　二连杆机器人的拉格朗日方程

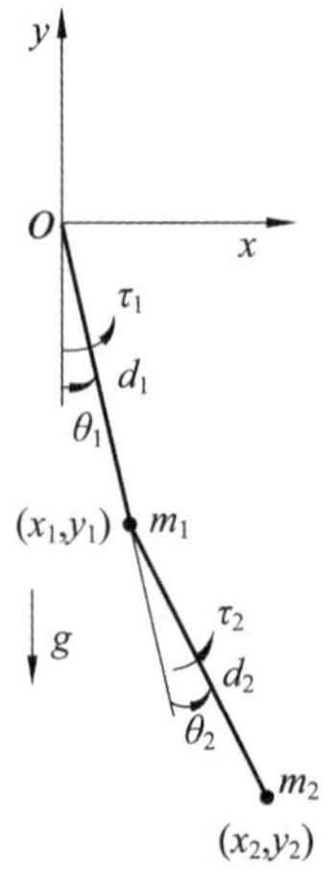

设某悬置于天花板的二连杆机器人臂杆长度分别为 d_1, d_2，质量分别集中在端点 m_1, m_2，建立坐标系，如图 5-17 所示，求其动力学方程。

下面利用拉格朗日方法分别计算方程中各项。

1. 求各连杆的动能和势能

$$E_k = \frac{1}{2}mv^2$$

$$E_p = mgh_1$$

对连杆 1（在质点 m_1 处），计算其动能：

$$E_{k1} = \frac{1}{2}m_1 v_1^2 = \frac{1}{2}m_1 (d_1\dot{\theta}_1)^2 = \frac{1}{2}m_1 d_1^2 \dot{\theta}_1^2$$

计算其势能：

$$E_{p1} = -m_1 gh_1 = -m_1 g d_1 c\theta_1$$

图 5-17　集中质量的二连杆机器人

注意：负号与坐标系建立有关。

对连杆 2（在质点 m_2 处），先写出直角坐标表达式：

$$x_2 = d_1 s\theta_1 + d_2 s\theta_{12}$$

$$y_2 = -d_1 c\theta_1 - d_2 c\theta_{12}$$

其中：$c\theta_1 = \cos\theta_1$，$c\theta_{12} = \cos(\theta_1 + \theta_2)$，$s\theta_1 = \sin\theta_1$，$s\theta_{12} = \sin(\theta_1 + \theta_2)$。

对 x_2，y_2 求导，得速度分量：

$$\dot{x}_2 = d_1 c\theta_1 \dot{\theta}_1 + d_2 c\theta_{12}(\dot{\theta}_1 + \dot{\theta}_2)$$

$$\dot{y}_2 = d_1 s\theta_1 \dot{\theta}_1 + d_2 s\theta_{12}(\dot{\theta}_1 + \dot{\theta}_2)$$

则 m_2 的合成速度的平方为

$$v_2^2 = \dot{x}_2^2 + \dot{y}_2^2 = d_1^2 \dot{\theta}_1^2 + d_2^2(\dot{\theta}_1^2 + 2\dot{\theta}_1\dot{\theta}_2 + \dot{\theta}_2^2) + 2d_1 d_2 c\theta_2(\dot{\theta}_1^2 + \dot{\theta}_1\dot{\theta}_2)$$

由此可得连杆 2 的动能为

$$E_{k2} = \frac{1}{2}m_2 v_2^2 = \frac{1}{2}m_2 d_1^2 \dot{\theta}_1^2 + \frac{1}{2}m_2 d_2^2(\dot{\theta}_1^2 + 2\dot{\theta}_1\dot{\theta}_2 + \dot{\theta}_2^2) + m_2 d_1 d_2 c\theta_2(\dot{\theta}_1^2 + \dot{\theta}_1\dot{\theta}_2)$$

连杆 2 的势能为

$$E_{p2} = -m_2 g h_2 = -m_2 g d_1 c\theta_1 - m_2 g d_2 c\theta_{12}$$

2. 构造拉格朗日函数

系统的总动能和势能分别为

$$E_k = E_{k1} + E_{k2}$$

$$E_p = E_{p1} + E_{p2}$$

所以拉格朗日函数为

$$L = E_k - E_p = (E_{k1} + E_{k2}) - (E_{p1} + E_{p2})$$

$$= \frac{1}{2}(m_1 + m_2)d_1^2 \dot{\theta}_1^2 + \frac{1}{2}m_2 d_2^2(\dot{\theta}_1^2 + 2\dot{\theta}_1\dot{\theta}_2 + \dot{\theta}_2^2) + m_2 d_1 d_2 c\theta_2(\dot{\theta}_1^2 + \dot{\theta}_1\dot{\theta}_2) +$$

$$(m_1 + m_2)g d_1 c\theta_1 + m_2 g d_2 c\theta_{12}$$

$$= L(\theta_1, \theta_2, \dot{\theta}_1, \dot{\theta}_2)$$

3. 求动力学方程

先求第一个关节上的力矩 τ_1，拉格朗日方程为

$$\tau_1 = \frac{\mathrm{d}}{\mathrm{d}t}\left(\frac{\partial L}{\partial \dot{q}_1}\right) - \frac{\partial L}{\partial q_1} = \frac{\mathrm{d}}{\mathrm{d}t}\left(\frac{\partial L}{\partial \dot{\theta}_1}\right) - \frac{\partial L}{\partial \theta_1}$$

分别求以下导数：

$$\frac{\partial L}{\partial \dot{\theta}_1} = (m_1 + m_2)d_1^2 \dot{\theta}_1 + m_2 d_2^2 \dot{\theta}_1 + m_2 d_2^2 \dot{\theta}_2 + 2m_2 d_1 d_2 c\theta_2 \dot{\theta}_1 + m_2 d_1 d_2 c\theta_2 \dot{\theta}_2$$

$$\frac{\mathrm{d}}{\mathrm{d}t}\frac{\partial L}{\partial \dot{\theta}_1} = [(m_1 + m_2)d_1^2 + m_2 d_2^2 + 2m_2 d_1 d_2 c\theta_2]\ddot{\theta}_1 + (m_2 d_2^2 + m_2 d_1 d_2 c\theta_2)\ddot{\theta}_2 -$$

$$2m_2 d_1 d_2 s\theta_2 \dot{\theta}_1\dot{\theta}_2 - m_2 d_1 d_2 s\theta_2 \dot{\theta}_2^2$$

$$\frac{\partial L}{\partial \theta_1} = -(m_1 + m_2)g d_1 s\theta_1 - m_2 g d_2 s\theta_{12}$$

注意：这里只对显因变量求偏导数。

所以得到连杆 1 的动力学方程为

$$\tau_1 = \frac{\mathrm{d}}{\mathrm{d}t}\left(\frac{\partial L}{\partial \dot{\theta}_1}\right) - \frac{\partial L}{\partial \theta_1}$$

$$= \left[(m_1 + m_2)d_1^2 + m_2 d_2^2 + 2m_2 d_1 d_2 \mathrm{c}\theta_2\right]\ddot{\theta}_1 + (m_2 d_2^2 + m_2 d_1 d_2 \mathrm{c}\theta_2)\ddot{\theta}_2 - \tag{5-38}$$

$$2m_2 d_1 d_2 \mathrm{s}\theta_2 \dot{\theta}_1 \dot{\theta}_2 - m_2 d_1 d_2 \mathrm{s}\theta_2 \dot{\theta}_2^2 + (m_1 + m_2)g\,d_1\mathrm{s}\theta_1 + m_2 g\,d_2\mathrm{s}\theta_{12}$$

同理，将拉格朗日函数分别对 $\dot{\theta}_2$ 和 θ_2 微分：

$$\frac{\partial L}{\partial \dot{\theta}_2} = m_2 d_2^2 \dot{\theta}_1 + m_2 d_2^2 \dot{\theta}_2 + m_2 d_1 d_2 \mathrm{c}\theta_2 \dot{\theta}_1$$

$$\frac{\mathrm{d}}{\mathrm{d}t}\frac{\partial L}{\partial \dot{\theta}_2} = m_2 d_2^2 \ddot{\theta}_1 + m_2 d_2^2 \ddot{\theta}_2 + m_2 d_1 d_2 \mathrm{c}\theta_2 \ddot{\theta}_1 - m_2 d_1 d_2 \mathrm{s}\theta_2 \dot{\theta}_1 \dot{\theta}_2$$

$$\frac{\partial L}{\partial \theta_2} = - m_2 d_1 d_2 \mathrm{s}\theta_2 (\dot{\theta}_1^2 + \dot{\theta}_1 \dot{\theta}_2) - m_2 g d_2 \mathrm{s}\theta_{12}$$

可求得连杆 2 的动力学方程：

$$\tau_2 = \frac{\mathrm{d}}{\mathrm{d}t}\left(\frac{\partial L}{\partial \dot{\theta}_2}\right) - \frac{\partial L}{\partial \theta_2} \tag{5-39}$$

$$= (m_2 d_2^2 + m_2 d_1 d_2 \mathrm{c}\theta_2)\ddot{\theta}_1 + m_2 d_2^2 \ddot{\theta}_2 + m_2 d_1 d_2 \mathrm{s}\theta_2 \dot{\theta}_1^2 + m_2 g d_2 \mathrm{s}\theta_{12}$$

以上即二连杆机器人动力学模型。

4. 动力学方程中各系数的物理意义

将式(5-38)与式(5-39)重新写成简单的形式：

$$\tau_1 = D_{11}\ddot{\theta}_1 + D_{12}\ddot{\theta}_2 + D_{111}\dot{\theta}_1^2 + D_{122}\dot{\theta}_2^2 + D_{112}\dot{\theta}_1\dot{\theta}_2 + + D_{121}\dot{\theta}_2\dot{\theta}_1 + G_1$$

$$\tau_2 = D_{21}\ddot{\theta}_1 + D_{22}\ddot{\theta}_2 + D_{211}\dot{\theta}_1^2 + D_{222}\dot{\theta}_2^2 + D_{212}\dot{\theta}_1\dot{\theta}_2 + D_{221}\theta_2\dot{\theta}_1 + G_2$$

以矩阵形式表示：

$$\begin{bmatrix} \tau_1 \\ \tau_2 \end{bmatrix} = \begin{bmatrix} D_{11} & D_{12} \\ D_{21} & D_{22} \end{bmatrix}\begin{bmatrix} \ddot{\theta}_1 \\ \ddot{\theta}_2 \end{bmatrix} + \begin{bmatrix} D_{111} & D_{122} \\ D_{211} & D_{222} \end{bmatrix}\begin{bmatrix} \dot{\theta}_1^2 \\ \dot{\theta}_2^2 \end{bmatrix} + \begin{bmatrix} D_{112} & D_{121} \\ D_{212} & D_{221} \end{bmatrix}\begin{bmatrix} \dot{\theta}_1\dot{\theta}_2 \\ \dot{\theta}_2\dot{\theta}_1 \end{bmatrix} + \begin{bmatrix} G_1 \\ G_2 \end{bmatrix} \tag{5-40}$$

式中：$\begin{bmatrix} D_{11} & D_{12} \\ D_{21} & D_{22} \end{bmatrix}\begin{bmatrix} \ddot{\theta}_1 \\ \ddot{\theta}_2 \end{bmatrix}$ 表示惯性力；$\begin{bmatrix} D_{111} & D_{122} \\ D_{211} & D_{222} \end{bmatrix}\begin{bmatrix} \dot{\theta}_1^2 \\ \dot{\theta}_2^2 \end{bmatrix}$ 表示向心力；$\begin{bmatrix} D_{112} & D_{121} \\ D_{212} & D_{221} \end{bmatrix}\begin{bmatrix} \dot{\theta}_1\dot{\theta}_2 \\ \dot{\theta}_2\dot{\theta}_1 \end{bmatrix}$ 表示科氏力；$\begin{bmatrix} G_1 \\ G_2 \end{bmatrix}$ 表示重力。

若以向量和矩阵形式表达，则对于任意连杆，其关节广义力（力矩）可表示为

$$\boldsymbol{\tau} = \boldsymbol{D}\ddot{\boldsymbol{\theta}} + \boldsymbol{D}_1\dot{\boldsymbol{\theta}}^2 + \boldsymbol{D}_2\dot{\boldsymbol{\theta}}\dot{\boldsymbol{\theta}}^{\mathrm{T}} + \boldsymbol{G} \tag{5-41}$$

系数 $\boldsymbol{D}$ 和常数 $\boldsymbol{G}$ 的物理意义解释如下：

(1) D_{ii} 为关节 i 的有效惯量（等效转动惯量的概念），由关节处的加速度 $\ddot{\theta}_i$ 引起的关节 i 处的力矩为 $D_{ii}\ddot{\theta}_i$；

(2) D_{ij} 为关节 i 和 j 之间的耦合惯量，由关节 i 或 j 的加速度（$\ddot{\theta}_i$ 或 $\ddot{\theta}_j$）引起的关节 i 或 j 处的力矩为 $D_{ij}\ddot{\theta}_i$ 或 $\theta_{ij}\ddot{\theta}_j$；

(3) D_{ijj} 为向心力项系数，由关节 i 处的速度作用在关节 j 处的向心力为 $D_{ijj}\dot{\theta}_j^2$；

（4）D_{iii} 为向心力项系数，由关节 i 处的速度作用在关节 i 本身的向心力为 $D_{iii}\dot{\theta}_i^2$；

（5）D_{ijk} 为科氏力项系数，$D_{ijk}\dot{\theta}_j\dot{\theta}_k + D_{ijk}\dot{\theta}_k\dot{\theta}_j$ 两项组合为关节 i 与 j 处的速度作用在关节 k 处的科氏力，科氏力是由牵连运动的转动而造成的；

（6）G_i 为关节 i 处的重力项，重力项只与质量 m、长度 d 以及机构的构形 (θ_1,θ_2) 有关。

比较二连杆机器人中的系数与一般表达式中的系数，可得到有效惯量系数：

$$D_{11} = \left[(m_1+m_2)d_1^2 + m_2 d_2^2 + 2m_2 d_1 d_2 c\theta_2\right],\quad D_{22}=m_2 d_2^2$$

耦合惯量系数：

$$D_{12}=D_{21}=m_2 d_2^2 + m_2 d_1 d_2 c\theta_2$$

向心力项系数：

$$D_{111}=0,\quad D_{122}=-m_2 d_1 d_2 s\theta_2,\quad D_{211}=m_2 d_1 d_2 s\theta_2,\quad D_{222}=0$$

科氏力项系数：

$$D_{112}=D_{121}=-m_2 d_1 d_2 s\theta_2,\quad D_{212}=D_{221}=0$$

重力项：

$$G_1=(m_1+m_2)g d_1 s\theta_1 + m_2 g d_2 s\theta_{12},\quad G_2=m_2 g d_2 s\theta_{12}$$

通过上述例子可见，机器人动力学方程具有以下特点：强耦合、非线性、时变。利用该模型对机器人进行控制很难。为了简化计算，可以采取在工作点附近进行线性化和反馈控制的措施。另外，我们也要注意到该模型有以下局限性：

（1）采用集中质量建模，而实际为非均匀的分布质量；

（2）没有考虑摩擦、回转阻尼、传动间隙以及电机死区等因素。

对以上二自由度机器人的动力学模型，若考虑阻尼，则在采用拉格朗日方法时要增加一项耗散能量：

$$E_{\mathrm{d}} = \frac{1}{2}b_1\dot{\theta}_1^2 + \frac{1}{2}b_2\dot{\theta}_2^2$$

因此，可得二自由度机器人的关节力矩为

$$\tau_1 = \frac{\mathrm{d}}{\mathrm{d}t}\left(\frac{\partial L}{\partial\dot{\theta}_1}\right) - \frac{\partial L}{\partial\theta_1} + \frac{\partial E_{\mathrm{d}}}{\partial\dot{\theta}_1}$$

$$= \left[(m_1+m_2)d_1^2 + m_2 d_2^2 + 2m_2 d_1 d_2 c\theta_2\right]\ddot{\theta}_1 + (m_2 d_2^2 + m_2 d_1 d_2 c\theta_2)\ddot{\theta}_2 -$$

$$2m_2 d_1 d_2 s\theta_2\dot{\theta}_1\dot{\theta}_2 - m_2 d_1 d_2 s\theta_2\dot{\theta}_2^2 + (m_1+m_2)g d_1 s\theta_1 + m_2 g d_2 s\theta_{12} + b_1\dot{\theta}_1$$

$$\tau_2 = \frac{\mathrm{d}}{\mathrm{d}t}\left(\frac{\partial L}{\partial\dot{\theta}_2}\right) - \frac{\partial L}{\partial\theta_2} + \frac{\partial E_{\mathrm{d}}}{\partial\dot{\theta}_2}$$

$$= (m_2 d_2^2 + m_2 d_1 d_2 c\theta_2)\ddot{\theta}_1 + m_2 d_2^2\ddot{\theta}_2 + m_2 d_1 d_2 s\theta_2\dot{\theta}_1^2 + m_2 g d_2 s\theta_{12} + b_2\dot{\theta}_2$$

可以看到，此时的动力学数学模型只是比原来未考虑摩擦时多了一项。

5.6　机器人的拉格朗日方程的一般表达形式

5.5 节推导得到的拉格朗日方程是一个非线性、二阶耦合的微分方程，为简化计算，未考虑传动链中的摩擦。以下方程的推导，也不考虑传动链带来的摩擦影响，只考虑杆件本身,然后加入关节处驱动装置(如电机、码盘等)的影响。

由 $\boldsymbol{T}$ 矩阵描述的机器人动力学模型的建立一般分为以下五步:

(1) 计算任意杆件上任一点的速度 $\dot{\boldsymbol{r}}$;

(2) 计算动能 $E_{ki} = \dfrac{1}{2} m_i v_i^2$;

(3) 计算势能 $E_{pi} = m_i g h_i$;

(4) 形成拉格朗日函数;

(5) 建立动力学方程 $F_i = \dfrac{\mathrm{d}}{\mathrm{d}t}\left(\dfrac{\partial L}{\partial \dot{q_i}}\right) - \dfrac{\partial L}{\partial q_i}$。

下面以图 5-18 所示四连杆机械臂为例,分析运用拉格朗日方法建立机器人动力学的一般过程。

5.6.1　任意点的速度

由于整个系统的动能都是在基础坐标系中考虑的,需要先求出系统中任意质点的速度。

以图 5-18 所示四连杆机械臂为例,若要求其连杆 3 上点 p 的速度,则先要确定其在基础坐标系(即图中坐标系{0})中的位置 $\boldsymbol{r}_p$,由运动学分析得:

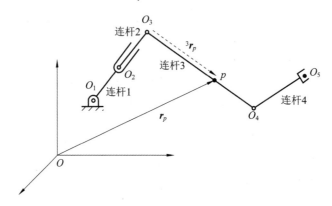

图 5-18　四连杆机械臂

$$\boldsymbol{r}_p = {}_3^0\boldsymbol{T}\,{}^3\boldsymbol{r}_p$$

式中: $\boldsymbol{r}_p$——点 p 在坐标系{0}中的位置矢量;

　　${}^3\boldsymbol{r}_p$——点 p 在坐标系{3}中的位置矢量;

　　${}_3^0\boldsymbol{T}$——将坐标系{3}变换到坐标系{0}的变换矩阵,包含旋转变换和平移变换。

因此连杆 3 上点 p 的速度为

$$\dot{\boldsymbol{r}}_p = {}_3^0\dot{\boldsymbol{T}}\,{}^3\boldsymbol{r}_p$$

式中: ${}_3^0\dot{\boldsymbol{T}} = \dfrac{\mathrm{d}\,{}_3^0\boldsymbol{T}}{\mathrm{d}t} = \sum_{j=1}^{3} \dfrac{\partial\,{}_3^0\boldsymbol{T}}{\partial q_j}\dot{q}_j$,所以点 p 的速度可以进一步表示为

$$\dot{\boldsymbol{r}}_p = \left(\sum_{j=1}^{3} \dfrac{\partial\,{}_3^0\boldsymbol{T}}{\partial q_j}\dot{q}_j\right){}^3\boldsymbol{r}_p$$

点 p 的加速度为

$$\ddot{\boldsymbol{r}}_p = \dfrac{\mathrm{d}}{\mathrm{d}t}\left(\sum_{j=1}^{3} \dfrac{\partial\,{}_3^0\boldsymbol{T}}{\partial q_j}\dot{q}_j\right){}^3\boldsymbol{r}_p = \left(\sum_{j=1}^{3} \dfrac{\partial\,{}_3^0\boldsymbol{T}}{\partial q_j}\ddot{q}_j\right){}^3\boldsymbol{r}_p + \left(\sum_{k=1}^{3}\sum_{j=1}^{3} \dfrac{\partial^2\,{}_3^0\boldsymbol{T}}{\partial q_j\partial q_k}\dot{q}_k\dot{q}_j\right){}^3\boldsymbol{r}_p$$

推广到任意机器人,对于其连杆 i 上(见图 5-19)的任意一点 $^i\boldsymbol{r}$(其在坐标系 $\{i\}$ 中的表示为 $^i\boldsymbol{r}=\begin{bmatrix} ^ix & ^iy & ^iz & 1 \end{bmatrix}^T$),它在基础坐标系中的位置为

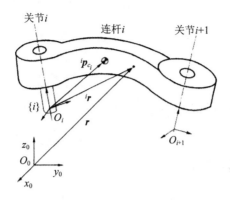

图 5-19 机械臂连杆 i 上位置矢量与质心

$$\boldsymbol{r} = {}^0_i\boldsymbol{T}\,{}^i\boldsymbol{r} \tag{5-42}$$

式中:${}^0_i\boldsymbol{T}$——由坐标系 $\{i\}$ 到坐标系 $\{0\}$ 的变换矩阵,有如下式子:

$${}^0_i\boldsymbol{T} = {}^0_1\boldsymbol{T}\,{}^1_2\boldsymbol{T}\cdots{}^{i-2}_{i-1}\boldsymbol{T}\,{}^{i-1}_i\boldsymbol{T}$$

它包含 i 个广义关节变量。

其速度为

$$\dot{\boldsymbol{r}} = \frac{\mathrm{d}\boldsymbol{r}}{\mathrm{d}t} = \frac{\mathrm{d}({}^0_i\boldsymbol{T}\,{}^i\boldsymbol{r})}{\mathrm{d}t} = \Big(\sum_{j=1}^{i} \frac{\partial\,{}^0_i\boldsymbol{T}}{\partial q_j}\dot{q}_j \Big)\,{}^i\boldsymbol{r} \tag{5-43}$$

其加速度为

$$\ddot{\boldsymbol{r}} = \frac{\mathrm{d}}{\mathrm{d}t}\dot{\boldsymbol{r}} = \Big(\sum_{j=1}^{i} \frac{\partial\,{}^0_i\boldsymbol{T}}{\partial q_j}\ddot{q}_j \Big)\,{}^i\boldsymbol{r} + \Big(\sum_{k=1}^{i}\sum_{j=1}^{i} \frac{\partial^2\,{}^0_i\boldsymbol{T}}{\partial q_j\partial q_k}\dot{q}_k\dot{q}_j \Big)\,{}^i\boldsymbol{r} \tag{5-44}$$

其中,q_j 为第 j 个广义关节变量。

请读者思考:这里对位置矢量 $\boldsymbol{r}$ 求导时为什么不对 $^i\boldsymbol{r}$ 求导?

速度的平方为

$$\dot{\boldsymbol{r}}^T\dot{\boldsymbol{r}} = \mathrm{tr}(\dot{\boldsymbol{r}}\,\dot{\boldsymbol{r}}^T)$$

式中:$\mathrm{tr}(\cdot)$——矩阵的迹,对于 n 阶方阵来说,其迹为矩阵主对角线上元素之和。

$$\dot{\boldsymbol{r}}^T\dot{\boldsymbol{r}} = \mathrm{tr}(\dot{\boldsymbol{r}}\,\dot{\boldsymbol{r}}^T) = \mathrm{tr}\Big[\sum_{j=1}^{i} \frac{\partial\,{}^0_i\boldsymbol{T}}{\partial q_j}\dot{q}_j\,{}^i\boldsymbol{r} \sum_{k=1}^{i} \Big(\frac{\partial\,{}^0_i\boldsymbol{T}}{\partial q_k}\dot{q}_k\,{}^i\boldsymbol{r} \Big)^T \Big]$$

$$= \mathrm{tr}\Big[\sum_{j=1}^{i}\sum_{k=1}^{i} \frac{\partial\,{}^0_i\boldsymbol{T}}{\partial q_j}({}^i\boldsymbol{r}\,{}^i\boldsymbol{r}^T) \frac{\partial\,{}^0_i\boldsymbol{T}^T}{\partial q_k}\dot{q}_j\dot{q}_k \Big] \tag{5-45}$$

5.6.2 动能的计算

位于任意机器人连杆 i 上 $^i\boldsymbol{r}$ 点处质量为 $\mathrm{d}m$ 的质点的动能为

$$\mathrm{d}E_{ki} = \frac{1}{2}\mathrm{d}m\,\dot{\boldsymbol{r}}^T\dot{\boldsymbol{r}}$$

$$= \frac{1}{2}\mathrm{tr}\Big[\sum_{j=1}^{i}\sum_{k=1}^{i} \frac{\partial\,{}^0_i\boldsymbol{T}}{\partial q_j}({}^i\boldsymbol{r}\,{}^i\boldsymbol{r}^T) \frac{\partial\,{}^0_i\boldsymbol{T}^T}{\partial q_k}\dot{q}_j\dot{q}_k \Big]\mathrm{d}m$$

$$= \frac{1}{2}\mathrm{tr}\Big[\sum_{j=1}^{i}\sum_{k=1}^{i} \frac{\partial\,{}^0_i\boldsymbol{T}}{\partial q_j}({}^i\boldsymbol{r}\,\mathrm{d}m\,{}^i\boldsymbol{r}^T) \frac{\partial\,{}^0_i\boldsymbol{T}^T}{\partial q_k}\dot{q}_j\dot{q}_k \Big]$$

对以上公式积分,则得到连杆 i(link. i)在坐标系$\{0\}$中的动能为

$$E_{ki} = \int_{\text{link. }i} dE_{ki} = \frac{1}{2} \text{tr} \Big[\sum_{j=1}^{i} \sum_{k=1}^{i} \frac{\partial_i^0 \boldsymbol{T}}{\partial q_j} \Big(\int_{\text{link. }i} {}^i\boldsymbol{r} \; {}^i\boldsymbol{r}^{\text{T}} dm \Big) \frac{\partial_i^0 \boldsymbol{T}^{\text{T}}}{\partial q_k} \dot{q}_j \dot{q}_k \Big] \tag{5-46}$$

上式中,积分 $\int_{\text{link. }i} {}^i\boldsymbol{r} \; {}^i\boldsymbol{r}^{\text{T}} dm$ 称为连杆 i 的伪惯量矩阵,可记作

$$\boldsymbol{I}_i = \int_{\text{link. }i} {}^i\boldsymbol{r} \; {}^i\boldsymbol{r}^{\text{T}} dm$$

则由式(5-46)得到连杆 i 的动能为

$$E_{ki} = \frac{1}{2} \text{tr} \Big(\sum_{j=1}^{i} \sum_{k=1}^{i} \frac{\partial_i^0 \boldsymbol{T}}{\partial q_j} \boldsymbol{I}_i \frac{\partial_i^0 \boldsymbol{T}^{\text{T}}}{\partial q_k} \dot{q}_j \dot{q}_k \Big) \tag{5-47}$$

对于伪惯量矩阵 $\boldsymbol{I}_i$,有以下表达式:

$$\boldsymbol{I}_i = \int_{\text{link. }i} {}^i\boldsymbol{r} \; {}^i\boldsymbol{r}^{\text{T}} dm = \begin{bmatrix} \int_{\text{link. }i} {}^ix^2 dm & \int_{\text{link. }i} {}^ix \; {}^iy \, dm & \int_{\text{link. }i} {}^ix \; {}^iz \, dm & \int_{\text{link. }i} {}^ix \, dm \\ \int_{\text{link. }i} {}^ix \; {}^iy \, dm & \int_{\text{link. }i} {}^iy^2 dm & \int_{\text{link. }i} {}^iy \; {}^iz \, dm & \int_{\text{link. }i} {}^iy \, dm \\ \int_{\text{link. }i} {}^ix \; {}^iz \, dm & \int_{\text{link. }i} {}^iy \; {}^iz \, dm & \int_{\text{link. }i} {}^iz^2 dm & \int_{\text{link. }i} {}^iz \, dm \\ \int_{\text{link. }i} {}^ix \, dm & \int_{\text{link. }i} {}^iy \, dm & \int_{\text{link. }i} {}^iz \, dm & \int_{\text{link. }i} dm \end{bmatrix} \tag{5-48}$$

根据理论力学中惯性矩、惯性积和静矩的定义,引入下列概念及符号。

对坐标轴的惯性矩:

$$I_{xx} = \int (y^2 + z^2) dm, \quad I_{yy} = \int (x^2 + z^2) dm, \quad I_{zz} = \int (x^2 + y^2) dm$$

对坐标轴的惯性积:

$$I_{xy} = I_{yx} = \int xy \, dm, \quad I_{yz} = I_{zy} = \int yz \, dm, \quad I_{xz} = I_{zx} = \int xz \, dm$$

对坐标轴的静矩:

$$I_x = \int x \, dm, \quad I_y = \int y \, dm, \quad I_z = \int z \, dm$$

质量之和:

$$m = \int dm$$

于是有

$$\int x^2 dm = -\frac{1}{2} \int (y^2 + z^2) dm + \frac{1}{2} \int (x^2 + z^2) dm + \frac{1}{2} \int (x^2 + y^2) dm$$

$$= \frac{-I_{xx} + I_{yy} + I_{zz}}{2}$$

同理可得

$$\int y^2 dm = \frac{I_{xx} - I_{yy} + I_{zz}}{2}, \quad \int z^2 dm = \frac{I_{xx} + I_{yy} - I_{zz}}{2}$$

于是 $\boldsymbol{I}_i$ 可表达为

$$\boldsymbol{I}_i = \begin{bmatrix} \dfrac{-I_{ixx} + I_{iyy} + I_{izz}}{2} & I_{ixy} & I_{ixz} & I_{ix} \\[2ex] I_{ixy} & \dfrac{I_{ixx} - I_{iyy} + I_{izz}}{2} & I_{iyz} & I_{iy} \\[2ex] I_{ixz} & I_{iyz} & \dfrac{I_{ixx} + I_{iyy} - I_{izz}}{2} & I_{iz} \\[2ex] I_{ix} & I_{iy} & I_{iz} & m_i \end{bmatrix} \tag{5-49}$$

因此具有 n 自由度机器人总的动能为

$$E_k = \sum_{i=1}^{n} E_{ki} = \frac{1}{2} \sum_{i=1}^{n} \mathrm{tr}\left(\sum_{j=1}^{i} \sum_{k=1}^{i} \frac{\partial_i^0 \boldsymbol{T}}{\partial q_j} \boldsymbol{I}_i \frac{\partial_i^0 \boldsymbol{T}^{\mathrm{T}}}{\partial q_k} \dot{q}_j \dot{q}_k \right) \tag{5-50}$$

如果考虑关节 i 处驱动(电机)与传动装置的动能,则有

$$E_{ka_i} = \frac{1}{2} I_{a_i} \dot{q}_i^2$$

其中,I_{a_i} 为关节 i 处驱动装置的等效转动惯量。

对于移动关节,有

$$E_{ka_i} = \frac{1}{2} m_{a_i} \dot{q}_i^2$$

其中,m_{a_i} 为关节 i 处驱动装置的等效质量。

若调换式(5-50)中求迹与求和的运算顺序,并加入关节处驱动与传动装置的动能,则得到机器人总的动能为

$$E_k = \frac{1}{2} \sum_{i=1}^{n} \sum_{j=1}^{i} \sum_{k=1}^{i} \mathrm{tr}\left(\frac{\partial_i^0 \boldsymbol{T}}{\partial q_j} \boldsymbol{I}_i \frac{\partial_i^0 \boldsymbol{T}^{\mathrm{T}}}{\partial q_k} \right) \dot{q}_j \dot{q}_k + \frac{1}{2} \sum_{i=1}^{n} I_{a_i} \dot{q}_i^2 \tag{5-51}$$

5.6.3 势能的计算

设连杆 i 的质心 C_i 在其自身坐标系的位置向量为 ${}^i\boldsymbol{r}_{C_i}$（${}^i\boldsymbol{r}_{C_i} = [{}^i x_{C_i} \quad {}^i y_{C_i} \quad {}^i z_{C_i} \quad 1]^{\mathrm{T}}$），则它在坐标系{0}中的位置向量 $\boldsymbol{r}_{C_i}$ 为

$$\boldsymbol{r}_{C_i} = {}_i^0 \boldsymbol{T} \, {}^i\boldsymbol{r}_{C_i}$$

设重力加速度在坐标系{0}中的齐次分量为

$$\boldsymbol{g} = [g_x \quad g_y \quad g_z \quad 1]^{\mathrm{T}}$$

则连杆 i 在坐标系{0}中的势能(一般认为基坐标系的 z 轴取向上为正)为

$$E_{pi} = -m_i \boldsymbol{g}^{\mathrm{T}} \boldsymbol{r}_{C_i} = -m_i \boldsymbol{g}^{\mathrm{T}} {}_i^0 \boldsymbol{T} \, {}^i\boldsymbol{r}_{C_i}$$

于是机器人的总势能为

$$E_p = \sum_{i=1}^{n} E_{pi} = -\sum_{i=1}^{n} m_i \boldsymbol{g}^{\mathrm{T}} {}_i^0 \boldsymbol{T} \, {}^i\boldsymbol{r}_{C_i} \tag{5-52}$$

机器人关节上的驱动与传动装置的重力一般很小,可以忽略不计。

5.6.4 确定拉格朗日函数

根据以上动能与势能的计算,n 自由度机器人的拉格朗日函数为

$$\begin{aligned} L &= E_k - E_p \\ &= \frac{1}{2} \sum_{i=1}^{n} \sum_{j=1}^{i} \sum_{k=1}^{i} \mathrm{tr}\left(\frac{\partial_i^0 \boldsymbol{T}}{\partial q_j} \boldsymbol{I}_i \frac{\partial_i^0 \boldsymbol{T}^{\mathrm{T}}}{\partial q_k} \right) \dot{q}_j \dot{q}_k + \frac{1}{2} \sum_{i=1}^{n} I_{a_i} \dot{q}_i^2 + \sum_{i=1}^{n} m_i \boldsymbol{g}^{\mathrm{T}} {}_i^0 \boldsymbol{T} \, {}^i\boldsymbol{r}_{C_i} \end{aligned} \tag{5-53}$$

5.6.5 求动力学方程

利用拉格朗日方程 $F_i = \dfrac{\mathrm{d}}{\mathrm{d}t}\dfrac{\partial L}{\partial \dot{q}_i} - \dfrac{\partial L}{\partial q_i}(i = 1, 2, \cdots, n)$ 求连杆 i 的动力学方程：

$$\frac{\partial L}{\partial \dot{q}_i} = \frac{1}{2}\sum_{j=1}^{n}\sum_{k=1}^{j}\mathrm{tr}\Big(\frac{\partial_j^0 T}{\partial q_i} I_j \ \frac{\partial_j^0 T^{\mathrm{T}}}{\partial q_k}\Big)\dot{q}_k +$$
$$\frac{1}{2}\sum_{j=1}^{n}\sum_{k=1}^{j}\mathrm{tr}\Big(\frac{\partial_j^0 T}{\partial q_k} I_j \ \frac{\partial_j^0 T^{\mathrm{T}}}{\partial q_i}\Big)\dot{q}_j + I_{a_i}\dot{q}_i \tag{5-54}$$

由于 I_j 是对称矩阵，则有

$$\mathrm{tr}\Big(\frac{\partial_j^0 T}{\partial q_i} I_j \ \frac{\partial_j^0 T^{\mathrm{T}}}{\partial q_k}\Big) = \mathrm{tr}\ \Big(\frac{\partial_j^0 T}{\partial q_i} I_j \ \frac{\partial_j^0 T^{\mathrm{T}}}{\partial q_k}\Big)^{\mathrm{T}}$$
$$= \mathrm{tr}\Big(\frac{\partial_j^0 T}{\partial q_k} I_j^{\mathrm{T}} \ \frac{\partial_j^0 T^{\mathrm{T}}}{\partial q_i}\Big) = \mathrm{tr}\Big(\frac{\partial_j^0 T}{\partial q_k} I_j \ \frac{\partial_j^0 T^{\mathrm{T}}}{\partial q_i}\Big)$$

合并式(5-54)中的前两项，得到：

$$\frac{\partial L}{\partial \dot{q}_i} = \sum_{i=1}^{n}\sum_{k=1}^{i}\mathrm{tr}\Big(\frac{\partial_i^0 T}{\partial q_k} I_i \frac{\partial_i^0 T^{\mathrm{T}}}{\partial q_i}\Big)\dot{q}_k + I_{a_i}\dot{q}_i$$

当 $p > i$ 时，$_iT$ 中不包含关节变量 q_p，即 $\dfrac{\partial_i T^{\mathrm{T}}}{\partial q_p} = 0(p > i)$，于是可得

$$\frac{\partial L}{\partial \dot{q}_p} = \sum_{i=p}^{n}\sum_{k=1}^{i}\mathrm{tr}\Big(\frac{\partial_i T}{\partial q_k} I_i \ \frac{\partial_i T^{\mathrm{T}}}{\partial q_p}\Big)\dot{q}_k + I_{a_p}\dot{q}_p$$

$$\frac{\mathrm{d}}{\mathrm{d}t}\Big(\frac{\partial L}{\partial \dot{q}_i}\Big) = \sum_{i=p}^{n}\sum_{k=1}^{i}\mathrm{tr}\Big(\frac{\partial_i^0 T}{\partial q_k} I_i \ \frac{\partial_i^0 T^{\mathrm{T}}}{\partial q_i}\Big)\ddot{q}_k + I_{a_i}\ddot{q}_i +$$
$$\sum_{j=i}^{n}\sum_{k=1}^{j}\sum_{m=1}^{j}\mathrm{tr}\Big(\frac{\partial_j^0 T}{\partial q_i} I_j \ \frac{\partial^2{}_j^0 T^{\mathrm{T}}}{\partial q_k \partial q_m}\Big)\dot{q}_m \dot{q}_k +$$
$$\sum_{j=i}^{n}\sum_{k=1}^{j}\sum_{j=1}^{j}\mathrm{tr}\Big(\frac{\partial_i^0 T}{\partial q_k} I_i \ \frac{\partial^2{}_i^0 T^{\mathrm{T}}}{\partial q_i \partial q_j}\Big)\dot{q}_j \dot{q}_k$$

交换其中的部分哑元，得到：

$$\frac{\mathrm{d}}{\mathrm{d}t}\Big(\frac{\partial L}{\partial \dot{q}_i}\Big) = \sum_{j=i}^{n}\sum_{k=1}^{i}\mathrm{tr}\Big(\frac{\partial_j^0 T}{\partial q_k} I_j \ \frac{\partial_j^0 T^{\mathrm{T}}}{\partial q_i}\Big)\ddot{q}_k + I_{a_i}\ddot{q}_i +$$
$$2\sum_{j=i}^{n}\sum_{k=1}^{i}\sum_{m=1}^{i}\mathrm{tr}\Big(\frac{\partial_j^0 T}{\partial q_i} I_j \ \frac{\partial^2{}_j^0 T^{\mathrm{T}}}{\partial q_k \partial q_m}\Big)\dot{q}_k \dot{q}_m \tag{5-55}$$

再求 $\dfrac{\partial L}{\partial q_i}$，有

$$\frac{\partial L}{\partial q_i} = \frac{1}{2}\sum_{j=i}^{n}\sum_{j=1}^{j}\sum_{k=1}^{j}\mathrm{tr}\Big(\frac{\partial^2{}_j^0 T}{\partial q_j \partial q_i} I_j \ \frac{\partial_j^0 T^{\mathrm{T}}}{\partial q_k}\Big)\dot{q}_j \dot{q}_k +$$
$$\frac{1}{2}\sum_{j=i}^{n}\sum_{j=1}^{j}\sum_{k=1}^{i}\mathrm{tr}\Big(\frac{\partial^2{}_j^0 T}{\partial q_k \partial q_i} I_j \ \frac{\partial_j^0 T^{\mathrm{T}}}{\partial q_j}\Big)\dot{q}_j \dot{q}_k + \sum_{j=i}^{n}m_j \boldsymbol{g}^{\mathrm{T}}\frac{\partial_j^0 T}{\partial q_i}\ {}^i\boldsymbol{r}_{C_j} \tag{5-56}$$
$$= \sum_{j=i}^{n}\sum_{j=1}^{i}\sum_{k=1}^{i}\mathrm{tr}\Big(\frac{\partial^2{}_j^0 T}{\partial q_j \partial q_i} I_j \ \frac{\partial_j^0 T^{\mathrm{T}}}{\partial q_k}\Big)\dot{q}_j \dot{q}_k + \sum_{j=i}^{n}m_j \ \boldsymbol{g}^{\mathrm{T}}\frac{\partial_j^0 T}{\partial q_i}\ {}^i\boldsymbol{r}_{C_j}$$

将式(5-55)和式(5-56)带入拉格朗日函数，并用 i 和 j 分别代替上式中的哑元 p 和 i，得

到:

$$\tau_i = \sum_{j=i}^{n} \sum_{k=1}^{j} \text{tr}\left(\frac{\partial_j^0 \boldsymbol{T}}{\partial q_k} \boldsymbol{I}_j \frac{\partial_j^0 \boldsymbol{T}^{\text{T}}}{\partial q_i}\right)\ddot{q}_k + I_{a_i}\ddot{q}_i +$$

$$\sum_{j=i}^{n} \sum_{k=1}^{j} \sum_{m=1}^{j} \text{tr}\left(\frac{\partial_j^0 \boldsymbol{T}}{\partial q_i} \boldsymbol{I}_j \frac{\partial_j^{20} \boldsymbol{T}^{\text{T}}}{\partial q_k \partial q_m}\right)\dot{q}_k \dot{q}_m - \sum_{j=i}^{n} m_j \boldsymbol{g}^{\text{T}} \frac{\partial_j^0 \boldsymbol{T}}{\partial q_i}\, {}^i\boldsymbol{r}_{C_j} \tag{5-57}$$

上式为拉格朗日方程的最后形式。

这些方程与求和的次序无关,因此可将上式简化为如下形式:

$$\tau_i = \sum_{k=1}^{n} D_{ik}\ddot{q}_k + I_{a_i}\ddot{q}_i + \sum_{k=1}^{n} \sum_{m=1}^{n} D_{ikm}\dot{q}_k \dot{q}_m + G_i \tag{5-58}$$

其中:

$$D_{ik} = \sum_{j=\max(i,k)}^{n} \left[\text{tr}\left(\frac{\partial_j^0 \boldsymbol{T}}{\partial q_i} \boldsymbol{I}_j \frac{\partial_j^0 \boldsymbol{T}^{\text{T}}}{\partial q_k}\right) + I_{a_i}\delta_{ik}\right]$$

$$\delta_{ik} = \begin{cases} 1, & i=k \\ 0, & i \neq k \end{cases}$$

$$D_{ikm} = \sum_{j=\max(i,k,m)}^{n} \text{tr}\left(\frac{\partial_j^0 \boldsymbol{T}}{\partial q_i} \boldsymbol{I}_p \frac{\partial_j^{20} \boldsymbol{T}^{\text{T}}}{\partial q_k \partial q_m}\right)$$

$$G_i = \sum_{j=i}^{n} \left(-m_j \boldsymbol{g}^{\text{T}} \frac{\partial_j^0 \boldsymbol{T}}{\partial q_i}\, {}^i\boldsymbol{r}_{C_j}\right)$$

式中: $\sum_{k=1}^{n} D_{ik}\ddot{q}_k + I_{a_i}\ddot{q}_i$ ——惯性力;

$\sum_{k=1}^{n} \sum_{m=1}^{n} D_{ikm}\dot{q}_k \dot{q}_m$ ——向心力和科氏力;

G_i ——重力。

动力学方程式(5-58)中系数 D 的意义与5.5节所列相同,即分别为有效惯量项系数($i=k$)、耦合惯量项系数($i \neq k$)、离(向)心力项系数($k=m$)、科氏力项系数($k \neq m$),它们都是机器人关节变量和连杆惯性参数的函数(具有时变性),有时被称为机器人的动力学系数。

由式(5-58)可以得到以矩阵和向量形式描述的多自由度机器人动力学方程:

$$\boldsymbol{\tau} = \boldsymbol{D}(\boldsymbol{q})\ddot{\boldsymbol{q}} + \boldsymbol{H}(\boldsymbol{q},\dot{\boldsymbol{q}}) + \boldsymbol{G}(\boldsymbol{q}) \tag{5-59}$$

式中: $\boldsymbol{\tau}$ ——机器人关节的驱动力矩;

$\boldsymbol{D}(\boldsymbol{q})\ddot{\boldsymbol{q}}$ ——惯性力项;

$\boldsymbol{H}(\boldsymbol{q},\dot{\boldsymbol{q}})$ ——离(向)心力项与科氏力项;

$\boldsymbol{G}(\boldsymbol{q})$ ——重力项。

由以上推导过程可以看到,n 自由度机械臂(串联机器人)的动力学方程是由 n 个非线性、时变的、关节之间有耦合作用的二阶微分方程组成。机器人的驱动会受到惯性力、离(向)心力与科氏力以及重力的影响。其中动力学方程中的惯性力项和重力项在机器人控制中特别重要,它们将直接影响系统的稳定性和定位精度。只有当机器人高速运动时,离(向)心力项和科氏力项才是重要的。传动装置的惯量值往往较大,对系统动态特性的影响也不可忽略。

【例5-9】 平面 RP 型机械臂如图 5-20 所示,求其动力学方程。其中连杆 1 和连杆 2 的质量分别为 m_1 和 m_2,质心的位置由 l_1 和 d_2 所规定,惯量矩阵为

$$^1\boldsymbol{I}_1 = \begin{bmatrix} I_{xx1} & 0 & 0 \\ 0 & I_{yy1} & 0 \\ 0 & 0 & I_{zz1} \end{bmatrix}$$

$$^2\boldsymbol{I}_2 = \begin{bmatrix} I_{xx2} & 0 & 0 \\ 0 & I_{yy2} & 0 \\ 0 & 0 & I_{zz2} \end{bmatrix}$$

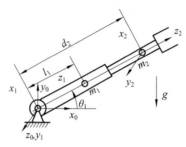

图 5-20　平面 RP 型机械臂

解：（1）取坐标，确定关节变量和驱动力或力矩。

建立图 5-20 所示的连杆 D-H 坐标系，取关节变量为 θ_1 和 d_2，关节驱动力矩为 τ_1 和 τ_2。

（2）计算系统动能。

动能公式为

$$E_{ki} = \frac{1}{2} m_i \boldsymbol{v}_{C_i}^{\mathrm{T}} \boldsymbol{v}_{C_i} + \frac{1}{2} {}^i\boldsymbol{\omega}_i^{\mathrm{T}} \, {}^i\boldsymbol{I}_i \, {}^i\boldsymbol{\omega}_i$$

对于连杆 1，其动能为

$$E_{k1} = \frac{1}{2} m_1 l_1^2 \dot{\theta}_1^2 + \frac{1}{2} I_{yy1} \dot{\theta}_1^2$$

对于连杆 2，其动能为

$$E_{k2} = \frac{1}{2} m_2 (d_2^2 \dot{\theta}_1^2 + \dot{d}_2^2) + \frac{1}{2} I_{yy2} \dot{\theta}_1^2$$

系统总动能为

$$E_k = \frac{1}{2} (m_1 l_1^2 + I_{yy1} + I_{yy2} + m_2 d_2^2) \dot{\theta}_1^2 + \frac{1}{2} m_2 \dot{d}_2^2$$

（3）计算系统势能。

因为重力加速度矢量 $\boldsymbol{g} = \begin{bmatrix} 0 & -g & 0 \end{bmatrix}^{\mathrm{T}}$，连杆 1 与连杆 2 的质心位置分别为 $\boldsymbol{p}_{C_1} = \begin{bmatrix} l_1 c\theta_1 & l_1 s\theta_1 & 0 \end{bmatrix}^{\mathrm{T}}$，$\boldsymbol{p}_{C_2} = \begin{bmatrix} d_2 c\theta_1 & d_2 s\theta_1 & 0 \end{bmatrix}^{\mathrm{T}}$，则两连杆的势能分别为

$$E_{p1} = -m_1 \boldsymbol{g}^{\mathrm{T}} \boldsymbol{p}_{C_1} = m_1 g l_1 s\theta_1$$

$$E_{p2} = -m_2 \boldsymbol{g}^{\mathrm{T}} \boldsymbol{p}_{C_2} = m_2 g d_2 s\theta_1$$

总势能为

$$E_p = g(m_1 l_1 + m_2 d_2) s\theta_1$$

（4）构造拉格朗日函数，并求对应偏导数。

$$\begin{aligned} L &= E_k - E_p \\ &= \frac{1}{2} (m_1 l_1^2 + I_{yy1} + I_{yy2} + m_2 d_2^2) \dot{\theta}_1^2 + \frac{1}{2} m_2 \dot{d}_2^2 - g(m_1 l_1 + m_2 d_2) s\theta_1 \end{aligned}$$

$$\frac{\partial L}{\partial \dot{q}} = \begin{bmatrix} (m_1 l_1^2 + I_{yy1} + I_{yy2} + m_2 d_2^2)\dot{\theta}_1 \\ \\ m_2 \dot{d}_2 \end{bmatrix}$$

$$\frac{\mathrm{d}}{\mathrm{d}t}\frac{\partial L}{\partial \dot{q}} = \begin{bmatrix} (m_1 l_1^2 + I_{yy1} + I_{yy2} + m_2 d_2^2)\ddot{\theta}_1 + 2m_2 d_2 \dot{d}_2 \dot{\theta}_1 \\ \\ m_2 \ddot{d}_2 \end{bmatrix}$$

$$\frac{\partial L}{\partial q} = \begin{bmatrix} 0 \\ m_2 d_2 \dot{\theta}_1^2 \end{bmatrix} - \begin{bmatrix} g(m_1 l_1 + m_2 d_2)c\theta_1 \\ m_2 g s\theta_1 \end{bmatrix}$$

（5）写出拉格朗日动力学方程。

将上述所求得的偏导数代入拉格朗日方程,得到平面 RP 型机械臂的动力学方程的封闭形式：

$$\boldsymbol{\tau} = \begin{bmatrix} \tau_1 \\ \tau_2 \end{bmatrix}$$

$$= \begin{bmatrix} (m_1 l_1^2 + I_{yy1} + I_{yy2} + m_2 d_2^2)\ddot{\theta}_1 + 2m_2 d_2 \dot{\theta}_1 \dot{d}_2 + (m_1 l_1 + m_2 d_2)gc\theta_1 \\ m_2 \ddot{d}_2 - m_2 d_2 \dot{\theta}_1^2 + m_2 g s\theta_1 \end{bmatrix}$$

$$= \begin{bmatrix} (m_1 l_1^2 + I_{yy1} + I_{yy2} + m_2 d_2^2) & 0 \\ 0 & m_2 \end{bmatrix}\begin{bmatrix} \ddot{\theta}_1 \\ \ddot{d}_2 \end{bmatrix} + \begin{bmatrix} 2m_2 d_2 \dot{\theta}_1 \dot{d}_2 \\ -m_2 d_2 \dot{\theta}_1^2 \end{bmatrix} + \begin{bmatrix} (m_1 l_1 + m_2 d_2)gc\theta_1 \\ m_2 g s\theta_1 \end{bmatrix}$$

【例 5-10】　对于图 5-21 所示分布质量的二自由度机器人,试用拉格朗日方法建立其动力学方程。

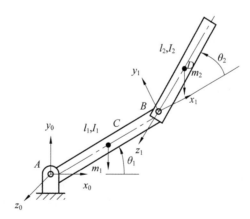

图 5-21　分布质量的二自由度机器人

解：此例类似于 5.5 节介绍的集中质量的二连杆机器人,只是坐标系定义有所不同,由于采用分布质量,因此计算动能时需要考虑转动惯量。

（1）对于连杆 1,其动能为

$$E_{k1} = \frac{1}{2}I_A \dot{\theta}_1^2$$

其中,$I_A = \frac{1}{3}m_1 l_1^2$ 是绕固定轴 z_0 的转动惯量。

连杆 2 的质心位置为

$$\begin{cases} x_D = l_1 c\theta_1 + \dfrac{1}{2} l_2 c\theta_{12} \\[2mm] y_D = l_1 s\theta_1 + \dfrac{1}{2} l_2 s\theta_{12} \end{cases}$$

对上式求导得到连杆 2 质心处速度：

$$\begin{cases} \dot{x}_D = - l_1 s\theta_1 \dot{\theta}_1 - \dfrac{1}{2} l_2 s\theta_{12} (\dot{\theta}_1 + \dot{\theta}_2) \\[2mm] \dot{y}_D = l_1 c\theta_1 \dot{\theta}_1 + \dfrac{1}{2} l_2 c\theta_{12} (\dot{\theta}_1 + \dot{\theta}_2) \end{cases}$$

对于连杆 2，其绕质心转动的动能为

$$E_{k2} = \frac{1}{2} I_D (\dot{\theta}_1 + \dot{\theta}_2)^2 + \frac{1}{2} m_2 v_D^2$$

其中，$v_D^2 = \dot{x}_D^2 + \dot{y}_D^2 = \left(l_1^2 + \dfrac{1}{4} l_2^2 + l_1 l_2 c\theta_2 \right) \dot{\theta}_1^2 + \left(\dfrac{1}{4} l_2^2 \right) \dot{\theta}_2^2 + \left(\dfrac{1}{2} l_2^2 + l_1 l_2 c\theta_2 \right) \dot{\theta}_1 \dot{\theta}_2$；$I_D = \dfrac{1}{12} m_2 l_2^2$。

所以，系统总的动能为

$$\begin{aligned} E_k &= E_{k1} + E_{k2} \\ &= \frac{1}{2} I_A \dot{\theta}_1^2 + \frac{1}{2} I_D (\dot{\theta}_1 + \dot{\theta}_2)^2 + \frac{1}{2} m_2 v_D^2 \\ &= \frac{1}{2} \left(\frac{1}{3} m_1 l_1^2 \right) \dot{\theta}_1^2 + \frac{1}{2} \left(\frac{1}{12} m_2 l_2^2 \right) (\dot{\theta}_1 + \dot{\theta}_2)^2 + \\ &\quad \frac{1}{2} m_2 \left[\left(l_1^2 + \frac{1}{4} l_2^2 + l_1 l_2 c\theta_2 \right) \dot{\theta}_1^2 + \left(\frac{1}{4} l_2^2 \right) \dot{\theta}_2^2 + \left(\frac{1}{2} l_2^2 + l_1 l_2 c\theta_2 \right) \dot{\theta}_1 \dot{\theta}_2 \right] \\ &= \left(\frac{1}{6} m_1 l_1^2 + \frac{1}{6} m_2 l_2^2 + \frac{1}{2} m_2 l_1^2 + \frac{1}{2} m_2 l_1 l_2 c\theta_2 \right) \dot{\theta}_1^2 + \left(\frac{1}{6} m_2 l_2^2 \right) \dot{\theta}_2^2 + \\ &\quad \left(\frac{1}{3} m_2 l_2^2 + \frac{1}{2} m_2 l_1 l_2 c\theta_2 \right) \dot{\theta}_1 \dot{\theta}_2 \end{aligned}$$

（2）系统的总势能：

$$E_p = E_{p1} + E_{p2} = \frac{1}{2} m_1 g l_1 s\theta_1 + m_2 g \left(l_1 s\theta_1 + \frac{1}{2} l_2 s\theta_{12} \right)$$

（3）拉格朗日函数：

$$\begin{aligned} L &= E_k - E_p \\ &= \left(\frac{1}{6} m_1 l_1^2 + \frac{1}{6} m_2 l_2^2 + \frac{1}{2} m_2 l_1^2 + \frac{1}{2} m_2 l_1 l_2 c\theta_2 \right) \dot{\theta}_1^2 + \left(\frac{1}{6} m_2 l_2^2 \right) \dot{\theta}_2^2 + \\ &\quad \left(\frac{1}{3} m_2 l_2^2 + \frac{1}{2} m_2 l_1 l_2 c\theta_2 \right) \dot{\theta}_1 \dot{\theta}_2 - \frac{1}{2} m_1 g l_1 s\theta_1 - m_2 g \left(l_1 s\theta_1 + \frac{1}{2} l_2 s\theta_{12} \right) \end{aligned}$$

（4）动力学方程：

$$\begin{aligned} \tau_1 &= \left(\frac{1}{3} m_1 l_1^2 + \frac{1}{3} m_2 l_2^2 + m_2 l_1^2 + m_2 l_1 l_2 c\theta_2 \right) \ddot{\theta}_1 + \left(\frac{1}{3} m_2 l_2^2 + \frac{1}{2} m_2 l_1 l_2 c\theta_2 \right) \ddot{\theta}_2 - \\ &\quad (m_2 l_1 l_2 c\theta_2) \dot{\theta}_1 \dot{\theta}_2 - \left(\frac{1}{2} m_2 l_1 l_2 s\theta_2 \right) \dot{\theta}_2^2 + \left(\frac{1}{2} m_1 + m_2 \right) g l_1 c\theta_1 + \frac{1}{2} m_2 g l_2 c\theta_{12} \\[2mm] \tau_2 &= \left(\frac{1}{3} m_2 l_2^2 + \frac{1}{2} m_2 l_1 l_2 c\theta_2 \right) \ddot{\theta}_1 + \left(\frac{1}{3} m_2 l_2^2 \right) \ddot{\theta}_2 + \left(\frac{1}{2} m_2 l_1 l_2 s\theta_2 \right) \dot{\theta}_1^2 + \frac{1}{2} m_2 g l_2 c\theta_{12} \end{aligned}$$

以矩阵形式表示：

$$
\begin{bmatrix} \tau_1 \\ \tau_2 \end{bmatrix} = \begin{bmatrix} D_{11} & D_{12} \\ D_{21} & D_{22} \end{bmatrix} \begin{bmatrix} \ddot{\theta}_1 \\ \ddot{\theta}_2 \end{bmatrix} + \begin{bmatrix} D_{111} & D_{122} \\ D_{211} & D_{222} \end{bmatrix} \begin{bmatrix} \dot{\theta}_1^2 \\ \dot{\theta}_2^2 \end{bmatrix} + \begin{bmatrix} D_{112} & D_{121} \\ D_{212} & D_{221} \end{bmatrix} \begin{bmatrix} \dot{\theta}_1\dot{\theta}_2 \\ \dot{\theta}_2\dot{\theta}_1 \end{bmatrix} + \begin{bmatrix} G_1 \\ G_2 \end{bmatrix}
$$

5.7 关节空间动力学与操作空间动力学

n 自由度的机器人具有 n 个关节变量，这 n 个关节变量构成了机器人的关节空间 q，其末端执行器（手部）的位姿矢量 X 通常在直角坐标空间中描述，这通常被称为操作空间。

在机器人运动学中给出的表达式 $X = X(q)$ 是关节空间向操作空间的映射。运动学逆解则是求机器人末端执行器的位姿在关节空间中的原象。

下面讨论机器人动力学方程在关节空间与操作空间的表达形式以及它们之间的关系。

5.7.1 关节空间动力学方程与操作空间动力学方程

1. 关节空间动力学

将拉格朗日动力学方程用更简化的一般形式表示，有

$$
\tau = D(q)\ddot{q} + H(q,\dot{q}) + G(q)
$$

式中：$\tau = \begin{bmatrix} \tau_1 & \tau_2 & \cdots & \tau_n \end{bmatrix}^T$；$q = \begin{bmatrix} q_1 & q_2 & \cdots & q_n \end{bmatrix}^T$；$\dot{q} = \begin{bmatrix} \dot{q}_1 & \dot{q}_2 & \cdots & \dot{q}_n \end{bmatrix}^T$；$\ddot{q} = \begin{bmatrix} \ddot{q}_1 & \ddot{q}_2 & \cdots & \ddot{q}_n \end{bmatrix}^T$。

这就是机器人在关节空间的动力学方程的一般表达式。

该表达式反映了关节力或力矩与关节变量、速度和加速度之间的函数关系。对于 n 个关节的机器人，$D(q)$ 是 $n \times n$ 正定对称矩阵，是 q 的函数，称为机器人惯性矩阵；$H(q,\dot{q})$ 是 $n \times 1$ 的离心力和科氏力矢量；$G(q)$ 是 $n \times 1$ 的重力矢量，与机器人的形位 q 有关。

对于平面 RP 型机器人，有

$$
D(q) = \begin{bmatrix} m_1 l_1^2 + I_{yy1} + I_{yy2} + m_2 d_2^2 & 0 \\ 0 & m_2 \end{bmatrix}
$$

$$
H(q,\dot{q}) = \begin{bmatrix} 2m_2 d_2 \dot{\theta}_1 \dot{d}_2 \\ -m_2 d_2 \dot{\theta}_1^2 \end{bmatrix}, \quad G(q) = \begin{bmatrix} (m_1 l_1 + m_2 d_2) g c\theta_1 \\ m_2 g s\theta_1 \end{bmatrix}
$$

$$
\tau = \begin{bmatrix} \tau_1 \\ \tau_2 \end{bmatrix} = \begin{bmatrix} (m_1 l_1^2 + I_{yy1} + I_{yy2} + m_2 d_2^2)\ddot{\theta}_1 + 2m_2 d_2 \dot{\theta}_1 \dot{d}_2 + (m_1 l_1 + m_2 d_2) g c\theta_1 \\ m_2 \ddot{d}_2 - m_2 d_2 \dot{\theta}_1^2 + m_2 g s\theta_1 \end{bmatrix}
$$

2. 操作空间动力学

与关节空间动力学方程相对应，在操作空间中，作用于机器人末端执行器的广义操作力 F 与末端加速度 $\ddot{X}$ 之间的关系可表示为

$$
F = M_x(q)\ddot{X} + U_x(q,\dot{q}) + G_x(q)
$$

式中：$M_x(q)$——操作空间中的惯性矩阵；

$U_x(q,\dot{q})$——操作空间中的离心力和科氏力矢量；

$G_x(q)$——操作空间中的重力矢量；

F——作用于机器人末端执行器的广义操作力矢量；

X——机器人末端执行器的位姿矢量。

5.7.2 关节空间动力学与操作空间动力学间的关系

由 5.3 节可知，广义操作力和关节力之间的关系为

$$\tau = J^{\mathrm{T}}(q)F$$

操作空间与关节空间之间的速度与加速度的关系如下：

$$\dot{X} = J(q)\dot{q} \tag{5-60}$$

$$\ddot{X} = J(q)\ddot{q} + \dot{J}(q)\dot{q} \tag{5-61}$$

比较关节空间与操作空间动力学方程，可以得到：

$$D(q) = J^{\mathrm{T}}(q)M_x(q)J(q) \tag{5-62}$$

$$H(q,\dot{q}) = J^{\mathrm{T}}(q)U_x(q,\dot{q}) + J^{\mathrm{T}}(q)M_x(q)\dot{J}(q)\dot{q} \tag{5-63}$$

$$G(q) = J^{\mathrm{T}}(q)G_x(q) \tag{5-64}$$

所以，机器人动力学最终是研究其关节输入力矩与其输出的操作运动之间的关系，可以由式(5-59)和静力学方程得到：

$$\tau = J^{\mathrm{T}}(q)\left[M_x(q)\ddot{X} + U_x(q,\dot{q}) + G_x(q)\right] \tag{5-65}$$

式(5-65)反映了输入关节力与机器人运动之间的关系。

本 章 小 结

机器人动力学对于机器人高速运动及实时控制具有特别重要的意义。本章首先研究了机器人的微分运动学，引入了速度雅可比矩阵；对机器人进行了静力学分析，利用力雅可比矩阵建立了机器人末端执行器对环境施加作用力时与关节上力矩之间的关系；运用拉格朗日方法给出了机器人动力学方程建立的过程，得到了机器人动力学方程的一般表达式，从中可以看出机器人动力学方程的特点为时变、非线性、强耦合；最后分析了关节空间动力学与操作空间动力学间的关系。机器人运动学方程、静力学方程和动力学方程以及它们之间的联系如下。

运动学方程：

$$X = X(q), \quad \dot{X} = J(q)\dot{q}, \quad \ddot{X} = J(q)\ddot{q} + \dot{J}(q)\dot{q}$$

静力学方程：

$$\tau = J^{\mathrm{T}}(q)F$$

动力学方程：

$$\tau = D(q)\ddot{q} + H(q,\dot{q}) + G(q)$$

运动学、静力学与动力学的关系如图 5-22 所示，对于图中的问号处的对应等式关系，希望读者们通过本章内容去寻找答案。

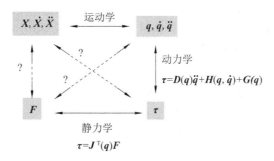

图 5-22 运动学、静力学与动力学的关系

著名人物介绍

1. 卡尔·古斯塔夫·雅各布·雅可比

卡尔·古斯塔夫·雅各布·雅可比(Carl Gustav Jacob Jacobi, 1804—1851),德国数学家。1804 年 12 月 10 日生于普鲁士的波茨坦,1851 年 2 月 18 日卒于柏林。他于 1825 年获得了柏林大学理学博士学位,1827 年被任命为柯尼斯堡大学的数学教授,并一直任教到 1842 年。雅可比是数学史上最勤奋的学者之一,是被广泛承认的历史上最伟大的数学家之一。

他于 1829 年发表了《椭圆函数论新基础》,这是关于椭圆函数的一本关键性著作;1841 年发表了《论行列式的形成与性质》,文中求出了函数行列式的导数公式,即雅可比行列式。

2. 约瑟夫·路易斯·拉格朗日

约瑟夫·路易斯·拉格朗日(Joseph-Louis Lagrange, 1736—1813),法国著名数学家、物理学家。1736 年 1 月 25 日生于意大利都灵,1813 年 4 月 10 日卒于巴黎。他在数学、力学和天文学三个学科领域中都有历史性的贡献,其中尤以在数学方面的成就最为突出。

拉格朗日在其著作《分析力学》中,引入了势和等势面的概念,进一步把数学分析应用于质点和刚体力学,提出了运用于静力学和动力学的普遍方程,引进广义坐标的概念,建立了拉格朗日方程,把力学体系的运动方程从以力为基本概念的牛顿形式,变为以能量为基本概念的分析力学形式,奠定了分析力学的基础。

习 题

5.1 什么是机器人的动力学问题? 研究机器人动力学的目的是什么?

5.2 什么是机器人的静力学问题?

5.3　机器人动力学问题的研究方法有哪些？

5.4　什么是拉格朗日函数？用拉格朗日方法建立机器人动力学方程有哪些步骤？

5.5　关节空间动力学方程与操作空间动力学方程的表达式是什么？它们之间有什么关系？

5.6　求图 5-23 所示的二连杆非平面机械臂的动力学方程。假设每个连杆的质量为集中质量并处于连杆最外端，且每个关节的黏性阻尼系数分别为 b_1，b_2。

5.7　求图 5-24 所示具有分布质量的二自由度机器人的动力学方程。

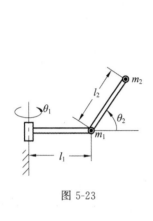

图 5-23

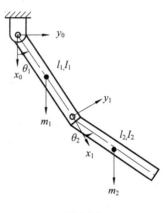

图 5-24

6 机器人的传感系统

给机器人装备什么样的传感器，对这些传感器有什么要求，这是设计机器人传感系统时遇到的首要问题。应当完全根据机器人的工作需要和应用特点选择机器人传感器。在机器人中，传感器为内部反馈控制作用提供信息或感知与外部环境的相互作用。

本章内容在细化调整后的机器人组成系统中的位置如图 6-1 中虚线框所示。

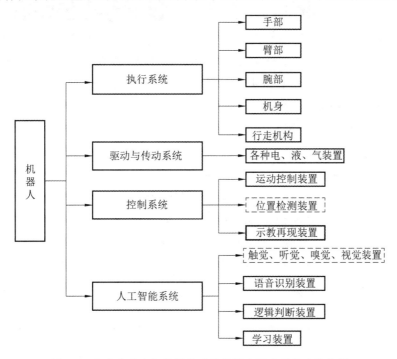

图 6-1　本章内容在细化调整后的机器人组成系统中的位置

本章重点讲述工业机器人所配置的传感器，其中主要介绍机器人关节传感器、机器人手部传感器以及机器人环境识别传感器，最后涉及一些机器人视觉传感信息处理的部分内容——图像处理。

6.1　概　　述

人的感觉有视觉、听觉、触觉、嗅觉、味觉、平衡感觉等。机器人想要像人一样有效地完成工作，感觉功能是必不可少的。目前一些机器人（特别是仿人机器人）具有视觉、听觉和触觉等感觉功能，这些感觉是通过相应传感器得到的，图 6-2 所示为人的部分基本感觉和仿人机器人。

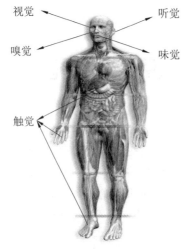

(a) 人的部分基本感觉　　　　　　　　(b) 仿人机器人

图 6-2　人的部分基本感觉与仿人机器人

传感器按一定规律实现信号检测,并将被测量(物理的、化学的和生物的)信息通过变送器转换为另一种常用物理量(通常是电压或电流等电量)。

传感器一般由敏感元件、转换元件、基本转换电路组成,如图 6-3 所示。

图 6-3　传感器的组成

敏感元件是能直接感受被测量、并以确定关系输出某一物理量的元件,如弹性敏感元件可将力转换为位移或应变;转换元件可将敏感元件输出的非电量转换成电量;基本转换电路将由转换元件产生的电量转换成便于测量的电信号,如电压、电流、频率等。

6.1.1　传感器的种类

传感器可从不同的角度进行分类,下面主要针对工业机器人,根据其传感器安装位置和功能进行分类。

1.根据传感器安装位置分类

(1)内部传感器:检测机器人本身状态(如各关节角位移、角速度等)的传感器。有位置、速度、加速度、力(力矩)与压力传感器以及微动开关等。

(2)外部传感器:检测机器人所处环境(是什么物体、离物体的距离有多远等)及状况(抓取的物体是否滑落等)的传感器。外部传感器分为末端执行器传感器和环境传感器,两者的简单介绍如下。

① 末端执行器传感器:主要装在作为末端执行器的部位,检测处理精巧作业的感觉信息。主要有接触觉、压觉、滑动觉、力觉(力)等传感器。

② 环境传感器:用于识别物体和检测物体与机器人的距离。主要有视觉、接近觉、超声波、红外、激光等传感器。

2.根据传感器功能分类

可以根据传感器感知的信息分为视觉、接触觉、接近觉等传感器,也可以根据被测量的不同分为位置(位移)、速度、加速度、温度、湿度等传感器。

机器人传感器一般分为内部传感器与外部传感器。内部传感器用来测量机器人自身状态,外部传感器测量与机器人作业相关的外部因素,通常与机器人的目标识别和作业安全等因素有关。

如图 6-4 所示的三指灵巧手,每个手指三个关节都配置角位移传感器(属于内部传感器),为了实现对鸡蛋等易碎品的精确抓握,还在末端指节安装了力传感器(亦称力觉传感器,属于外部传感器)来感知手指与被抓握物体之间的接触力,采用两级分布式计算机实时控制系统进行控制。

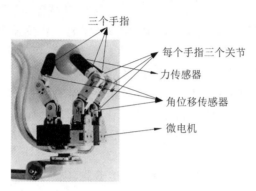

图 6-4　三指灵巧手

对于移动机器人来说,为了更好地感知外部环境,实现自主定位和导航,往往会将多种外部传感器与内部传感器进行信息融合,以实现环境建模、目标识别、自身定位与避障等功能,如图 6-5 所示。

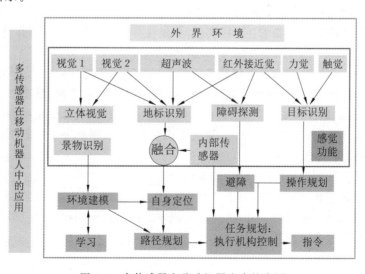

图 6-5　多传感器在移动机器人中的应用

6.1.2　机器人传感器的安装需求与选择

1. 机器人传感器的安装需求

机器人应具备哪些感觉？这要看机器人的安装需求。

机器人为了完成不同的加工任务，所需要的传感器也会不同，例如：焊接机器人（包括点焊与弧焊机器人）都需要配置位置传感器（如光电式编码器、精密的电位器）与速度传感器（如测速发电机），而点焊机器人可安装接近觉传感器，弧焊机器人可安装视觉传感与检测系统；目前多数搬运机器人中除了内部传感器外，不具有外部感觉能力，但若资金允许也可以考虑安装视觉、接触觉以及力觉等传感器，以提高机器人的工作能力；喷漆机器人主要考虑安装用于位置（或速度）检测和工作对象识别的两种类型的传感器，位置检测传感器可选光电开关、测速码盘、超声波测距传感器等，工作对象识别传感器主要就是配备视觉系统。

从控制的角度来讲，为满足机器人控制的要求，需要的传感器类型主要是内部传感器，如位置检测传感器可以实现对位置的反馈，速度检测传感器可以满足速度控制以及动力学计算的需要，加速度传感器主要是满足动力学计算的需要。

另外，机器人若要完成某些辅助工作，也需要传感器的帮助，例如：进行产品检验和零件分类则可能需要视觉传感器，以完成对缺陷特征和零件的识别；进行工件抓取时可能需要接触觉传感器以判断是否接触到工件；进行装配时可能需要力觉传感器以判断零件是否安装到位等。

还有满足机器人及其使用者"安全"需要的传感器，包括保证使用者安全的安全导线、安全开关、防干扰传感器（电容式、光电式、超声波式）等，以及保证机器人安全工作需要的传感器（力觉传感器能测量机器人杆件和关节所受的作用力，接近觉传感器能防止机器人与周围物体的碰撞，以实现更好的避障）。

2. 机器人传感器的性能要求

机器人传感器应达到什么样的性能要求？

机器人对传感器的一般要求：① 精度高，重复性好；② 稳定性好，可靠性高；③ 抗干扰能力强；④ 重量轻，体积小，安装方便可靠；⑤ 价格便宜。

对传感器进行选择时应该考虑传感器的性能指标和物理特征。

传感器性能指标主要有精度、灵敏度、测量范围、线性度、重复性、分辨率、响应时间与可靠性等，这些指标的选择也要按照需求来定：灵敏度适中即可，线性度应高些，测量范围必须覆盖被测量的工作范围，精度合适就好，重复性很重要，分辨率取决于控制要求，响应时间越短越好，可靠性应为 98%～99%。

传感器物理特征的选择标准：尺寸和重量会影响机器人的运动性能，应该减小或减轻；输出形式最好是数字式电压信号，便于计算机直接进行处理；可插接性会影响传感器使用的方便程度和机器人结构的复杂程度（进而影响成本），应设计通用接口，传感器输出信号的大小和形式应能与其他外设相匹配。

6.2　机器人关节传感器

几乎所有的机器人关节都需要使用内部传感器，主要为位置与位移传感器、速度传感器、加速度传感器和力传感器。

6.2.1　位置与位移传感器

对于位置与位移传感器,我们主要介绍两种:电位器式位移传感器与光电编码器。特别是光电编码器(图6-6),其作为最简单的数字式位置与位移传感器,主要有两种:绝对型和相对型,绝对型光电编码器能给出关节的实际位置,相对型光电编码器能给出关节的实际位移。

图6-6　光电编码器的实物图片

1. 电位器式位移传感器

电位器(potentiometer)式位移传感器是最常见的一种位移传感器。它由一个线绕电阻(或薄膜电阻)和一个滑动触点组成。其中被检测的量通过机械装置控制滑动触点。当被检测的位置量发生变化时,滑动触点也发生位移,从而改变了滑动触点与电位器各端之间的电阻值和输出电压值。根据这种输出电压值的变化,可以检测出机器人各关节的位置和位移量。

电位器式位移传感器按照结构可以分为两大类:一类是直线型电位器,另一类是旋转型电位器。

直线型电位器主要用于检测直线位移,其电阻器采用直线型螺线管或直线型碳膜电阻,滑动触点也只能沿电阻的轴线方向做直线运动,其测量原理图如图6-7所示。

根据电工学知识,容易得出其输出与输入之间的关系为

$$V_{\text{out}} = \frac{R_1}{R}V_{\text{in}} \tag{6-1}$$

图6-8所示为直线型电位器式位移传感器用于测量伺服工作台线位移的原理图,以电位器的中点为零点,工作台位移为 x(左移为正,右移为负),其对应的电压为 e_x,则被测位移与电位器的输入电压和输出电压之间的关系为

$$\begin{cases} \dfrac{x}{L} = \dfrac{e_x}{E/2} \\ e = e_x + E/2 \end{cases} \Rightarrow x = \frac{L(2e-E)}{E} \tag{6-2}$$

从式(6-2)可见该传感器的输入输出关系为线性关系,但缺点是直线型电位器的工作范围和分辨率受电阻器长度的限制。另外,实际线绕电阻、电阻丝本身的不均匀性会造成该电位器式位移传感器的输入输出关系的非线性。

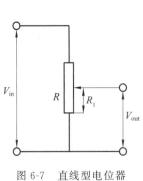

图 6-7　直线型电位器
测量原理图

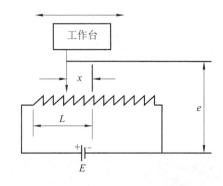

图 6-8　直线型电位器式位移传感器用于
测量伺服工作台线位移的原理图

旋转型电位器的电阻元件呈圆弧状(见图 6-9),滑动触点也只能在电阻元件上做圆周运动。

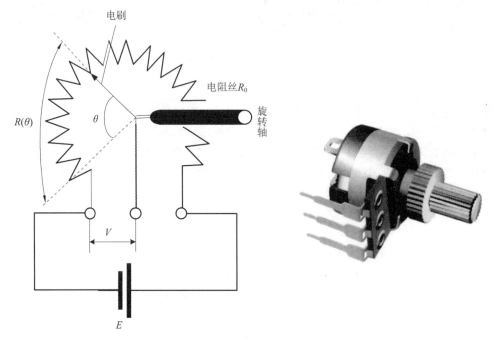

图 6-9　旋转型电位器式位移传感器测量原理及实物图

以测量范围是 360°为例,其测量原理表达式为

$$V = \frac{R(\theta)}{R_0}E = \frac{\theta}{360}E \quad \Rightarrow \theta = \frac{360}{E}V \tag{6-3}$$

旋转型电位器有单圈电位器和多圈电位器两种。由于滑动触点等的限制,单圈电位器工作范围的转角只能小于 360°,对分辨率也有一定限制。对多数应用情况来说,这并不会妨碍它的使用。假如需要更高的分辨率和更大的工作范围,可以选用多圈电位器。

电位器的主要性能指标如下所示。

(1) 标称电阻值和容许误差:标称电阻值是电位器上标注的名义阻值,具体为电阻体两个固定端之间的电阻;容许误差是实测阻值与标称电阻值的误差范围,根据不同精度等级可允许±20%、±10%、±5%、±2%、±1%的误差。精密电位器的精度可达 0.1%。

（2）额定功率：电位器的两个固定端上允许耗散的最大功率，即在直流或交流电路中，当大气压为 87～107kPa，在规定的额定温度下电位器长期连续负荷下所允许消耗的最大功率。

（3）分辨率：电位器输出的最小值，分辨率越小，精度越高。

（4）噪声：包括滑动端滑动时的机械噪声和固定电阻中的电流噪声等电气噪声。

（5）阻值变化规律：电位器阻值随滑动触点旋转角度（或滑动位移）之间的变化关系，一般为线性函数。

（6）起动力矩与转动力矩：对于与伺服驱动配合使用的旋转型电位器，要求其起动力矩小且匀速转动时的转动力矩也不要太大。

电位器式位移传感器的优点：输入输出特性是线性的；输出信号选择范围很大；不会因为失电而破坏其已感觉到的信息；性能稳定，结构简单，尺寸小，重量轻，精度高。

电位器式位移传感器的主要缺点：由于滑动触点和电阻器表面的磨损，电位器的可靠性和使用寿命受到一定的影响。

正因如此，电位器式位移传感器在机器人上的应用受到了极大的限制，近年来随着光电编码器价格的降低而逐渐被取代。

2. 光电编码器

光电编码器是一种通过光电转换将输出轴上的机械几何位移量转换成脉冲或数字量的传感器。

光电编码器是一种在伺服控制系统中广泛应用的高精度的位移传感器，通常分为绝对型和相对型（增量式）两种。

1）绝对型光电编码器

绝对型光电编码器是直接输出数字量的传感器，图 6-10 所示为该编码器的码盘，在它的圆形码盘上沿径向有若干同心码道，每条码道由透光和不透光的扇形区相间组成，相邻码道的扇形区数目是双倍关系，码盘上的码道数就是它的二进制数码的位数。当码盘处于不同位置时，各光敏元件根据受光照与否转换出相应的电平信号，形成二进制数。

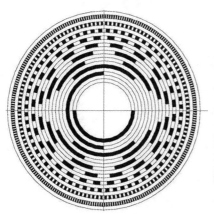

图 6-10 绝对型光电编码器的码盘

这种编码器的特点是不要计数器，利用自然二进制码或二进制格雷码（binary Gray Code）的方式进行光电转换，在转轴的任意位置都可读出一个固定位置相对应的数字码。

绝对型光电编码器即使发生电源中断的情况，也能正确地给出角度位置。绝对型光电编码器产生供每种轴使用的独立、单值码字。与相对型光电编码器不同，绝对型光电编码器的每个读数都与前面的读数无关。绝对型光电编码器最大的优点是系统电源中断时,器件可记录发生中断的地点,当电源恢复时,它可把记录情况通知系统。

绝对型光电编码器通常由三个主要元件构成:① (多路或通道)光源(如发光二极管);② 光敏元件;③ 光电码盘(包括定盘和转盘)。绝对型光电编码器的组成如图 6-11 所示。

绝对型光电编码器的编码原理:码盘上分布着均匀刻画的同心圆,每个同心圆对应着一条码道。按照二进制分布规律,把每条码道加工成透明区域和不透明区域相间的形式。码盘的一侧安装光源,另一侧安装一排径向排列的光电管,每个光电管对准一条码道。当光源照射码盘时,如果是透明区域,则光线被光电管接收,并转换成电信号,输出信号为"1";如果是不透明区域,则光电管接收不到光线,输出信号为"0"。被测工作轴带动码盘旋转时,光电管输出的信息就代表了轴的对应位置,即绝对位置。编码时,最外圈的码道对应最低位,最靠近圆心的码道代表最高位。

绝对型光电编码器的分辨率取决于输出数字量的最低有效位,该数值和光栅盘的码道或编码所表示的二进制数字的位数一致。光电码盘大多采用图 6-12 所示的格雷码码盘(白色代表不透光,黑色代表透光),其编码为格雷码,格雷码与十进制码、二进制码的对应关系如表 6-1 所示。格雷码的特点是每一相邻数码之间仅改变一位二进制数,这样即使制作和安装不十分准确,产生的误差最多也只是最低位的一位数,可以大大降低误码率。

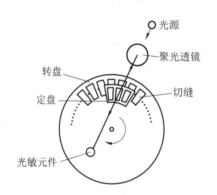

图 6-11　绝对型光电编码器的组成

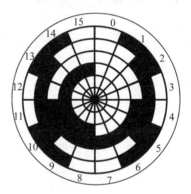

图 6-12　格雷码码盘

表 6-1　格雷码与十进制码、二进制码的对应关系

十进制码	二进制码	格雷码	十进制码	二进制码	格雷码
0	0000	0000	8	1000	1100
1	0001	0001	9	1001	1101
2	0010	0011	10	1010	1111
3	0011	0010	11	1011	1110
4	0100	0110	12	1100	1010
5	0101	0111	13	1101	1011
6	0110	0101	14	1110	1001
7	0111	0100	15	1111	1000

表 6-1 中格雷码可以用二进制码进行异或运算得到：

$$\begin{cases} G_3 = B_3 \\ G_i = B_{i+1} \oplus B_i, i = 0,1,2 \end{cases} \tag{6-4}$$

式中：G_i——格雷码的第 $i+1$ 位；

B_i——二进制码的第 $i+1$ 位；

$\oplus$——代表异或运算。

当 B_{i+1} 与 B_i 相同时，则 G_i 为 0，不同为"1"。

对于 n 位二进制码盘，其能分辨的最小角度（分辨率）为

$$\alpha = 360°/2^n \tag{6-5}$$

显然，码道越多，分辨率越高，编码器能达到的测量精度越高。若绝对型光电编码器码盘的码道为 18 条，则其能分辨的最小角度为 $\alpha = 360°/2^{18} \approx 0.0014°$。

编码器精度的选择取决于设计要求。大型绝对型光电编码器采用 10 圈到 20 圈的同心二进制码盘，角位置测量精度可达 $1/2^{20} \sim 1/2^{10}$，即 $1/1048576 \sim 1/1024$，并要确保码盘的安装精度。一般来说，安装精度应该为 0.02 mm 以内。因为要加工的码道数越多，加工难度就越大，所以高精度的绝对型光电编码器成本很高。

2）相对型光电编码器

相对型光电编码器也叫增量式编码器，其码盘上的读数起始点是不固定的，且只能检测角位移或线位移的变化量。而绝对型光电编码器的读数起始点是固定的，它以码盘固有的某个图案为起始点，检测角位移或线位移，它能同时检测角位移或线位移的初始值和增量。

相对型光电编码器与绝对型光电编码器，两者的工作原理基本相同：光电码盘一般只刻有一圈透明和不透明均匀间隔的码道，当光透过码盘时，光敏元件导通，产生高电平信号，代表二进制的"1"；不透明的区域代表二进制的"0"。由于光电码盘与电动机同轴连接，光栅盘与电动机同速旋转，经发光二极管等电子元件组成的检测装置检测输出的若干脉冲信号。每秒光电编码器输出脉冲的个数就能反映当前电动机的转速。因此，光电编码器只能通过计算输出的脉冲个数来得到输入轴所转过的相对角度。

相对型光电编码器由光源、光栅盘和光敏元件等装置组成。其测量系统如图 6-13 所示。

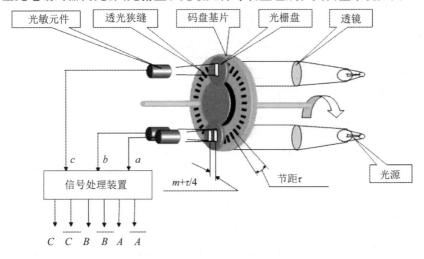

图 6-13 相对型光电编码器测量系统

为判断旋转方向,相对型光电编码器是直接利用光电转换原理输出三组方波脉冲 A、B 和 C 相。A、B 两组脉冲相位差 $90°$,如图 6-14 所示,从而可方便地判断出旋转方向,而 C 相为每转一个脉冲,用于基准点定位。

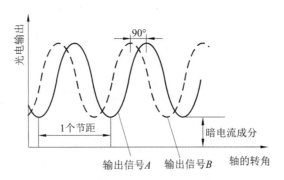

图 6-14　相对型光电编码器的两组脉冲输出信号

相对型光电编码器的信号处理过程与用各数字表示的点上的输出波形如图 6-15 所示。A 信号和 B 信号经前置放大器和整形电路(施密特电路),使波形得到整形,变成分别用图 6-15(b)中 1、2 表示的矩形波。当向某一方向旋转(正转)时,2 相对 1 超前了 $90°$ 相位;当向相反方向旋转(反转)时,就变成 2 相对 1 滞后了 $90°$ 相位。

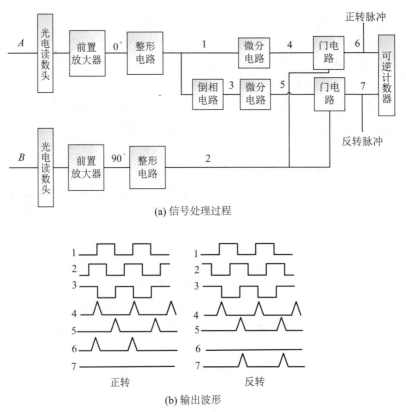

(a) 信号处理过程

(b) 输出波形

图 6-15　相对型光电编码器的信号处理过程与用各数字表示的点上的输出波形

光电编码器能够测量的最小角度变化量即分辨率。通常以编码器旋转轴每旋转一圈的脉冲个数来表示,分辨率是光电编码器的重要性能指标。分辨率越高,精度就越高。相对型

光电编码器的分辨率取决于光盘的刻线数，即光栅盘转一周所计数的总和。设刻线数条数为 n，则分辨率为

$$\Delta\theta = 360°/n \tag{6-6}$$

一般地，相对型光电编码器在整个光栅盘的刻线数为 2700 条、5400 条、10800 条、21600条，对应的角节距分别为 $8'$、$4'$、$2'$、$1'$。

由于相对型光电编码器的码盘加工相对容易，其成本比绝对型光电编码器低，而分辨率高，但只有在机器人完成校准操作以后才能获得绝对位置信息。通常这并不是很大的缺点，因为这样的操作一般只需要接通电源后就能完成，但由于相对型光电编码器没有"记忆"功能，若在操作过程中电源意外中断，则必须再次完成校准。

相对型光电编码器的优点是原理构造简单，机械平均使用寿命可达几万小时，抗干扰能力强，可靠性高，适合长距离传输。缺点是无法输出轴转动的绝对位置信息。

其他精度比较高的位移传感器有：光栅尺可以用来进行直线位移测量，在高精度机床上得到了广泛应用；陀螺仪可以进行角度测量等。此处不再具体介绍。

6.2.2　角速度传感器

机器人关节上的旋转速度可以用旋转编码器和测速发电机来测量，下面分别进行介绍。

1. 旋转编码器

当在关节上使用旋转编码器（光电编码器）时，可以用一个传感器实现角度和角速度的检测，比较方便。如前所述，光电编码器有绝对型和相对型（增量式）两种，都可以用来进行速度的测量。

1）绝对型旋转编码器的应用

因为这种编码器的输出表示的是旋转角度的实际值，所以若对单位时间前的值进行记忆，并取得它与现时值之间的差值，就可以求得角速度。

2）相对型旋转编码器的应用

这种编码器在单位时间内输出脉冲的数目与角速度成比例。

相对型旋转编码器测速方法有两种：M 法测速和 T 法测速。

M 法测速适合高转速场合，其原理如图 6-16 所示。设编码器每转产生 N 个脉冲，若在 T s 时间段内有 m_1 个脉冲产生，则转速 n 为

$$n = 60m_1/(NT)(\text{r/min}) \tag{6-7}$$

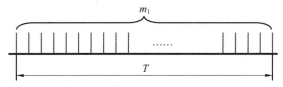

图 6-16　相对型旋转编码器 M 法测速原理

例如：有一相对型旋转编码器，其每转脉冲个数 N 为 1024，在 5 s 时间内测得 65536 个脉冲，则其转速为

$$n = 60 \times 65536/(1024 \times 5)\text{r/min} = 768 \text{ r/min}$$

T 法测速适合低转速场合，其原理如图 6-17 所示。设编码器每转产生 N 个脉冲，用已知频率 f_c 作为时钟脉冲，填充到编码器输出的两个相邻脉冲之间的脉冲个数为 m_2，则转

速为

$$n = 60f_c / (Nm_2) \ (\mathrm{r/min}) \tag{6-8}$$

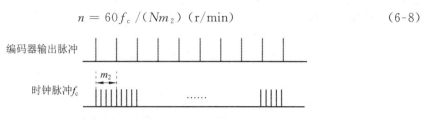

图 6-17 相对型旋转编码器 T 法测速原理

例如:有一相对型旋转编码器,其每转脉冲个数 N 为 1024,测得两个相邻脉冲之间的脉冲个数为 3000,时钟频率 f_c 为 1 MHz,则转速为

$$n = 60 \times 1000000/(1024 \times 3000)\mathrm{r/min} = 19.53 \ \mathrm{r/min}$$

2.测速发电机

测速发电机是一种检测机械转速的电磁装置。它利用发电机原理,把机械转速转换成电压信号,其输出电压与输入的转速成正比。测速发电机有直流和交流两种,下面重点介绍直流测速发电机。

直流测速发电机工作原理如图 6-18 所示。

根据直流电机理论,当直流测速发电机的输入转速为 n 且励磁绕组产生的磁通量 Φ 为常数时,电枢绕组的感应电动势为

$$E_a = C_e \Phi n = K_e n$$

式中:C_e——直流电机的电气常数,由直流电机的结构确定;

K_e——电势常数,$K_e = C_e \Phi$。

当接负载时,其输出电压与输入转速之间的关系(即输出-输入特性)为

$$U_a = \frac{E_a}{R_a + R_L} R_L = \frac{K_e}{1 + \dfrac{R_a}{R_L}} n = Cn \tag{6-9}$$

式中:C——测速发电机输出特性的斜率;

R_L——负载电阻;

R_a——电枢电阻。

理论上直流测速发电机的输出-输入特性为线性,如图 6-19 中的实线所示,但实际上并非严格的线性,实线会随着负载电阻的减小而出现向下弯曲的情况,如图 6-19 中的虚线所示,在使用中要引起注意。

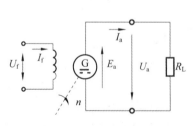

图 6-18　直流测速发电机工作原理

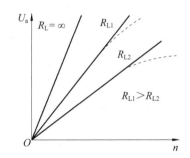

图 6-19　测速发电机的输出-输入特性

直流测速发电机的结构如图 6-20 所示。

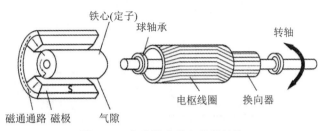

图 6-20　直流测速发电机的结构

直流测速发电机的主要性能指标有：

(1) 线性误差 $\Delta U\%$：$\Delta U\% = \dfrac{\Delta U_m}{U_m} \times 100\%$（见图 6-21）；

(2) 最大线性工作转速 n_m；

(3) 最小负载电阻 R_{Lmin}；

(4) 不灵敏区 Δn；

(5) 纹波系数 K_u。

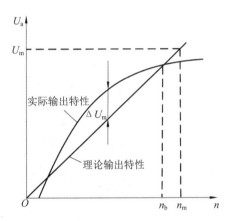

图 6-21　直流测速发电机的线性误差

使用注意事项：转速不应超过最大线性工作转速；所接负载电阻不应小于最小负载电阻。

6.2.3　加速度传感器

检测物体直线加速度的加速度传感器的原理是牛顿第二定律，将检测有一定质量的物体的加速度归结为检测力或力矩。加速度传感器通常由质量块、阻尼器、弹性元件、敏感元件和调适电路等部分组成。该传感器在加速过程中，通过对质量块所受惯性力的测量，利用牛顿第二定律获得加速度值。根据传感器中敏感元件的不同，常见的加速度传感器包括电容式、电感式、应变式、压阻式、压电式等。

图 6-22 所示为线位移加速度计的原理图，由质量 m、阻尼 B、弹簧 k 以及基座组成。设线位移加速度计壳体相对于某固定参照物（地球）的位移为 x，并设 $x_i = \ddot{x}$（壳体的加速度）为输入信号；设质量 m 相对于基座壳体的位移 y 为输出信号。x,y 的正方向为图 6-22 中箭头所指方向。

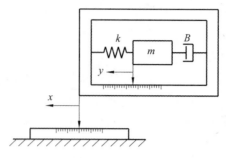

图 6-22　线位移加速度计的原理图

因为 y 是相对于基座壳体度量的，所以质量 m 相对于地球的位移是 $(x+y)$，则该系统的运动微分方程为

$$m(\ddot{y}+\ddot{x})+B\dot{y}+ky=0$$

即

$$m\ddot{y}+B\dot{y}+ky=-m\ddot{x}=-mx_i$$

或

$$\ddot{y}+\frac{B}{m}\dot{y}+\frac{k}{m}y=-\ddot{x}=-x_i$$

用典型二阶系统表示为

$$\ddot{y}+2\zeta\omega_n\dot{y}+\omega_n^2y=-x_i$$

其中，ω_n 与 ζ 是系统的固有频率和阻尼比参数，$\omega_n^2=\dfrac{k}{m}$，$2\zeta\omega_n=\dfrac{B}{m}$。系统输入信号为壳体的加速度 $\ddot{x}$，输出信号 y 为质量 m 相对于基座壳体的位移。

进行拉普拉斯变换，其中 s 是拉普拉斯变换中的复变量，可得

$$\frac{Y(s)}{X_i(s)}=\frac{-m}{ms^2+Bs+k}=\frac{-1}{s^2+\dfrac{B}{m}s+\dfrac{k}{m}}=\frac{-1}{s^2+2\zeta\omega_ns+\omega_n^2}$$

当 $\left|\dfrac{k}{m}\dfrac{1}{s^2+\dfrac{B}{m}s}\right|\gg1$ 时，可得

$$\frac{Y(s)}{X_i(s)}\approx\frac{-\dfrac{1}{s^2+\dfrac{B}{m}s}}{\dfrac{k}{m}\dfrac{1}{s^2+\dfrac{B}{m}s}}=-\frac{m}{k}=-\frac{1}{\omega_n^2}$$

变换回时域中，可表示为

$$y=-\frac{1}{\omega_n^2}x_i$$

这时输入信号与输出信号之间的关系可以看作线性关系。

6.2.4　力觉传感器

机器人作业是一个机器人与其周围环境的交互过程。交互过程有两类：一类是非接触式的，如弧焊、喷漆等，基本不涉及力；另一类是需要接触才能完成的，如拧螺钉、点焊、装配、

抛光、加工等。目前已将视觉传感器和力觉传感器(力传感器)用于非事先定位的轴孔装配，其中，视觉完成大致的定位，装配过程靠孔的倒角不断产生的力反馈来完成。又比如高楼清洁机器人，它擦玻璃时施加的力不能太大也不能太小，这就要求机器人作业时具有力控制功能。当然，对于机器人的力传感器，不仅仅是上面描述的机器人末端执行器与环境作用过程中发生的力测量，还有诸如机器人自身运动控制过程中的力反馈测量、机器人手爪抓握物体时的握力测量等。

力和力矩传感器主要用来检测设备(比如机器人)的内部力或与外界环境的相互作用力。力不是可以直接测量的物理量，而是需要利用其他物理量来间接测量的，主要有以下测量方法：

(1) 通过检测物体的弹性变形来测量力，比如利用应变片、弹簧的变形来测量力；

(2) 通过检测物体的压电效应来测量力；

(3) 对于采用电动机、液压马达驱动的设备，可以通过检测电动机的电流和液压马达的油压等方法来测量力或力矩；

(4) 装有速度及加速度传感器的设备，可以通过对速度与加速度的测量推出作用力。

通常将机器人的力传感器分为以下三类：

(1) 装在关节驱动器上的力传感器，称为关节力传感器，它测量驱动器本身的输出力和力矩，用于控制中的力反馈；

(2) 装在末端执行器和机器人最后一个关节之间的力传感器，称为腕力传感器，它能直接测出作用在末端执行器上各方向的力和力矩；

(3) 装在机器人手爪指关节上(或指上)的力传感器，称为指力传感器，它用来测量机器人手爪指关节在夹持物体时的受力情况。

力传感器种类较多，目前主要使用的元件是电阻应变片。应变计式力敏传感器的基本原理是当电阻应变片受到作用力时会产生机械形变，从而导致电阻应变片的电阻变化，且电阻的变化量与施加力的大小成比例。

应变计式力敏传感器采用的检测电路为电桥，如图 6-23 所示。

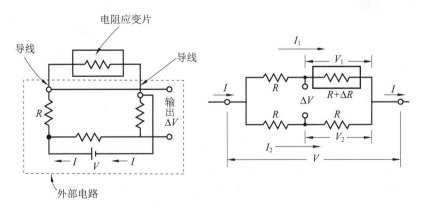

图 6-23 应变计式力敏传感器采用的检测电路

应变计式力敏传感器在机器人手爪上的安装情况如图 6-24 所示。

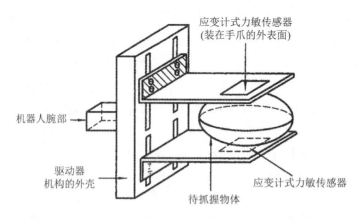

图 6-24　应变计式力敏传感器在机器人手爪上的安装情况

图 6-25 所示为腕力传感器实物图。国际上对腕力传感器的研究是从 20 世纪 70 年代开始的,主要研究单位有美国的 DRAPER 实验室、SRI(斯坦福研究所)、IBM(国际商业机器公司)和日本的日立公司、东京大学等。下面介绍几种机器人常用的腕力传感器。

1. Draper 实验室的腕力传感器

图 6-26 所示为 Draper 实验室研制的腕力传感器(六维力传感器)。它将一个整体金属环周壁铣成按 120°周向分布的 3 根细梁。其上部圆环上的螺孔与手臂相连,下部圆环上的螺孔与手爪连接,传感器的测量电路置于空心的弹性构架体内。该传感器结构比较简单,灵敏度也较高,但六维力(力矩)的获得需要解耦运算,传感器的抗过载能力较差,较易受损。

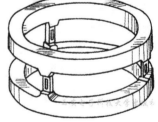

图 6-25　腕力传感器实物图　　　　图 6-26　Draper 实验室
　　　　　　　　　　　　　　　　　　研制的腕力传感器

2. SRI 的腕力传感器

图 6-27 所示是 SRI 研制的腕力传感器。它由一只直径为 75 mm 的铝管铣削而成,具有 8 根窄长的弹性梁,每根梁的颈部开有小槽以使颈部只传递力,扭矩作用很小。每根梁的另一头的两侧贴有电阻应变片,若电阻应变片的阻值分别为 R_1、R_2,则将其连成图 6-28 所示的形式输出,由于 R_1、R_2 所受应变方向相反,V_{out} 输出比使用单个电阻应变片时大 1 倍。

3. 林纯一的腕力传感器

图 6-29 所示是日本大和制衡株式会社林纯一在 JPL(jet propulsion laboratory,喷气式

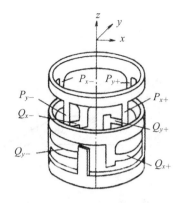

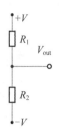

图 6-27　SRI 研制的腕力传感器　　　　　图 6-28　腕力传感器电阻应变片连接方式

推进实验室)研制的腕力传感器的基础上提出的一种改进结构。它是一种整体轮辐式结构,传感器在十字梁与轮缘连接处有一个柔性环节,在 4 根交叉梁上总共贴有 32 个电阻应变片(图 6-29 中以小方块表示),组成 8 路全桥输出,六维力的获得须通过解耦计算。该传感器一般将十字交叉主杆与手臂的连接件设计成弹性体变形限幅的形式,可起到有效过载保护的作用,是一种较实用的结构。

4.非径向中心对称三梁腕力传感器

图 6-30 所示是一种非径向中心对称三梁腕力传感器,该传感器的内圈和外圈分别固定于机器人的手臂和手爪,力沿与内圈相切的 3 根梁传递。每根梁的上下、左右各贴 1 对电阻应变片,这样,非径向的 3 根梁共粘贴了 6 对电阻应变片,分别组成 6 组半桥,对这 6 组半桥的电桥信号进行解耦可得到六维力(力矩)的精确解。这种力传感器结构有较好的刚性,最先由卡内基梅隆大学提出。在我国,华中科技大学也曾对此类结构的传感器进行过研究。

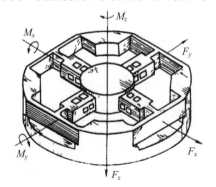

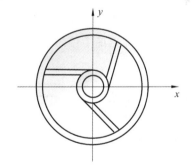

图 6-29　林纯一改进的腕力传感器　　　　图 6-30　非径向中心对称三梁腕力传感器

5.电感式转矩传感器

电感式转矩传感器由磁敏传感器和插入装置(处于传动装置和负载体之间)组成,如图 6-31 和图 6-32 所示。当未加转矩时,插入装置中的两个齿轮间的电动势变化同步无相移;当给负载体所在轴施加转矩时,两齿轮间的弹性轴产生扭转,两个电动势(E_1,E_2)之间产生与转矩成比例的相移,该相移与转速无关。这种传感器的精度取决于弹性轴的材料性能。

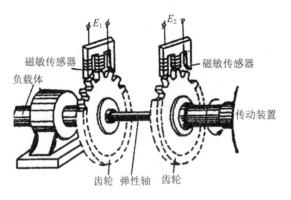

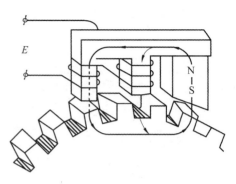

图 6-31　电感式转矩传感器的结构　　　　　　图 6-32　电感式转矩传感器中的磁通量

6.3　机器人手部传感器

　　机器人手部是操作机器人进行作业时必不可少的工具,它通常与工件直接进行相互作用,因为要完成的任务不同,所以需要的传感器也多种多样,主要介绍以下几种。

6.3.1　接触觉传感器

　　接触觉传感器是指装在机器人手爪上、以判断是否接触物体为基本特征的测量传感器,一般用于探测对象物体,感受手爪与对象物体之间的相对位置和姿态,修正手爪的操作状态并提供安全保护。采用分布密度比较高的接触觉传感器还可以判断对象物体大致的几何形状。

　　接触觉传感器的输出是开关方式的二值量,因而微动开关、光电开关等器件可作为最简单的接触觉传感器,用以感受对象物体的存在与否。

　　图 6-33 所示的接触觉传感器由微动开关组成,用途不同配置也不同。图 6-33 中这些配置属于分散装置,即把单个传感器安装在机器人手爪的敏感位置上。

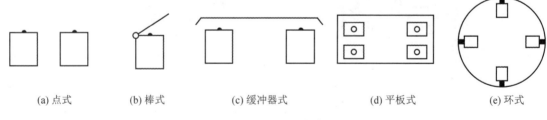

　　(a) 点式　　　　　(b) 棒式　　　　(c) 缓冲器式　　　　(d) 平板式　　　　(e) 环式

图 6-33　接触觉传感器

　　图 6-34 所示为二维矩阵式接触觉传感器的配置方法,一般放在机器人手爪的内侧。图中柔性导体可以使用导电橡胶、浸含导电涂料的氨基甲酸乙酯泡沫或碳素纤维等材料。二维矩阵式接触觉传感器可用于测定自身与物体的接触位置、被握物体中心位置和倾斜度,甚至还可以识别物体的大小和形状。

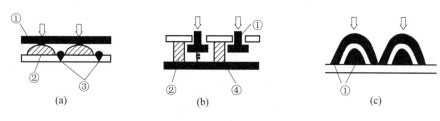

图 6-34　二维矩阵式接触觉传感器的配置方法
①—柔性导体;②—柔性绝缘体;③—电极;④—电极板

6.3.2　压觉传感器

压觉传感器通常装于机器人手爪的内侧,用来测量手爪抓持物体时物体同手爪间产生的压力以及压力的分布情况。压觉传感器可分为单一输出值压觉传感器(图 6-35)和多输出值的分布式压觉传感器(图 6-36)。一般利用弹簧、压电、压阻以及光电元件等组成阵列结构来测量压力的大小和分布。

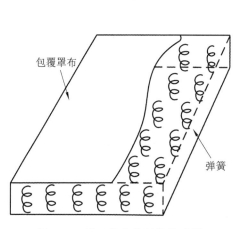

图 6-35　单一输出值压觉传感器

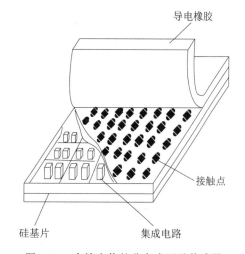

图 6-36　多输出值的分布式压觉传感器

图 6-37 所示为阵列式压觉传感器。图 6-37(a)中棒形导电橡胶排成网状,两面夹以电极引出,输送信号给扫描电路;图 6-37(b)中则由单向导电橡胶和印刷电路板组成,印刷电路板上附有条状金属箔,两块板上的条状金属箔方向互相垂直;图 6-37(c)所示为与阵列式压觉传感器相配的阵列式扫描电路。

6.3.3　滑动觉传感器

机器人的握力应满足物体既不产生滑动而握力又为最小临界握力。如果能在刚开始滑动之后便立即检测出物体与手指间产生的相对位移,且增加握力就能使滑动的物体迅速停止,那么该物体就可用最小临界握力抓住。

滑动引起的物理现象如图 6-38 所示,相应的检测滑动的方法有以下几种:

(1) 根据滑动时产生的振动来检测,如图 6-38(a)所示;

(2) 把滑动的位移变成转动,检测其角位移,如图 6-38(b)所示;

(3) 根据滑动时手指与对象物体间的剪动力来检测,如图 6-38(c)所示;

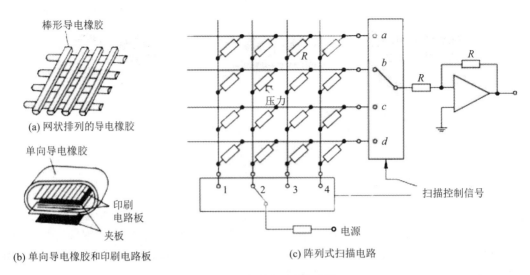

图 6-37　阵列式压觉传感器

（4）根据手指压力分布改变而产生的移位来检测，如图 6-38（d）所示。

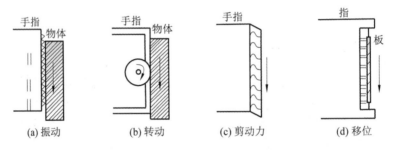

图 6-38　滑动引起的物理现象

图 6-39 所示是一种测振式滑动觉传感器。该传感器尖端用一个 $\phi = 0.05$ mm 的钢球接触被握物体，振动通过连杆传向磁铁，磁铁的振动产生磁通变化，在线圈中产生感应交变电流并输出。此种传感器中设有橡胶阻尼圈和油阻尼器，滑动信号能清楚地从噪声中被分离出来。因为其检测头（钢球）须直接与对象物体接触，在握持类似于圆柱体的对象物体时，就必须准确选择握持位置，否则就不能起到检测滑动觉的作用，而且其接触为点接触，可能会因接触压力过大而损坏对象物体表面。

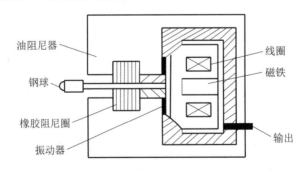

图 6-39　测振式滑动觉传感器

图 6-40 所示的柱型滚轮式滑动觉传感器比较实用。（小型）滚轮安装在机器人手爪上，

其表面略高于手爪表面,使物体的滑动变成转动。滚轮表面贴有高摩擦系数的弹性物质,一般选用橡胶薄膜。用板型弹簧将滚轮固定,可以使滚轮与物体紧密接触,并使滚轮不产生纵向位移。滚轮内部装有发光二极管和光电二极管,圆盘形光栅可以把光信号转变为脉冲信号。

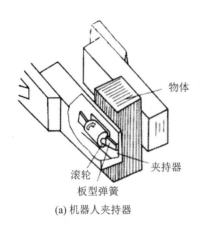

(a) 机器人夹持器

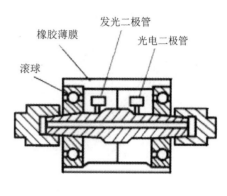

(b) 传感器

图 6-40　柱型滚轮式滑动觉传感器

柱型滚轮式滑动觉传感器只能检测一个方向的滑动。图 6-41 所示为贝尔格莱德大学研制的机器人专用的球型滑动觉传感器。它由一个金属球和触针组成,金属球表面分成许多个相间排列的导电小格和绝缘小格。触针的触头很细,每次只能触及一格。当被夹持物体滑动时,金属球也随之转动,同时传感器上输出脉冲信号。脉冲信号的频率反映了滑移速度,脉冲信号的个数对应滑移的距离。触针的触头面积小于球面上露出的导体面积,它不仅做得很小巧,而且提高了检测灵敏度。金属球与被夹持物体相接触,无论滑动方向如何,只要金属球一转动,传感器就会产生脉冲输出。该金属球在冲击力作用下不转动,因此抗干扰能力强。

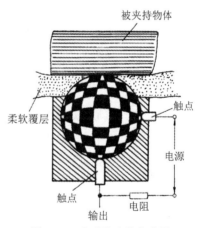

图 6-41　球型滑动觉传感器

6.3.4　力觉传感器

从机器人对物体施加力的大小看,握持方式可分为以下三类。

(1) 刚力握持。机器人手爪用一个固定的力,通常为能施加的最大可能的力握持物体。

(2) 柔力握持。根据物体和工作目的的不同,使用适当的力握持物体。握力是可变或是自适应控制的。

(3) 零力握持。可握住物体但不施加力,即只感觉到物体的存在。此种方式主要用于探测物体、探索路径、识别物体的形状。

力觉传感器已在 6.2 节的关节传感器中详细介绍。下面再介绍一种十字形腕力传感器,如图 6-42 所示。其 4 根工作梁的截面都是正方形,每根梁的一端与圆柱形外壳连接在一起,另一端固定在手腕轴上。在每根梁的 4 个表面上选取测量敏感点,粘贴半导体应变片,并将每根梁相对表面上的两片半导体应变片以差动方式与电位计电路连接。在外力作用下,电位计的输出电压将与半导体应变片敏感方向上所受力的大小成正比。

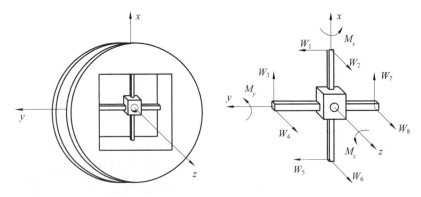

图 6-42　十字形腕力传感器

6.4　机器人环境识别传感器

环境识别传感器主要是指视觉传感器和接近觉传感器。

人类视觉细胞数量的数量级大约为 10^8,是听觉细胞的 300 多倍,是皮肤感觉细胞的 100 多倍。有研究结果表明,人类视觉获得的感知信息占人对外界感知信息的 80%。

视觉传感器在 20 世纪 50 年代后期出现,发展十分迅速,是机器人中最重要的传感器之一。机器视觉从 20 世纪 60 年代开始首先处理积木世界,后来发展到处理室外的现实世界。20 世纪 70 年代以后,实用性的视觉系统出现了。

图 6-43 所示为机器视觉系统的硬件组成与连接关系。由图 6-43 可知,机器视觉系统可以分为图像输入(亦称图像获取)、图像处理和图像输出几个部分。实际系统可以根据需要增加图像分析与图像理解等部分。

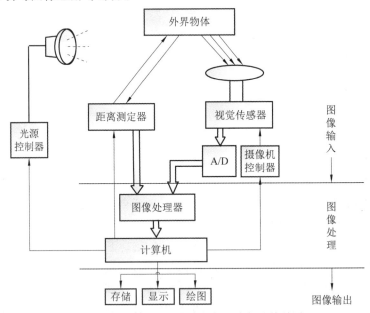

图 6-43　机器视觉系统的硬件组成与连接关系

6.4.1　视觉传感器

视觉传感器是将景物或被识别对象的光信号转换成电信号，并以图像数据保存下来的器件，是实现图像获取的必要配置。视觉传感器的作用是进行位置与距离识别、形状识别、种类识别以及环境建模等。

目前机器人的视觉传感器主要采用 CCD（charge coupled device，电荷耦合器件）和 CMOS（complementary metal-oxide-semiconductor，互补金属氧化物半导体）器件（图 6-44）等组成的固体视觉传感器，即数码摄像机。下面简要介绍 CCD 图像传感器与 CMOS 图像传感器。

(a) 嵌入板卡中的CCD　　　　　　　　(a) CMOS器件

图 6-44　视觉传感器中的主要光电成像器件实物

1. CCD 图像传感器

CCD 是由美国贝尔实验室发明，于 20 世纪 70 年代初逐渐发展起来的新型半导体光电成像器件。构成 CCD 的基本光敏元件单元是 MOS（metal-oxide-semiconductor，金属氧化物半导体）结构，以此构成的数码摄像机取景区包含数以万计的极小感光区域（像素）。当外界景物通过透镜（数码摄像机镜头）成像并投射到取景区的时候，每个像素点就会产生与投射到该点的光强相对应的电荷，如果按顺序读取，聚积的电荷就可以构成图像像素的一种表示。由此可知，CCD 的基本功能是电荷的存储和电荷的转移，CCD 电荷传输示意图如图 6-45 所示，它是以电荷为信号，而不同于其他大多数以电流或者电压为信号的器件。

CCD 图像传感器一般在 1 英寸以内就有百万级以上的像素，这意味着在 1 英寸尺度范围的方形芯片上需要配置上百万个光电转换元件，这些光电转换元件产生的电荷向像点旁边被隔离光线的移位寄存器顺序移动，再经过放大器进行输出。输出信号是图像的离散表示，即基于时间的电压采样。采样电压值对应图像的灰度可以用函数 $f(i,j)$ 描述，彩色图像的红、绿、蓝三基色可以用三个函数 $R(i,j)$，$G(i,j)$，$B(i,j)$ 来描述。

CCD 图像传感器按照光敏元件的排列形式分为线阵型和面阵型。线阵型 CCD 图像传感器可以直接接收一维光信息，但不能直接将信息转变为二维图像，为了得到二维图像的视频信号，就必须使用扫描的方法，如扫描仪所用的线阵型 CCD 图像传感器，就是通过扫描头的移动，一排一排地读取二维图像。面阵型 CCD 图像传感器是将一维线性 CCD 的光敏单元及移位寄存器按一定的方式排列成二维列阵，这样使用一次就可以直接获得景物的二维图像，一般 CCD 数码摄像机采用的是面阵型。

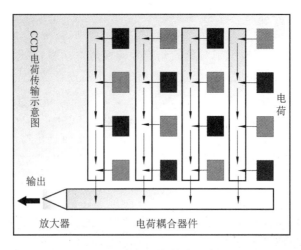

图 6-45　CCD电荷传输示意图

2.CMOS 图像传感器

CMOS 器件与 CCD 一样,也采用了光栅和光电二极管两种光电转换元件。而且 CMOS 图像传感器的成像过程与 CCD 图像传感器光电转换的原理相同,它们最主要的差别在于信号的读取过程不同。CCD 的信号是在输出节点统一读取,其信号输出的一致性非常好,而 CMOS 器件的芯片中,每个像素都有各自的信号放大器,各自进行电荷-电压的转换,其信号输出的一致性较差,如图 6-46 所示为 CMOS 器件电荷传输示意图。但是 CCD 为了读取整幅图像信号,要求输出放大器的信号带宽较宽,而在 CMOS 器件中,对每个像素中的放大器的带宽要求较低,大大降低了芯片的功耗,这就是 CMOS 器件功耗比 CCD 低的主要原因。但是也正是因为如此,在降低了功耗的同时,数以百万计的放大器的不一致性却带来了更大的固定噪声,这又是 CMOS 图像传感器相对于 CCD 图像传感器的固有劣势。

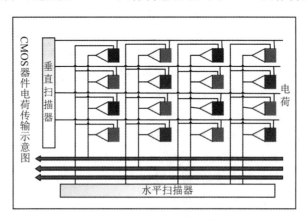

图 6-46　CMOS 器件电荷传输示意图

3.CCD 图像传感器与 CMOS 图像传感器比较

在成像质量上,CCD 图像传感器制造技术因起步早而相对成熟,采用 PN 结构(正负电交界结构)结合二氧化硅隔离层来隔离噪声,成像质量较好。而 CMOS 图像传感器集成度高,各光电元件与电路之间距离很近,相互间的光、电、磁干扰比较严重,造成 CMOS 图像传感器的成像质量不如 CCD 图像传感器的成像质量好。

因为信号读取原理不同,CCD 图像传感器信号输出的一致性非常好,而 CMOS 图像传感器信号输出的一致性较差,带来了更大的固定噪声;CCD 图像传感器芯片为了读取整幅图像信号,要求输出放大器的信号带宽较宽,而且通常需要 3 组电源供电,耗电量较大,而在 CMOS 图像传感器芯片中,对每个像素中的放大器带宽要求较低,只需要 1 个电源,耗电量很小,只有 CCD 图像传感器芯片耗电量的 $1/10 \sim 1/8$,大大降低了芯片的功耗。

另外从读取速度上来看,CCD 图像传感器只能按照规定的程序串行输出,读取速度较慢。CMOS 图像传感器由多个电荷-电压转换器和行列开关控制,读取速度快很多。

在制造工艺方面,CCD 图像传感器中电路和器件都集成在半导体单晶材料上,制造工艺较复杂,世界上只有少数几家厂商能够生产 CCD 晶圆。而 CMOS 图像传感器中电路和器件都集成于金属氧化物半导体材料上,其工艺与生产计算机芯片和存储设备等半导体集成电路的工艺相同,因此 CMOS 图像传感器的成本比 CCD 图像传感器低很多。

在集成性方面,CMOS 图像传感器能将图像信号放大器、信号读取电路、A/D 转换电路、图像信号处理器及控制器等集成到一块芯片上,只需要一块芯片就可以实现摄像机的所有基本功能,集成度很高。随着 CMOS 图像传感器成像技术的不断发展,越来越多的公司可以提供高品质的 CMOS 成像产品。

总体上来看,目前 CCD 图像传感器成像质量优于 CMOS 图像传感器。CCD 图像传感器具有高解析度、低杂讯、高灵敏度、低影像失真且不受磁场影响等优点。CMOS 图像传感器具有功耗低、集成度高、速度快、价格低、体积小和使用方便等优点。两者对比如表 6-2 所示。近年来,CMOS 电路消噪技术的不断发展为生产高密度优质的 CMOS 图像传感器提供了良好的条件,可以预见其更广泛的应用领域和更好的市场前景。

表 6-2　CCD 图像传感器与 CMOS 图像传感器的对比

对比项	CCD 图像传感器	CMOS 图像传感器
影像锐利度	高	一般
噪声	小	较大
动态范围	大	一般
耗电量	高	低
成像质量	高	一般
价格	高	低
制造	工艺复杂,生产商较少	工艺成熟,生产商众多
发展趋势	技术较为成熟	技术不断有突破

4.摄像机成像模型

机器人的视觉传感器通常采用的是面阵相机,其成像模型为针孔模型(亦称小孔模型),是一个理想模型:假设物体表面的反射光都经过一个针孔而投影到图像平面上,即满足光的直线传播条件。针孔模型主要由光心(投影中心)、图像平面和光轴组成。针孔成像由于透光量太小,需要很长的曝光时间,并且很难得到清晰的图像。实际摄像系统通常都由透镜或者透镜组组成,其成像过程比针孔模型复杂。但由于针孔模型与实际摄像机成像模型具有相同的成像关系,即像点是物点和光心(针孔位置)的连线与图像平面的交点。因此,可以将针孔模型作为摄像机成像模型,如图 6-47 所示。

图 6-47 中,f 为透镜的焦距,v 为像距,u 为物距,根据透镜成像原理,有

$$\frac{1}{f} = \frac{1}{u} + \frac{1}{v}$$

对于摄像机的镜头成像,在实际应用中通常取 $u \gg f$,则 $v \approx f$。方便起见,通常认为虚拟图像平面在针孔的前面,即图 6-47 中虚拟图像的位置,除了与图像平面上的成像是相互倒立的外,二者是完全等价的。

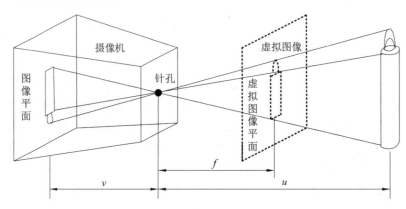

图 6-47　摄像机成像的针孔模型

假设空间中景物点 P 被摄像机采集后投射到图像平面的像素点为 p,如图 6-48 所示。在摄像机成像模型中,涉及以下坐标系:世界坐标系、摄像机坐标系、图像坐标系(包含图像物理坐标系以及图像像素坐标系)。

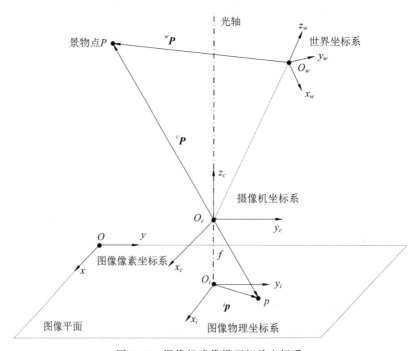

图 6-48　摄像机成像模型相关坐标系

其中,世界坐标系也称真实或现实世界坐标系,它是客观景物(3D 场景)所在世界的绝

对坐标,用下标 w 表示(x_w,y_w,z_w 为坐标轴,O_w 为原点)。摄像机坐标系以小孔摄像机模型的光心(焦点)为原点(O_c),以摄像机光轴 z_c 为轴建立三维直角坐标系。一般 x_c 轴和 y_c 轴与图像物理坐标系的 x_i 轴和 y_i 轴平行。世界坐标系与摄像机坐标系之间由齐次坐标变换矩阵 $_w^cT$ 进行转换。光心到图像平面的距离为焦距 f。图像坐标系分为图像物理坐标系和图像像素坐标系两种:图像物理坐标系,其原点(O_i)为透镜光轴与图像平面的交点,x_i 轴与 y_i 轴分别平行于摄像机坐标系的 x_c 轴与 y_c 轴,是平面直角坐标系;图像像素坐标系亦称计算机图像(帧存)坐标系,是固定在图像平面上的以像素为单位的平面直角坐标系,其原点(O)位于图像左上角,x 轴与 y 轴平行于图像物理坐标系的 x_i 轴与 y_i 轴。对于数字图像,分别为行列方向。所有的坐标系均采用笛卡儿右手坐标系定义。

下面采用摄像机成像模型确定世界坐标系中的 ^wP 与图像物理坐标系中的 ^ip 的位置关系。

世界坐标系中 ^wP 可以用广义坐标矢量表示为

$$^wP = \begin{bmatrix} ^wx & ^wy & ^wz & 1 \end{bmatrix}^T$$

点 P 在摄像机坐标系中也可用广义坐标表示为

$$^cP = \begin{bmatrix} ^cx & ^cy & ^cz & 1 \end{bmatrix}^T$$

两者之间的关系可以通过两坐标系之间的齐次坐标变换矩阵实现,即

$$^cP = {_w^cT}\,{^wP}$$

图像平面上图像物理坐标系中的 $^ip(f,{^ix},{^iy})$ 与摄像机坐标系中的 $P(^cx,{^cy},{^cz})$ 的关系可由几何分析得到:

$$^ix = \frac{f}{^cz}{^cx},\quad ^iy = \frac{f}{^cz}{^cy}$$

写成向量与矩阵形式:

$$\begin{bmatrix} ^ix \\ ^iy \\ 1 \end{bmatrix} = \frac{1}{^cz}\begin{bmatrix} f & 0 & 0 \\ 0 & f & 0 \\ 0 & 0 & 1 \end{bmatrix}\begin{bmatrix} ^cx \\ ^cy \\ 1 \end{bmatrix}$$

图像物理坐标系和图像像素坐标系在同一平面,相互之间只是坐标平移关系,如图 6-49 所示。

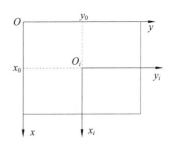

将图像物理坐标系中的 $^ip({^ix},{^iy})$ 用图像像素坐标系中的 $p(x,y)$ 表示为

$$^ix = (x-x_0)s_x,\quad ^iy = (y-y_0)s_y$$

式中:(x_0,y_0)——图像物理坐标系原点在图像像素坐标系中的位置;

s_x,s_y——每个像素的二维尺寸。

图 6-49 图像物理坐标系和图像像素坐标系

变换后可得

$$x = \frac{^ix}{s_x}+x_0,\quad y = \frac{^iy}{s_y}+y_0$$

写成向量与矩阵形式为

$$\begin{bmatrix} x \\ y \\ 1 \end{bmatrix} = \begin{bmatrix} 1/s_x & 0 & x_0 \\ 0 & 1/s_y & y_0 \\ 0 & 0 & 1 \end{bmatrix}\begin{bmatrix} ^ix \\ ^iy \\ 1 \end{bmatrix}$$

最后得到世界坐标系与图像像素坐标系之间的变换关系为

$$\begin{bmatrix} x \\ y \\ 1 \end{bmatrix} = \frac{1}{{}^c z} \begin{bmatrix} 1/s_x & 0 & x_0 \\ 0 & 1/s_y & y_0 \\ 0 & 0 & 1 \end{bmatrix} \begin{bmatrix} f & 0 & 0 & 0 \\ 0 & f & 0 & 0 \\ 0 & 0 & 1 & 0 \end{bmatrix} {}^c_w \boldsymbol{T}^w \boldsymbol{P}$$

式中：s_x, s_y, x_0, y_0, f——由摄像机决定的参数，通常被称为摄像机内部参数；

$\qquad {}^c z, {}^c_w \boldsymbol{T}$——摄像机相对于世界坐标系的位置参数，被称为摄像机的外部参数。

6.4.2 接近觉传感器

接近觉是指机器人对距离自身几毫米到十几厘米远的对象物体或障碍物有所感觉的能力，可以认为这是一种介于触觉和视觉之间的感觉，但它比视觉简单得多。接近觉传感器能检测出物体的距离、相对倾角或对象物体表面的性质。这种检测是一种非接触式测量，它的应用对机器人在工作过程中适时进行轨迹规划以及防止碰撞等事故发生都很有价值。

接近觉传感器从原理上可分为六种：电磁式（感应电流式）、光电式（反射或透射式）、静电容式、气压式、超声波式和红外线式。图 6-50 为一些接近觉传感器的示例。

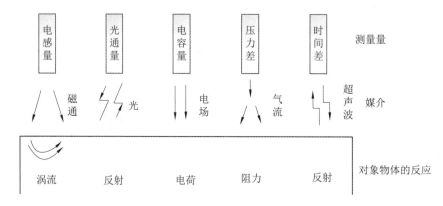

图 6-50　一些接近觉传感器的示例

由图 6-51 所示的电磁式接近觉传感器原理图与图 6-52 所示的气压式接近觉传感器原理图可知，其工作原理比较简单，不再详述。

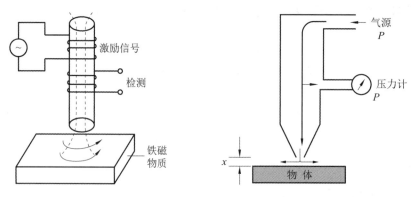

图 6-51　电磁式接近觉传感器原理图　　图 6-52　气压式接近觉传感器原理图

超声波式接近觉传感器用于机器人对周围物体的存在与距离进行探测。移动式机器人安装了这种传感器便可随时探测前进道路上是否存在障碍物，以免发生碰撞。

超声波式接近觉传感器由超声发生器和接收器组成。超声发生器有压电式、电磁式及磁滞伸缩式等,在检测技术中最常用的是压电式,其超声波频率一般在 20 kHz 以上。两种常见超声波式接近觉传感器的结构示意图如图 6-53 所示。

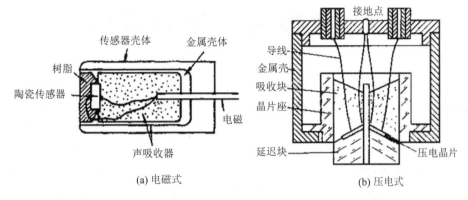

(a) 电磁式   (b) 压电式

图 6-53 两种常见超声波式接近觉传感器的结构示意图

本 章 小 结

本章重点讲述了工业机器人上所配置的传感器类型:内部传感器与外部传感器。主要介绍了:安装于机器人关节的传感器——位置与位移传感器、速度传感器、加速度传感器以及力觉传感器;安装于机器人手部的传感器——接触觉传感器、压觉传感器、滑动觉传感器以及力觉传感器。最后简要介绍了机器人环境识别传感器——视觉传感器与接近觉传感器。本章重点掌握机器人传感器的类型、测量特点以及选用原则。

习   题

6.1 简述传感器在机器人技术中的主要作用。

6.2 工业机器人的传感器分为哪几类?它们的作用分别是什么?接触觉传感器和视觉传感器分别属于哪一类?

6.3 选择工业机器人传感器时主要考虑哪些因素?

6.4 光电编码器可用来测量哪些模拟量?试说明绝对型光电编码器和相对型光电编码器各自的特点和适用的场合。

6.5 工业机器人常用的位置与位移传感器有哪些?举例说明其中一种的工作原理。

6.6 举例说明力觉传感器的工作原理。

7　机器人的轨迹规划

前面几章研究了机器人的运动学和动力学问题,本章将在前述的基础上,讨论若要操控机器人以一定的动态特性,如运动的平稳性与快速性来完成作业任务,机器人的关节和末端执行器应分别以怎样的轨迹来运动,即机器人的轨迹规划问题。

机器人的轨迹规划与受控机器人从一个位置移动到另一个位置的操作要求有关。机器人的轨迹规划就是研究如何在运动段之间产生受控的运动序列,这里的运动可以是直线运动,也可以是特定的曲线运动。轨迹规划是进行机器人控制的前提和依据,如图 7-1 所示。机器人控制的目的就是要精确实现所规划的运动。

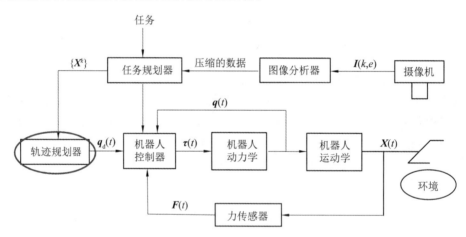

图 7-1　轨迹规划在机器人控制原理图中的位置

本章将主要讨论机器人规划的基本概念、机器人轨迹规划的一般性问题,然后重点讨论关节空间的轨迹规划,最后简要讨论直角坐标空间的轨迹规划、轨迹的实时生成。

7.1　机器人规划的基本概念

机器人学中的一个基本问题是为解决某个预定的任务而规划机器人的动作,然后在机器人执行完成那些动作所需要的命令时控制机器人。

所谓机器人规划(planning),指的是机器人根据自身的任务,求得完成这一任务的解决方案的过程。这里所说的任务,是广义的概念,既可以指机器人要完成的某一具体任务,也可以指机器人的某个动作,比如手部或关节的某个规定的运动等。

机器人规划分为高层规划和底层规划。自动规划在机器人规划中也称为高层规划。在无特别说明时,机器人规划都是指自动规划。机器人规划是机器人学的一个重要研究领域,也是人工智能与机器人学一个令人感兴趣的结合点。

机器人轨迹规划属于机器人规划的底层规划,基本上不涉及人工智能问题,而是在机器人运动学和动力学的基础上,讨论机器人运动的规划形式及规划方法。

7.1.1 机器人规划的概念

我们用下面这个例子来说明机器人规划的概念。

一些人口老龄化比较严重的国家开发了各种各样专门用于服务老人的机器人,这些机器人有不少采用声控的方式,比如主人用声音命令机器人"给我倒一杯水",我们先不考虑机器人是如何识别人的自然语言的,着重分析一下机器人在得到这样一个命令后是如何来完成主人布置的任务的。

图 7-2 所示为智能机器人的规划层次。首先,机器人应该把任务进行分解,把主人交代的任务分解成为"取一个杯子""找到水壶""打开水壶""把水倒入杯中""把水送给主人"等一系列子任务。这一层次的规划称为任务规划(task planning),它完成了总体任务的分解。

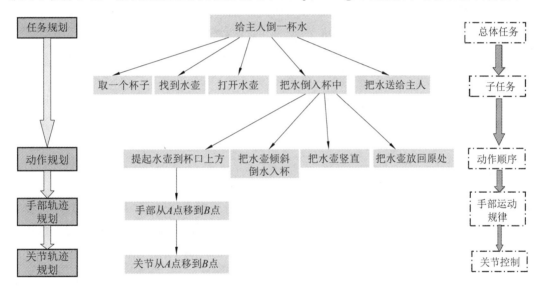

图 7-2 智能机器人的规划层次

其次,针对每一个子任务进行进一步的规划。以"把水倒入杯中"这一子任务为例,可以进一步分解为"提起水壶到杯口上方""把水壶倾斜倒水入杯""把水壶竖直""把水壶放回原处"等一系列动作,这一层次的规划称为动作规划(motion planning),它把实现每一个子任务的过程分解为一系列具体的动作。

为了实现每一个动作,需要对手部的运动轨迹进行必要的规定,这就是手部轨迹规划(hand trajectory planning)。

为了使手部实现预定的运动,就要明确各关节的运动规律,这是关节轨迹规划(joint trajectory planning)。

最后,是关节的运动控制(motion control)。

由上述例子可以看出,机器人规划是分层次的,从高层的任务规划、动作规划到手部轨迹规划和关节轨迹规划,最后才是底层的控制即关节控制(见图 7-2)。在上述例子中,我们没有讨论力的问题,实际上,对有些机器人来说,力的大小也是要控制的,这时,除了手部或关节的轨迹规划外,还要进行手部和关节输出力的规划。

机器人智能化程度越高,规划的层次越多,操作就越简单。

对工业机器人来说,高层的任务规划和动作规划一般是依赖人来完成的。而且一般工业机器人也不具备力反馈,所以,工业机器人通常只具有轨迹规划和底层的控制功能。

简言之,机器人的工作过程,就是通过规划,将要求的任务变为期望的运动和力,控制环节根据期望的运动和力的信号,产生相应的控制作用,使机器人输出实际的运动和力,从而完成要求的任务。机器人的工作原理示意图如图7-3所示。这里,机器人实际的运动情况通常还要反馈给规划级和控制级,以便对规划和控制的结果做出适当的修正。

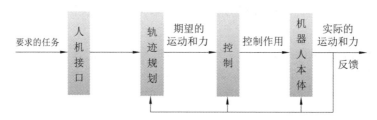

图 7-3   机器人的工作原理示意图

图 7-3 中,要求的任务由操作人员输入给机器人(机器人编程),为了使机器人操作方便,必须要求操作人员给出尽量简单的描述。

期望的运动和力是进行机器人控制所需的输入量,它们是机械手末端在每一个时刻的位姿和速度,对于绝大多数情况,还要求给出每一时刻期望的关节位移和速度,有些控制方法还要求给出期望的加速度等。

7.1.2   路径与轨迹

在工业机器人运动规划中经常讨论的是轨迹规划,而在移动机器人运动规划中经常用到的是路径规划,两者概念不同。所谓路径,即机器人位形的一个特定序列,它不考虑机器人位形的时间因素。而轨迹是指机器人在运动过程中的位移(有时也称位置)、速度和加速度,它与到达路径中的每个位置的时间有关,强调了时间性。

轨迹规划的目的是将操作人员输入的简单的任务变为详细的运动轨迹描述。

例如,对一般的机器人来说,操作人员可能只输入了机械手末端的目标位置和方向,而规划的任务便是要确定出完成操作的关节轨迹的形状、运动的时间和速度等。机械手末端通常有两种运动控制方式——点到点(point to point,PTP)控制和连续轨迹(continuous path,CP)控制,它们的规划过程有所不同。

1. 点到点控制

对于 PTP 控制,通常只给出机械手末端的起点和终点,如图 7-4 所示(图 7-4 中 TCP 为工具中心),有时也给出一些中间路径点,所有的这些点统称为路径点。注意:这里所说的"点"不仅包括机械手末端的位置,还包括机械手末端的方向,因此描述一个点通常需要六个量。

点到点控制可以有很多条轨迹规划,比如图7-4中给出的距离最短与速度最快的两条轨迹。通常在规划时,我们会根据以下条件来进行:希望机械手末端的运动是平滑的,即它具有连续的一阶导数,有时甚至要求具有连续的二阶导数。因为不平滑的运动容易造成机构的磨损和冲击破坏,甚至可能激发机械手的振动,所以规划的任务便是要根据给定的路径点规划出经过这些点的平滑的运动轨迹。

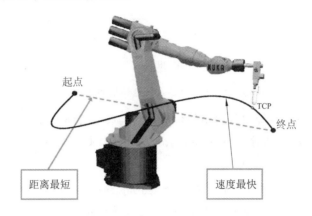

图 7-4　机器人的点到点控制

2.连续轨迹控制

如图 7-5 所示,连续轨迹控制一般根据任务的需要给出机械手末端的连续运动轨迹,但是因为机械手末端的运动是通过每个关节的运动实现的,所以其运动轨迹必须按照一定的采样间隔,再通过逆运动学计算变换到关节空间,然后在关节空间中寻找光滑函数来拟合这些离散点。

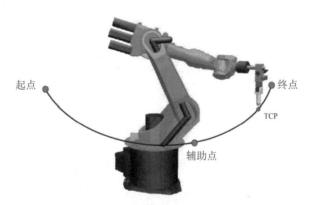

图 7-5　机器人的连续轨迹控制

最后,还有如何在机器人的计算机内部表示轨迹,以及如何实时地生成轨迹的问题,将在本章下文介绍。

7.2　机器人轨迹规划的一般性问题

机器人轨迹规划问题通常是将轨迹规划器看成"黑箱",它接收表示路径约束的输入变量,输出变量为起点和终点之间按时间排列的机器人中间位形(位姿、速度和加速度)序列,如图 7-6 所示。

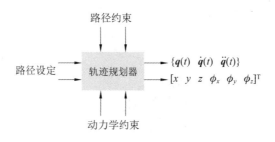

图 7-6　机器人轨迹规划问题

由起点运动到终点，所经过的由中间位形序列构成的空间曲线称为路径。

机器人（或称机械臂、操作机，manipulator）的轨迹规划有两种常用的方法：关节空间法和直角坐标空间法。

（1）关节空间法：要求使用者在沿轨迹选定的位置点上（称为结点或插值点）显式地给定广义坐标位置、速度和加速度的一组约束（例如连续性和光滑程度等），然后，轨迹规划器从插值和满足插值点约束的函数中选定参数化轨迹。显然，在这种方法中，约束的给定和机器人轨迹规划是在关节坐标系中进行的。

（2）直角坐标空间（笛卡儿空间）法：使用者以解析函数显式地给定机械手末端必经之路径，例如笛卡儿坐标系中的直线路径，然后，轨迹规划器在关节坐标或笛卡儿坐标中确定一条与给定路径近似的轨迹。在这种方法中，路径约束是在笛卡儿坐标系中给定的。

在关节空间法中，约束的给定和机器人轨迹规划在关节坐标系中进行，由于对机器人手部没有约束，使用者难以跟踪机器人手部运行的路径，因此机器人手部可能在没有事先警告的情况下与障碍物相碰。

在直角坐标空间法中，路径约束在笛卡儿坐标系中给定，而关节驱动器是在关节坐标系中受控制的。因此，为了求得一条接近给定路径的轨迹，必须用函数近似地把笛卡儿坐标系中的路径约束变换为关节坐标系中的路径约束，再确定满足关节坐标系路径约束的参数化轨迹。

机器人轨迹规划既可在关节空间中进行，也可在笛卡儿空间中进行。对于关节空间的规划，要规划关节变量的时间函数及其一阶、二阶时间导数，以便描述机器人的预定运动。在笛卡儿空间的轨迹规划中，要规划机器人手部位置、速度和加速度的时间函数，而相应的关节位置、速度和加速度可根据手部信息由逆运动学导出。

在笛卡儿空间进行轨迹规划有以下特点。

（1）该方法概念直观，而且沿预定直线路径可达到相当高的准确性。可是现在还没有可以用在笛卡儿坐标系中测量机器人手部位置的传感器，所有可用的控制算法都是建立在关节坐标基础上的，因此，在笛卡儿空间进行路径规划就需要在笛卡儿坐标和关节坐标之间进行实时变换。这是一个计算量很大的任务，常常导致较长的控制间隔。

（2）由笛卡儿坐标向关节坐标的变换是病态的，因为它不是一一对应的映射。

（3）如果在机器人轨迹规划阶段要考虑机器人的动力学特性，就要以笛卡儿坐标给定路径约束，同时以关节坐标给定物理约束（例如，每个关节电机的力和力矩、速度和加速度限制）。这就会使最后的优化问题具有两个不同坐标的混合约束。

在关节空间的轨迹规划有以下特点：

（1）直接采用运动时的受控变量规划轨迹；

（2）轨迹规划可接近实时地进行；

（3）关节轨迹易于规划。

（4）难以确定运动中各杆件和手部的位置。但是，为了避开轨迹上的障碍物，常常又必须知道一些杆件和手部的位置。

由于直角坐标空间法有前述种种缺点，关节空间法被广泛采用。关节空间法把笛卡儿坐标变换为相应的关节坐标，并用低次多项式内插这些关节坐标。这种方法的优点是计算较快，而且易于处理机器人的动力学约束。但当取样点落在拟合的光滑多项式曲线上时，关节空间法沿笛卡儿坐标路径的准确性会降低。

7.3　关节空间的轨迹规划

关节空间的轨迹规划是首先根据在工具坐标系$\{T\}$中期望的路径点，通过逆运动学计算，得到期望的关节位置，然后在关节空间内，给每个关节找到一个经过中间路径点到达目的终点的光滑函数，同时使每个关节到达中间路径点和终点的时间都相同，这样便可保证机械手末端能够到达期望的直角坐标位置。这里只要求各个关节到达路径点的时间相同，而各个关节的光滑函数的确定则是互相独立的。

特别要说明的是，关节空间的轨迹规划的给定点均为关节量，而非直角坐标量。

下面具体介绍在关节空间内常用的几种轨迹规划方法。

7.3.1　三次多项式轨迹规划

三次多项式轨迹规划考虑的是机械手末端在一定时间内从初始位姿运动到目标位姿的问题。利用逆运动学计算，可以首先求出一组与机械手末端位姿相对应的起点和终点的关节位置，然后对应机器人关节的初始位姿 $q(0)$ 与目标位姿 $q(t_f)$，再求出一组通过起点和终点的光滑函数，即轨迹曲线。实际上，满足这个条件的轨迹曲线可以有许多条，如图 7-7 所示。

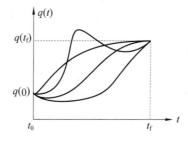

图 7-7　初始位姿与目标位姿之间的轨迹曲线

如果加上机器人关节运动的约束条件,这个轨迹曲线只有唯一一条。

已知关节起点和终点的位置:

$$q(0) = q_0, \quad q(t_f) = q_f \tag{7-1}$$

若同时要求在起点和终点的速度为零,即

$$\dot{q}(0) = 0, \quad \dot{q}(t_f) = 0 \tag{7-2}$$

那么可以选择如下的三次多项式:

$$q(t) = a_0 + a_1 t + a_2 t^2 + a_3 t^3 \tag{7-3}$$

作为所要求的轨迹曲线。

式(7-3)中有 4 个待定系数,而该式需满足式(7-1)和式(7-2)的 4 个约束条件,因此可以将起点与终点的位置与速度带入以下位置与速度表达式,即

$$q(t) = a_0 + a_1 t + a_2 t^2 + a_3 t^3$$

$$\dot{q}(t) = a_1 + 2a_2 t + 3a_3 t^2$$

得到:

$$\begin{cases} q_0 = a_0 \\ q(t_f) = a_0 + a_1 t_f + a_2 t_f^2 + a_3 t_f^3 \\ \dot{q}(0) = a_1 = 0 \\ \dot{q}(t_f) = a_1 + 2a_2 t_f + 3a_3 t_f^2 = 0 \end{cases}$$

则这些系数唯一的解为

$$\begin{cases} a_0 = q_0 \\ a_1 = 0 \\ a_2 = \dfrac{3}{t_f^2}(q_f - q_0) \\ a_3 = -\dfrac{2}{t_f^3}(q_f - q_0) \end{cases} \tag{7-4}$$

这样便可算出任意时刻的关节位置,控制器可根据此驱动关节到达所需的位置。在这个过程中,机器人的每个关节都是运用同样步骤分别进行轨迹规划的,但所有关节自始至终都是同步驱动,即所有关节到达终点的时间相同。即使机器人关节在起点和终点的速度不为零,也可以按此方法进行轨迹规划。

【例 7-1】 设机械手的第一关节的起始关节角 $\theta_0 = 15°$,并且机械手原本是静止的。要求机械手的第一关节在 3 s 内平滑地运动到 $\theta_f = 75°$ 时停下来(即要求在终点时速度为零)。试规划出满足上述条件的平滑运动的轨迹,并画出关节角的位置、速度及加速度随时间变化的曲线。

解:根据所给约束条件,直接代入式(7-4),可得

$$a_0 = 15, \quad a_1 = 0, \quad a_2 = 20, \quad a_3 = -4.44$$

所求关节角的位置函数为

$$\theta(t) = 15 + 20t^2 - 4.44t^3 \tag{7-5}$$

对上式求导,可以得到角速度和角加速度:

$$\dot{\theta}(t) = 40t - 13.32t^2 \tag{7-6}$$

$$\ddot{\theta}(t) = 40 - 26.64t \tag{7-7}$$

根据式(7-5)~式(7-7)可画出它们随时间的变化曲线,如图 7-8 所示。由图 7-8 可看出,速度曲线为一条抛物线,加速度曲线则为一条直线。

如果要求机器人依次通过两个以上的中间路径点,那么每一段的末端求解出的边界速度和位置都可作为下一段的初始条件,每一段的轨迹也都可用类似的三次多项式进行规划。然而,利用这种方法进行轨迹规划,虽然位置和速度都是连续的,但加速度可能并不连续。

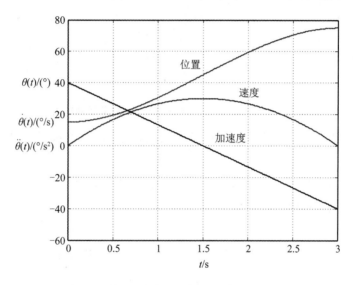

图 7-8 利用三次多项式规划的关节运动轨迹

【例 7-2】 假设机械手关节在例 7-1 中运动的基础上继续运动,要求在其后的 3 s 内平滑地运动到 105°时停下来。试规划出满足上述条件的平滑运动的轨迹,并画出关节角的位置、速度及加速度随时间变化的曲线。

解:现已知第一段运动末端的关节位置和速度,将它们作为下一段运动的初始条件,可得

$$t_0 = 0 \text{ s}, \quad \theta_0 = 75°, \quad \dot{\theta}_0 = 0 \text{ °/s}; \quad t_f = 3 \text{ s}, \quad \theta_f = 105°, \quad \dot{\theta}_f = 0 \text{ °/s}$$

直接代入式(7-4),可得

$$a_0 = 75, \quad a_1 = 0, \quad a_2 = 10, \quad a_3 = -2.22$$

所求关节的角位置函数为

$$\theta(t) = 75 + 10t^2 - 2.22t^3$$

对上式求导,可以得到角速度和角加速度:

$$\dot{\theta}(t) = 20t - 6.66t^2$$

$$\ddot{\theta}(t) = 20 - 13.32t$$

用 MATLAB 画出例 7-2 的关节运动轨迹,并与例 7-1 中的轨迹拼接起来,如图 7-9

所示。

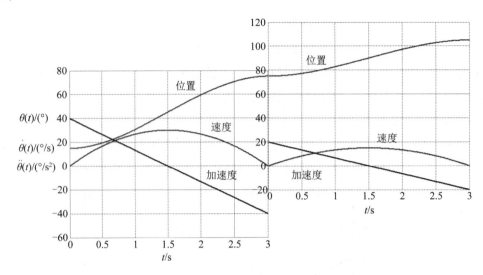

图 7-9 利用三次多项式规划的两段关节运动轨迹

从图 7-9 中可以看到,该关节的两段运动轨迹的位置、速度都是连续的,但加速度不连续。

对经过中间路径点的多段运动进行三次多项式轨迹规划,特别是在中间路径点不停下来的情况,可以采用下面的处理方法——过中间路径点的多段运动的三次多项式轨迹规划。

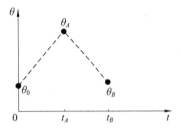

图 7-10 过中间路径点的多段运动

如图 7-10 所示,现在考虑从 θ_0 经过中间点 θ_A 到 θ_B 的轨迹规划,虽然分两段,但中间并不停下。设两段运动的三次多项式轨迹分别为

$$\theta_1(t) = a_{10} + a_{11}t + a_{12}t^2 + a_{13}t^3$$
$$\theta_2(t) = a_{20} + a_{21}t + a_{22}t^2 + a_{23}t^3$$

两段运动的时间区间分别为 $[0, t_{f1}]$,$[0, t_{f2}]$,对应图 7-10,则有 $t_{f1} = t_A$,$t_{f2} = t_B - t_A$。考虑位置、速度与加速度的连续性,需要满足以下 8 个边界约束条件:

$$\theta_{10} = 0, \quad \theta_{1f} = \theta_A, \quad \dot{\theta}_{10} = 0, \quad \theta_{20} = \theta_{1f}, \quad \theta_{2f} = \theta_B, \quad \dot{\theta}_{2f} = 0, \quad \dot{\theta}_{1f} = \dot{\theta}_{20}, \quad \ddot{\theta}_{1f} = \ddot{\theta}_{20}$$

代入上述两个三次多项式中,可得

$$\begin{cases} \theta_0 = a_{10} \\ \theta_A = a_{10} + a_{11}t_{f1} + a_{12}t_{f1}^2 + a_{13}t_{f1}^3 \\ \theta_A = a_{20} \\ \theta_B = a_{20} + a_{21}t_{f2} + a_{22}t_{f2}^2 + a_{23}t_{f2}^3 \\ \dot{\theta}_{10}(0) = a_{11} = 0 \\ a_{21} + 2a_{22}t_{f2} + 3a_{23}t_{f2}^2 = 0 \\ a_{11} + 2a_{12}t_{f1} + 3a_{13}t_{f1}^2 = a_{21} \\ 2a_{12} + 6a_{13}t_{f1} = 2a_{22} \end{cases}$$

求解以上方程组即可获得两段运动的三次多项式轨迹规划曲线。

若两个终止时间相等,即 $t_{f1}=t_{f2}=t_f$,则可得到:

$$
\begin{cases}
a_{10} = \theta_0 \\
a_{11} = 0 \\
a_{12} = \dfrac{12\theta_A - 3\theta_B - 9\theta_0}{4t_f^2} \\
a_{13} = \dfrac{-8\theta_A + 3\theta_B - 5\theta_0}{4t_f^3} \\
a_{20} = \theta_A \\
a_{21} = \dfrac{3\theta_B - 3\theta_0}{4t_f} \\
a_{22} = \dfrac{-12\theta_A + 6\theta_B + 6\theta_0}{4t_f^2} \\
a_{23} = \dfrac{8\theta_A - 5\theta_B - 3\theta_0}{4t_f^3}
\end{cases}
$$

7.3.2　五次多项式轨迹规划

如果对机器人运动的轨迹要求更高,如除了指定运动段的起点和终点的位置和速度外,还要求该运动段起点和终点的加速度也满足相应要求,则边界约束条件的数量就增加到了6个,可采用如下五次多项式来规划轨迹:

$$\theta(t) = a_0 + a_1 t + a_2 t^2 + a_3 t^3 + a_4 t^4 + a_5 t^5 \tag{7-8}$$

$$\dot{\theta}(t) = a_1 + 2a_2 t + 3a_3 t^2 + 4a_4 t^3 + 5a_5 t^4 \tag{7-9}$$

$$\ddot{\theta}(t) = 2a_2 + 6a_3 t + 12a_4 t^2 + 20a_5 t^3 \tag{7-10}$$

根据上述方程,可以根据位置、速度和加速度的边界约束条件计算出五次多项式的系数。

起点(θ_0)与终点(θ_f)的位置、速度和加速度共6个边界约束条件为

$$
\begin{cases}
\theta_0 = a_0 \\
\theta_f = a_0 + a_1 t_f + a_2 t_f^2 + a_3 t_f^3 + a_4 t_f^4 + a_5 t_f^5 \\
\dot{\theta}_0 = a_1 \\
\dot{\theta}_f = a_1 + 2a_2 t_f + 3a_3 t_f^2 + 4a_4 t_f^3 + 5a_5 t_f^4 \\
\ddot{\theta}_0 = 2a_2 \\
\ddot{\theta}_f = 2a_2 + 6a_3 t_f + 12a_4 t_f^2 + 20a_5 t_f^3
\end{cases}
$$

根据6个边界约束条件计算出的五次多项式系数为

$$\begin{cases} a_0 = \theta_0 \\ a_1 = \dot{\theta}_0 \\ a_2 = \frac{1}{2}\ddot{\theta}_0 \\ a_3 = \dfrac{20\theta_f - 20\theta_0 - (8\dot{\theta}_f + 12\dot{\theta}_0)t_f - 3(\ddot{\theta}_0 - \ddot{\theta}_f)t_f^2}{2t_f^3} \\ a_4 = \dfrac{30\theta_0 - 30\theta_f + (14\dot{\theta}_f + 16\dot{\theta}_0)t_f + (3\ddot{\theta}_0 - 2\ddot{\theta}_f)t_f^2}{2t_f^4} \\ a_5 = \dfrac{12\theta_f - 12\theta_0 - (6\dot{\theta}_f + 6\dot{\theta}_0)t_f - (\ddot{\theta}_0 - \ddot{\theta}_f)t_f^2}{2t_f^5} \end{cases}$$

【例 7-3】 条件同例 7-1,同时已知机械手关节的初始加速度和末端加速度均为 5 °/s²。

解: 根据已知条件可得

$$t_0 = 0 \text{ s}, \quad \theta_0 = 15°, \quad \dot{\theta}_0 = 0 \text{ °/s}, \quad \ddot{\theta}_0 = 5 \text{ °/s}^2;$$

$$t_f = 3 \text{ s}, \quad \theta_f = 75°, \quad \dot{\theta}_f = 0 \text{ °/s}, \quad \ddot{\theta}_f = -5 \text{ °/s}^2$$

代入式(7-8)至式(7-10),有

$$\begin{cases} \theta_0 = a_0 = 15 \\ \theta_f = a_0 + 3a_1 + 9a_2 + 27a_3 + 81a_4 + 243a_5 = 75 \\ \dot{\theta}_0 = a_1 = 0 \\ \dot{\theta}_f = a_1 + 6a_2 + 27a_3 + 108a_4 + 405a_5 = 0 \\ \ddot{\theta}_0 = 2a_2 = 5 \\ \ddot{\theta}_f = 2a_2 + 18a_3 + 108a_4 + 540a_5 = -5 \end{cases}$$

求解得到五次多项式系数如下:

$$\begin{cases} a_0 = 15 \\ a_1 = 0 \\ a_2 = 2.5 \\ a_3 = 18.887 \\ a_4 = -9.722 \\ a_5 = 1.296 \end{cases}$$

所以得到如下轨迹方程:

$$\theta(t) = 15 + 2.5t^2 + 18.887t^3 - 9.722t^4 + 1.296t^5$$

$$\dot{\theta}(t) = 5t + 56.661t^2 - 38.888t^3 + 6.48t^4$$

$$\ddot{\theta}(t) = 5 + 113.322t - 116.664t^2 + 25.92t^3$$

用 MATLAB 画出其位置、速度和加速度曲线,如图 7-11 所示。

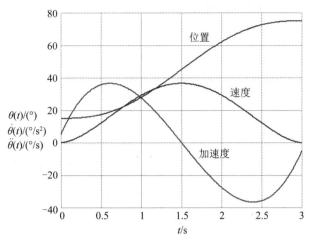

图 7-11　利用五次多项式规划的关节运动轨迹

7.3.3　抛物线过渡的线性运动轨迹规划

前面介绍了利用三次多项式和五次多项式函数进行轨迹规划的方法。在机器人关节的轨迹规划中还有一种常用方法——用抛物线过渡的线性运动轨迹规划方法，亦称线性函数插值法，即用一条直线将起点与终点连接起来，此时轨迹方程为一次多项式，即起点与终点间的速度为常数，而加速度为 0，线性函数插值图如图 7-12 所示。请注意，虽然每个关节的运动都是线性的，但这时的末端执行器在空间中的运动轨迹一般不是直线。

另外，简单的线性函数插值将使得关节在起点和终点处的运动速度不连续，意味着将产生无穷大的加速度，这显然不是我们希望的。因此我们可以考虑在起点和终点处用抛物线来过渡，如图 7-13 所示，即用两段抛物线与直线连接起来。在抛物线段内，使用恒定的加速度来平滑地改变速度，从而使得整个运动轨迹的位置和速度都是连续的。

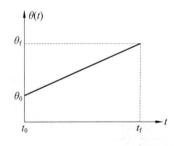

图 7-12　线性函数插值图

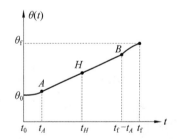

图 7-13　利用抛物线过渡的线性函数插值图

假设 t_0 和 t_f 时刻对应的起点和终点位置为 θ_0 和 θ_f，两段抛物线与直线部分的过渡段在时间 t_A 和 $t_f - t_A$ 处是对称的，可以得到：

$$\begin{cases} \theta(t) = a_0 + a_1 t + \dfrac{1}{2} a_2 t^2 \\[4pt] \dot{\theta}(t) = a_1 + a_2 t \\[4pt] \ddot{\theta}(t) = a_2 \end{cases} \tag{7-11}$$

显然，此时抛物线运动段的加速度是一个常数，并在公共节点 A 和 B 上产生连续的速

度。将边界约束条件代入抛物线段的方程,可得

$$\begin{cases} \theta(t_0 = 0) = a_0 = \theta_0 \\ \dot{\theta}(t_0 = 0) = a_1 = 0 \\ \ddot{\theta}(t_0) = a_2 \end{cases} \Rightarrow \begin{cases} a_0 = \theta_0 \\ a_1 = 0 \\ a_2 = \ddot{\theta} \end{cases}$$

所以抛物线的方程为

$$\theta(t) = \theta_0 + \frac{1}{2}a_2 t^2, \quad \dot{\theta}(t) = a_2 t, \quad \ddot{\theta}(t) = a_2 \tag{7-12}$$

而对于直线段,速度保持为常数,假设为 ω,它可以根据驱动器的物理性能来加以选择,因此有

$$\begin{cases} \theta_A = \theta_0 + \frac{1}{2}a_2 t_A^2 \\ \dot{\theta}_A = a_2 t_A = \omega \\ \theta_B = \theta_A + \omega[(t_f - t_A) - t_A] = \theta_A + \omega(t_f - 2t_A) \\ \dot{\theta}_B = \dot{\theta}_A = \omega \\ \theta_f = \theta_B + (\theta_A - \theta_0) \\ \dot{\theta}_f = 0 \end{cases} \tag{7-13}$$

由以上式子可以得到:

$$\begin{cases} a_2 = \dfrac{\omega}{t_A} \\ \theta_f = \theta_0 + a_2 t_A^2 + \omega(t_f - 2t_A) \end{cases}$$

$$\theta_f = \theta_0 + \frac{\omega}{t_A}t_A^2 + \omega(t_f - 2t_A) \tag{7-14}$$

因而,求得过渡时间:

$$t_A = \frac{\theta_0 - \theta_f + \omega t_f}{\omega} \tag{7-15}$$

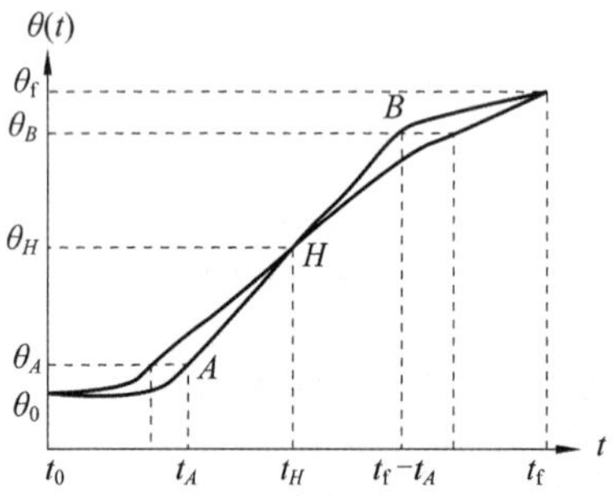

图 7-14　利用抛物线过渡的线性
函数插值

显然,过渡段的抛物线可以有多种选择,如图 7-14 所示,但每个选择都关于时间中点 t_H 和位置中点 θ_H 对称,且过渡时间不能大于总时间的一半,否则整个过渡过程中将没有直线运动段,而只有抛物线加速段和抛物线减速段。在满足以上条件时,由式(7-15)可以求得对应的最大角速度:

$$\omega_{\max} = 2(\theta_f - \theta_0)/t_f \tag{7-16}$$

说明:如果运动段的初始时间不是 0 而是 t_0,则可采用平移时间轴的办法使初始时间为 0。

终点的抛物线段与起点的抛物线段对称,只是其加速度为负,可以表示为

$$\theta(t) = \theta_f - \frac{1}{2}a_2(t_f - t)^2$$

其中:

$$\begin{cases} a_2 = \dfrac{\omega}{t_A} \\[2mm] \theta(t) = \theta_f - \dfrac{\omega}{2t_A}(t_f - t)^2 \\[2mm] \dot{\theta}(t) = \dfrac{\omega}{t_A}(t_f - t) \\[2mm] \ddot{\theta}(t) = -\dfrac{\omega}{t_A} \end{cases} \tag{7-17}$$

【例 7-4】 在例 7-1 中,假设机械手的第一关节以速度 $10°/s$ 在 5 s 内从初始角 $\theta_0 = 30°$ 运动到终止角 $\theta_f = 70°$。求所需的过渡时间,并绘制关节角的位置、速度和加速度随时间变化的曲线。

解:由式(7-15)得到:

$$t_A = \frac{\theta_0 - \theta_f + \omega t_f}{\omega} = \frac{30 - 70 + 10 \times 5}{10} = 1 \text{ s}$$

则 3 个运动段的方程分别如下:

$$\begin{cases} \theta(t) = 30 + 5t^2 \\ \dot{\theta}(t) = 10t \\ \ddot{\theta}(t) = 10 \end{cases}$$

$$\begin{cases} \theta(t) = \theta_A + 10t \\ \dot{\theta}(t) = 10 \\ \ddot{\theta}(t) = 0 \end{cases}$$

$$\begin{cases} \theta(t) = 70 - 5 \times (5 - t)^2 \\ \dot{\theta}(t) = 10 \times (5 - t) \\ \ddot{\theta}(t) = -10 \end{cases}$$

注意:以上 3 个运动段的时间取值范围分别为

$$0 \leqslant t \leqslant 1 \text{ s}; \quad \theta_A = 35°, \quad 1 \leqslant t \leqslant 3 \text{ s}; \quad 4 \leqslant t \leqslant 5 \text{ s}$$

根据以上方程,绘制其 3 个运动段的关节运动轨迹,如图 7-15 所示。

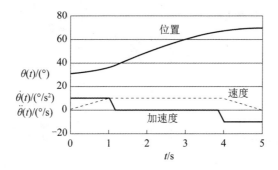

图 7-15 例 7-4 的关节运动轨迹

在该关节的运动中,采用了梯形速度(等加速、等速和等减速)的运动规律。

7.3.4 具有中间路径点且用抛物线过渡的线性运动轨迹

如果运动段不止一个,即机器人运动到第一运动段末端点后,还要继续向下一点运动(见图 7-16),则可以使用逆运动学方程求解中间路径点和终点的关节角,在各运动段之间进行过渡时,首先应基于给定的关节速度求出各运动段的过渡时间,然后使用每一点的边界约束条件来计算各抛物线段的系数,此处不再详述。

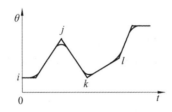

图 7-16 多段带有抛物线过渡的线性插值轨迹

7.3.5 高次多项式轨迹规划

在机器人的轨迹规划中,还经常采用"门"字形的轨迹控制,它除了指定初始点和终止点外,还可以指定提升点和下放点等其他点作为边界约束条件,如图 7-17 所示。这时,可以采用如下形式的高次多项式进行轨迹规划并使其通过所有的指定点:

$$\theta(t) = a_0 + a_1 t + a_2 t^2 + \cdots + a_n t^n \tag{7-18}$$

但对路径上的每一个点都进行高次多项式方程求解的计算量很大,为了减少计算量,可以采用以下替代方法:对轨迹不同的运动段采用不同的低次多项式,将它们平滑过渡地连在一起,以满足各点的边界约束条件。

对于图 7-17 所示的关节运动轨迹,除了满足初始和终止条件(关节位置、速度和加速度)外,还给定了两个附加的中间路径点,一个靠近初始位置称为提升点,另一个靠近终止位置称为下放点。这种规划,除了可以较好地控制运动外,还能使机械手末端以适当的方向离开初始点和接近终止点,保证机器人的运行安全。

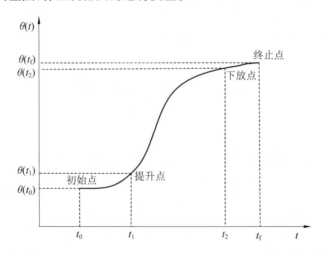

图 7-17 包含了提升点与下放点的关节运动轨迹

对于连接初始点和终止点的每个关节变量,因为增加了两个中间路径点,只有 8 个边界条件,采用一个七次多项式进行轨迹规划就足够了。但为了减少计算量,我们可以用多段低次多项式来代替这个七次多项式,比如可以采用两段四次多项式轨迹规划加一段三次多项式轨迹规划(4-3-4),也可以采用两段三次多项式轨迹规划加一段五次多项式轨迹(3-5-3)。

(1) 4-3-4 轨迹规划。

每个关节由三段轨迹组成:第一段由初始点到提升点的轨迹用四次多项式表示;第二段(或中间段)由提升点到下放点的轨迹用三次多项式表示;最后一段由下放点到终止点的轨迹由四次多项式表示。

(2) 3-5-3 轨迹规划。

每个关节由三段轨迹组成:第一段由初始点到提升点的轨迹用三次多项式表示;第二段(或中间段)由提升点到下放点的轨迹由五次多项式表示;最后一段由下放点到终止点的轨迹由三次多项式表示。

注意:上述讨论对每个关节轨迹都是有效的,即每个关节轨迹都可分割成三段。

为了控制机器人,在规划运动轨迹之前,需要给定机器人在初始点和终止点的机械手形态。在规划机器人关节轨迹时,需要注意下述几点。

(1) 抓住一个物体时,机械手的运动方向应该指向离开物体支承表面的方向;否则,机械手可能与支承表面相碰。

(2) 若沿支承面的法线方向从初始点向外给定一个离开位置(提升点),并要求机械手(机器人手部坐标系的原点)经过离开位置,这种离开运动就是合适的。如果还给定了由初始点运动到离开位置的时间,我们就可以控制提起物体的运动速度。

(3) 对机械手运动到提升点的要求同样也适用于从下放点运动到终止点,即机械手必须先运动到支承表面外法线方向上的某点(下放点),再慢慢下移至终止点。

(4) 对机械手的每一次运动,都须设定上述四个点:初始点、提升点、下放点和终止点。

除上述注意事项外,还要保证所有关节轨迹的极值不能超出每个关节变量的物理极限和几何极限。

对于各段轨迹的时间的考虑,需要注意下述几点。

(1) 在轨迹的初始段和终止段:时间由机械手接近和离开支承表面的速度决定,也是由关节电机特性决定。

(2) 在轨迹的中间路径点或中间段:时间由各关节的最大速度和加速度决定,选取这些时间中最长的一个时间,即用最低速关节确定的最长时间来归一化。

在关节轨迹的边界约束条件之下,我们所要研究的是选择一种 n 次或小于 n 次的多项式函数,使得各节点(初始点、提升点、下放点和终止点)满足对位置、速度和加速度的要求,并使关节位置、速度和加速度在整个时间间隔 $[t_0, t_f]$ 中保持连续。

规划关节轨迹的边界约束条件如下:

(1) 初始位置,包括位置(给定)、速度(给定,通常为零)、加速度(给定,通常为零);

(2) 中间位置,包括提升点位置(给定)、提升点位置(与前一段轨迹连续)、速度(与前一段轨迹连续)、加速度(与前一段轨迹连续)、下放点位置(给定)、下放点位置(与前一段轨迹连续)、速度(与前一段轨迹连续)、加速度(与前一段轨迹连续);

(3) 终止位置,包括位置(给定)、速度(给定,通常为零)、加速度(给定,通常为零)。

下面以关节的 4-3-4 轨迹规划为例来讨论。

关节的 4-3-4 轨迹规划共有 14 个未知系数：

$$\begin{cases} \theta_1(t) = a_{10} + a_{11}t + a_{12}t^2 + a_{13}t^3 + a_{14}t^4 \\ \theta_2(t) = a_{20} + a_{21}t + a_{22}t^2 + a_{23}t^3 \\ \theta_3(t) = a_{30} + a_{31}t + a_{32}t^2 + a_{33}t^3 + a_{34}t^4 \end{cases} \tag{7-19}$$

上述关节轨迹的分段多项式应满足以下边界约束条件：

(1) 初始点位置 $\theta_{10} = \theta_1(t_{10})$；

(2) 初始点速度（给定，通常为零）$\dot{\theta}_{10} = \dot{\theta}_1(t_{10})$；

(3) 初始点加速度（给定，通常为零）$\ddot{\theta}_{10} = \ddot{\theta}_1(t_{10})$；

(4) 提升点位置 $\theta_{20} = \theta_2(t_{20})$；

(5) 提升点位置（与前一段轨迹连续）$\theta_2(t_{20}) = \theta_1(t_{1f})$；

(6) 提升点速度（与前一段轨迹连续）$\dot{\theta}_2(t_{20}) = \dot{\theta}_1(t_{1f})$；

(7) 提升点加速度（与前一段轨迹连续）$\ddot{\theta}_2(t_{20}) = \ddot{\theta}_1(t_{1f})$；

(8) 下放点位置 $\theta_{30} = \theta_3(t_{30})$；

(9) 下放点位置（与前一段轨迹连续）$\theta_3(t_{30}) = \theta_2(t_{2f})$；

(10) 下放点速度（与前一段轨迹连续）$\dot{\theta}_3(t_{30}) = \dot{\theta}_2(t_{2f})$；

(11) 下放点加速度（与前一段轨迹连续）$\ddot{\theta}_3(t_{30}) = \ddot{\theta}_2(t_{2f})$；

(12) 终止点位置（给定）$\theta_{3f} = \theta_3(t_{3f})$；

(13) 终止点速度（给定，通常为零）$\dot{\theta}_3(t_{3f})$；

(14) 终止点加速度（给定，通常为零）$\ddot{\theta}_3(t_{3f})$。

这里，将整个运动的标准化全局时间变量表示为 t，而将第 j 运动段的本地时间变量表示为 t_j，并假设每一运动段的初始时间 $t_{j0} = 0$，而每一运动段的终止时间为 t_{jf}。另外，位置变量 θ 表示方式同时间变量。

因此，4-3-4 轨迹规划中由假设的多项式及其边界约束条件可确定以下 14 个表达式：

初始点
$$\begin{cases} \theta_{10} = a_{10} \\ \dot{\theta}_{10} = a_{11} \\ \ddot{\theta}_{10} = 2a_{12} \end{cases} \tag{7-20}$$

提升点
$$\begin{cases} \theta_{20} = a_{20} \\ \theta_{20} = \theta_{1f} = a_{10} + a_{11}t_{1f} + a_{12}t_{1f}^2 + a_{13}t_{1f}^3 + a_{14}t_{1f}^4 \\ \dot{\theta}_{20} = a_{21} = \dot{\theta}_{1f} = a_{11} + 2a_{12}t_{1f} + 3a_{13}t_{1f}^2 + 4a_{14}t_{1f}^3 \\ \ddot{\theta}_{20} = 2a_{22} = \ddot{\theta}_{1f} = 2a_{12} + 6a_{13}t_{1f} + 12a_{14}t_{1f}^2 \end{cases} \tag{7-21}$$

下放点
$$\begin{cases} \theta_{30} = a_{30} \\ \theta_{30} = \theta_{2f} = a_{20} + a_{21}t_{2f} + a_{22}t_{2f}^2 + a_{23}t_{2f}^3 \\ \dot{\theta}_{30} = a_{31} = \dot{\theta}_{2f} = a_{21} + 2a_{22}t_{2f} + 3a_{23}t_{2f}^2 \\ \ddot{\theta}_{30} = 2a_{32} = \ddot{\theta}_{2f} = 2a_{22} + 6a_{23}t_{2f} \end{cases} \tag{7-22}$$

终止点
$$\begin{cases} \theta_{3f} = \theta_3 t_{3f} = a_{30} + a_{31}t_{3f} + a_{32}t_{3f}^2 + a_{33}t_{3f}^3 + a_{34}t_{3f}^4 \\ \dot{\theta}_{3f} = \dot{\theta}_3 t_{3f} = a_{31} + 2a_{32}t_{3f} + 3a_{33}t_{3f}^2 + 4a_{34}t_{3f}^3 \\ \ddot{\theta}_{3f} = \ddot{\theta}_3 t_{3f} = 2a_{32} + 6a_{33}t_{3f} + 12a_{34}t_{3f}^2 \end{cases} \tag{7-23}$$

以上 14 个表达式组成了方程组,求解该方程组即可得到 4-3-4 轨迹规划的 14 个系数。

【例 7-5】 设机器人某关节从起点经过两个中间点到达终点,采用 4-3-4 轨迹规划,给定该机器人的一个关节在三段运动段的参数如下:

$$\theta_{10} = 30°, \quad \dot{\theta}_{10} = 0 \ °/s, \quad \ddot{\theta}_{10} = 0 \ °/s^2, \quad t_{10} = 0 \ s, \quad t_{1f} = 2 \ s$$

$$\theta_{20} = 50°, \quad t_{20} = 0 \ s, \quad t_{2f} = 4 \ s$$

$$\theta_{30} = 90°, \quad t_{30} = 0 \ s, \quad t_{3f} = 2 \ s$$

$$\theta_{3f} = 70°, \quad \dot{\theta}_{3f} = 0 \ °/s, \quad \ddot{\theta}_{3f} = 0 \ °/s^2$$

试确定其轨迹方程,并绘制该关节运动的位置、速度和加速度曲线。

解: 将已知数据代入式(7-20)至式(7-23),可得到三段运动的系数分别为

$$\begin{cases} a_{10} = 30 \\ a_{11} = 0 \\ a_{12} = 0 \\ a_{13} = 4.881 \\ a_{14} = -1.191 \end{cases}$$

$$\begin{cases} a_{20} = 50 \\ a_{21} = 20.477 \\ a_{22} = 0.714 \\ a_{23} = -0.833 \end{cases}$$

$$\begin{cases} a_{30} = 90 \\ a_{31} = -13.81 \\ a_{32} = -9.286 \\ a_{33} = 9.643 \\ a_{34} = -2.024 \end{cases}$$

则三段运动段的方程分别如下:

$$\theta_1(t) = 30 + 4.881t^3 - 1.191t^4 \qquad\qquad 0 \leqslant t \leqslant 2 \ s$$

$$\theta_2(t) = 50 + 20.477t + 0.714t^2 - 0.833t^3 \qquad\qquad 0 \leqslant t \leqslant 4 \ s$$

$$\theta_3(t) = 90 - 13.81t - 9.286t^2 + 9.643t^3 - 2.024t^4 \quad 0 \leqslant t \leqslant 2 \ s$$

根据以上方程,绘制其三段运动的位置、速度和加速度曲线,如图 7-18 所示。

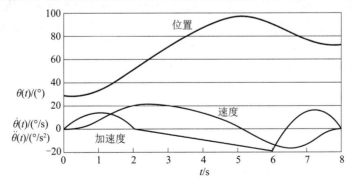

图 7-18　例 7-5 的关节运动轨迹

可见,该关节运动的位置、速度和加速度都是连续的。

7.4　直角坐标空间的轨迹规划

前面介绍的在关节空间内的轨迹规划,可以保证运动轨迹经过给定的路径点。但是当这些关节运动转换为末端执行器所在的直角坐标空间时,路径点之间的轨迹形状往往是十分复杂的,它取决于机器人的运动学特性。在某些情况下,对机械手末端的轨迹形状也有一定要求,比如要求它在两点之间走一条直线(如连续弧焊作业),或者沿着一个圆弧运动以绕过障碍物等。这时便需要在直角坐标空间内规划机械手的运动轨迹。

直角坐标空间的路径点指的是机械手末端的工具坐标相对于基础坐标的位置和姿态。每一个点由 6 个量组成,其中 3 个量描述位置,另外 3 个量描述姿态。

在直角坐标空间内对机器人末端执行器(或工具坐标系)进行运动轨迹规划的方法主要有线性函数插值法和圆弧插值法。

实际上,所有用于关节空间轨迹规划的方法都可用于直角坐标空间的轨迹规划。只是,在直角坐标空间对机械手的运动轨迹进行规划时,必须反复求解逆运动学方程来计算关节空间中的关节量,可以采用如下循环步骤进行计算:

(1) 将时间增加一个增量($t = t + \Delta t$);

(2) 利用所选择的轨迹函数计算出机械手的位姿;

(3) 利用逆运动学方程计算出对应机械手位姿的关节量;

(4) 将关节信息送给控制器;

(5) 返回到循环开始。

显然,在直角坐标空间进行轨迹规划需要占用的时间更多。

7.4.1　直角坐标空间的直线轨迹规划

在直角坐标空间进行直线轨迹规划时,可以使用带抛物线过渡的直线轨迹规划。在每个路径段的线性小区间内,描述机械手姿态的 3 个元素都沿各自的坐标轴做线性运动,其合成运动即直角坐标空间的直线轨迹;而机械手在路径点的姿态,如果以旋转矩阵 R 来表示,则不能对它的元素进行线性插值,因为对矩阵元素进行线性插值后,并不能保证得到的旋转矩阵的列满足规范化正交的要求。

如第 3 章所述,采用"等效转轴-转角"的方法可以只用 3 个元素来描述机械手的姿态。因此对于直角坐标空间路径上的任一点 P_i,它在参考坐标系 $\{S\}$ 中的位置可用末端执行器在该点位置时的向量 ${}^sP_{io}$ 表示,而其姿态可用 ${}^sP_{io}$ 相对于等效转轴 K 旋转角度 θ 表示,即把描述末端执行器在直角坐标系中路径点处的位姿用向量 ${}^sX_i$ 表示为

$$ {}^sX_i = \begin{bmatrix} {}^sP_{io} \\ {}^sK_i \end{bmatrix} \tag{7-24} $$

一旦确定了 ${}^sX_i$ 的 6 个分量,即可对其每个分量分别应用 7.3.3 节介绍的抛物线过渡的线性运动轨迹规划方法,但要附加一个约束条件,即每个分量的过渡域持续时间必须相同,以保证由各个分量构成的复合运动在空间中形成一条直线。而这一附加约束条件会导致每个分量在过渡域上的加速度不同。所以,我们需要选择过渡域的持续时间,并计算相应的加

速度,以确保各分量的加速度不超过允许的上限。

7.4.2　直角坐标空间的轨迹规划需要注意的问题

虽然在直角坐标空间中描述的轨迹与关节空间中描述的轨迹有着连续的对应关系,但直角坐标空间的轨迹可能出现以下问题:

1.规划路径点不可达到

有这样一种情况,尽管机器人作业的起点和终点都位于其工作空间之内,但若在直角坐标空间中任意指定路径,则其路径上可能有些点会超出工作空间。如图 7-19 所示,平面二连杆机械手的连杆 1 比连杆 2 长,因此工作空间是个环形区域。虽然作业的起点 A 和终点 B 均在工作空间内,但不能以直线路径 AB 作为规划路径,因为这条路径上有些点不可达。

图 7-19　规划路径上的中间点不可达

2.在奇异点附近关节速度突变

在直角坐标空间进行轨迹规划,直接控制的不是关节变量,而是直角坐标空间的操作位置和速度。如图 7-20 所示,当平面二连杆机械手的杆长相等,其末端沿着由 A 点到 B 点的期望直线轨迹运动时,会接近其工作空间中的奇异点。在奇异点附近,若要保证直角坐标空间的操作速度,则要求相应的关节速度无限大。这显然是不被允许的,因为关节速度过大会导致机器人失控,偏离预期路径,而且关节速度本就是受限的。遇到这种情况,就必须重新考虑直角坐标空间的轨迹参数,以使关节速度不超过最大允许值。

3.起始点与目标点有多个解

利用图 7-21 来说明这个问题。在这个平面三连杆机械手中,当连杆 1 和连杆 2 等长时,对于在其工作空间的起始点 A 来说,其逆运动学解有两个,分别如图 7-21 中实线和虚线所示,同样对于其按照直线路径规划的目标点 B 来说,其逆运动学解也有两个,如果所选的目标点和起始点的逆解不是相互对应的,这时因受关节变量的运动约束或所在空间的障碍约束,机械手沿着这一规划路径的运动控制就会产生问题。因此,在控制机器人按此规划运动之前,机器人的规划系统应该能检测到这个问题并向用户报错。

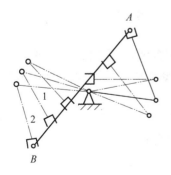

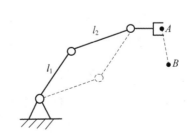

图 7-20　等长平面二连杆机械手在奇异　　　　图 7-21　平面三连杆机械手起始点
　　　　点附近关节速度突变　　　　　　　　　　　　与目标点存在多个解

所以虽然现在多数工业机器人的轨迹规划器具有关节空间和直角坐标空间轨迹生成的

功能,但因为直角坐标空间轨迹规划存在以上问题,所以用户一般使用的还是关节空间法,只有在必要时,才选择直角坐标空间的轨迹规划方法。

7.4.3　基于动力学模型的轨迹规划

在前面所述的轨迹规划方法中,生成的关节位置 $q(t)$、速度 $\dot{q}(t)$ 和加速度 $\ddot{q}(t)$ 时都没有考虑机器人的动力学特性,而实际上,机器人关节运动所能达到的速度和加速度与其动力学性能、驱动器(比如电机)的输出力矩等有关,而且,这种相关性是由它的力矩-速度关系,即电机的机械特性所规定的,而不是由其最大力矩或最大加速度单项规定的。

通常在关节空间对机器人各关节进行轨迹规划时,其最大加速度取值比较保守,以避免超过驱动装置的实际负载能力,显然在采用前述规划方法时没有充分利用机器人的加速度性能,因而提出这样的最优规划问题:根据给定的空间路径、机器人动力学和驱动电机的速度-力矩曲线,求取机器人机械手的最优轨迹,以使它到达目标点的时间最短。

在直角坐标空间法中,路径约束是在笛卡儿坐标系中表示的,而驱动力矩的约束是以关节坐标形式给出的,因此最优规划问题是带有两个坐标系的混合约束问题,须用运动学变换将路径约束从笛卡儿空间转换到关节空间,或将关节的力或力矩约束转换到笛卡儿空间,再进行轨迹优化与控制。

通常有两种优化问题:① 时间最短的优化问题,即调整各路径段的持续时间,在满足速度、加速度变化和驱动力矩的约束条件下,使总的运行时间最短;② 在给定的总的运行时间容许的范围内,选择最优轨迹使驱动力矩、速度与加速度均最小。

7.5　轨迹的实时生成

前面的轨迹规划任务是根据给定的路径点规划出运动轨迹的所有参数,得到适合路径要求的轨迹表达式,且得到的轨迹表达式都是时间 t 的函数。为了能对轨迹进行实时控制,还必须将它们转换成对应时间序列的控制节点,即要求在每一个采样周期内,都能实时计算出轨迹上某一时刻所对应的位置、速度和加速度值。机器人控制系统就是利用这些实时生成的数据,再结合传感器测量的信息来完成对机器人的控制。

7.5.1　关节空间轨迹的生成

关节空间轨迹的生成即利用关节空间轨迹规划方法,首先得到有关各个路径段的一组参数数据,然后由机器人控制系统的轨迹规划器不断生成用位置、速度和加速度表示的关节轨迹。

例如,在关节空间用三次多项式函数插值时,对于关节 i 的轨迹生成,就是首先产生出多项式系数 a_{i0},a_{i1},a_{i2},a_{i3},从而得到整个轨迹的运动方程:

$$\theta_i(t) = a_{i0} + a_{i1}t + a_{i2}t^2 + a_{i3}t^3 \tag{7-25}$$

对上式求导,即可以得到速度和加速度:

$$\begin{cases} \dot{\theta}_i(t) = a_{i1} + 2a_{i2}t + 3a_{i3}t^2 \\ \ddot{\theta}_i(t) = 2a_{i2} + 6a_{i3}t \end{cases} \tag{7-26}$$

若采用带抛物线过渡的线性函数插值,每次更新轨迹时,应首先检测时间 t 的值以判断当前是处于路径段的直线区域还是抛物线过渡区域。

在直线区域,对每个关节的轨迹计算如下:

$$\begin{cases} \theta(t) = \theta_j + \dot{\theta}_{jk}t \\ \dot{\theta}(t) = \dot{\theta}_{jk} \\ \ddot{\theta}(t) = 0 \end{cases} \tag{7-27}$$

式中:t 为自第 j 个中间点算起的时间;而 $\dot{\theta}_{jk}$ 是预先给定或者按照角度区间和时间间隔来求。

在过渡区段,关节轨迹计算如下:

$$\begin{cases} \theta(t) = \theta_0 + \dfrac{\dot{\theta}_{jk}}{2t_A}t^2 \\ \dot{\theta}(t) = \dfrac{\dot{\theta}_{jk}}{t_A}t \\ \ddot{\theta}(t) = \dfrac{\dot{\theta}_{jk}}{t_A} \end{cases} \qquad \begin{cases} \theta(t) = \theta_f - \dfrac{\dot{\theta}_{jk}}{2t_A}(t_f - t)^2 \\ \dot{\theta}(t) = \dfrac{\dot{\theta}_{jk}}{t_A}(t_f - t) \\ \ddot{\theta}(t) = -\dfrac{\dot{\theta}_{jk}}{t_A} \end{cases} \tag{7-28}$$

7.5.2　直角坐标空间轨迹的生成

直角坐标空间轨迹的生成方法与关节空间轨迹生成的相似。不同的是,直角坐标空间轨迹的计算得到的是机器人手爪在直角坐标空间的位置和姿态,需要将其转换到关节空间,即求得机器人手爪在直角坐标空间的轨迹 $(\boldsymbol{X}, \dot{\boldsymbol{X}}, \ddot{\boldsymbol{X}})$ 后,需要通过逆运动学得到相应关节的角位置 θ,再用逆雅可比矩阵计算关节角速度,用逆雅可比矩阵及其导数计算关节的角加速度。实际使用中,常按下式差分计算方法求 $\dot{\theta}, \ddot{\theta}$。

$$\begin{cases} \dot{\theta}(t) = \dfrac{\theta(t) - \theta(t - \Delta t)}{\Delta t} \\ \ddot{\theta}(t) = \dfrac{\dot{\theta}(t) - \dot{\theta}(t - \Delta t)}{\Delta t} \end{cases} \tag{7-29}$$

式中:Δt 为采样间隔时间。

最后,将求得的 $\theta, \dot{\theta}, \ddot{\theta}$ 送入机器人控制系统,完成轨迹规划。

本 章 小 结

本章主要讨论了属于机器人底层规划中的机器人轨迹规划问题,是在考虑机器人运动学和动力学的基础上,研究机器人的运动(位置、速度和加速度)规划和轨迹生成方法。首先比较了在关节空间和直角坐标空间进行轨迹规划的特点;然后重点讲述了关节空间的轨迹规划方法,包括三次多项式轨迹规划、五次多项式轨迹规划以及抛物线过渡的线性运动轨迹规划等方法;最后简要介绍了在关节空间和直角坐标空间规划轨迹的实时生成方法。

习　题

7.1　一个单连杆旋转关节机器人初始静止在 −5°的位置,现要求其在 4 s 内平滑运动到 80°位置停止,若分别采用三次多项式插值和带抛物线过渡的线性函数插值进行轨迹规划,请计算其各自插值函数,并画出两种轨迹规划下关节的位置、速度与加速度曲线。

7.2　若机器人某关节的初始位置为 5°,现要求其平滑经过中间点 15°不停止地到达终止位置 40°,两段持续时间各 1 s,试用两段具有连续速度和加速度的三次多项式插值函数规划其运动轨迹,并画出其位置、速度与加速度曲线图形。

7.3　若机器人某关节的初始位置为 5°,现要求其平滑经过中间点 15°不停止地到达终止位置 40°,两段持续时间各 1 s,且经过中间点的速度为 17.5°/s,试用两段三次多项式插值函数规划其运动轨迹,并画出其位置、速度与加速度曲线图形。

7.4　若机器人某关节的初始位置为 5°,终止位置为 40°,运行时间为 2 s,试用带抛物线过渡的线性函数插值进行轨迹规划,要求过渡段加速度为 17.5°/s^2,并画出关节的位置、速度与加速度图形曲线。

7.5　设平面二连杆机器人的杆长均为 1 m,其末端的初始位置为$(x_0,y_0)=(1.96,0.5)$,现要求其移动到终止位置$(x_f,y_f)=(1.0,0.75)$,两端点位置的速度和加速度均为 0,求每个关节的三次多项式插值函数,可将轨迹分几段路径。

7.6　带抛物线过渡的某个线性运动轨迹由以下参数生成:$\theta_0=0°$,$\theta_f=45°$,线性段的速度$\dot{\theta}=1°/s$,过渡段的加速度$\ddot{\theta}=5°/s^2$。求运动轨迹的函数和时间。

7.7　在从 $t=0$ 到 $t=1$ s 的时间区间使用一个单段三次样条曲线轨迹:$\theta(t)=10+5t+70t^2-45t^3$。求起点和终点的位置、速度和加速度。

7.8　设某单关节的初始位置和终止位置分别为 θ_0,θ_f,现要求其由静止从初始位置以三次多项式函数平滑移动到终止位置停下来,且 $|\dot{\theta}(t)|\leqslant\dot{\theta}_{max}$,$|\ddot{\theta}(t)|\leqslant\ddot{\theta}_{max}$,$t\in[0,t_f]$,试确定三次多项式系数与 t_f 之值。

7.9　针对下面三种情况,编写一个 MATLAB 程序生成关节空间的轨迹。对给定的任务输出结果,给出关于关节角、角速度、角加速度以及角加速度率(加速度对时间的导数)的多项式函数并绘图(在竖直方向,按照角度、角速度、角加速度和角加速度率的顺序绘图,要求有相同的时间间隔),并进行相关讨论。

(1) 三次多项式轨迹规划。起始点为 120°和终止点为 60°,角速度为 0,$t\in[0,1]$。

(2) 五次多项式轨迹规划。起始点为 120°和终止点为 60°,角速度和角加速度为 0,$t\in[0,1]$。把计算结果(函数与图形)与本题三次多项式的结果进行比较。

(3) 两段带有中间点的三次多项式轨迹规划。起始点为 60°和终止点为 30°,角速度为 0,中间点 120°的角速度不一定为 0,须保证两段多项式在重合时间点上的速度和加速度相同。

8 机器人的控制

机器人的控制基本就是操作人员告诉机器人要做什么,然后机器人接收命令并形成作业的控制策略,同时还要保证正确完成作业并通报作业完成情况。本章主要讲述机器人的位置控制、力控制以及位置和力混合控制,主要研究对象还是工业机器人。

8.1 机器人控制综述

8.1.1 机器人控制系统的特点

机器人的控制技术与传统的自动机械控制相比,没有根本的不同之处。其中,工业机器人的结构是一个空间开式链形式,各关节单独驱动,为实现末端执行器的高效运动,其控制系统一般是以机器人的单轴或多轴运动协调为目的设计的,与普通控制系统比较,其控制结构要复杂得多。与一般的伺服系统或过程控制系统相比,机器人控制系统有如下特点。

(1)传统的自动机械是以自身的动作为重点,而工业机器人的控制系统更注重本体与操作对象的相互关系。

无论以多么高的精度控制机器人手臂,若不能夹持并操作物体到达目的位置,那么对于工业机器人来说就失去了意义,所以本体与操作对象的相互关系是首要的。

(2)工业机器人的控制与机构运动学及动力学密切相关。

机器人的工作任务是要求其末端执行器进行空间点位运动或连续轨迹运动。而机器人的控制又是在关节空间进行的,因此,其经常需要根据给定的任务求解运动学正问题和逆问题。此外,受工业机器人各关节之间惯性力、科氏力的耦合作用以及重力负载的影响,工业机器人控制问题也变得更复杂。

(3)一个简单的工业机器人都有三个自由度,复杂的有十几个甚至几十个自由度。

每个自由度一般包含一个伺服系统,多个独立的伺服系统必须有机地协调起来,组成一个多变量的控制系统,以实现手部的期望运动。所以,工业机器人的控制一般是一个计算机控制系统,而计算机软件担负着艰巨的计算任务。

(4)描述工业机器人状态和运动的数学模型是一个多变量、非线性和变参数的复杂模型,因此在机器人的控制中,仅仅有位置闭环是不够的,还要有速度甚至加速度以及力闭环,利用计算机建立庞大的信息库,用人工智能的方法进行控制、决策、管理和操作。系统中通常采用重力补偿、前馈、解耦、基于传感信息的控制和最优 PID(proportional-integral-derivative,比例-积分-微分)控制以及自适应控制等复杂的控制策略。

(5)具有较高的重复定位精度,系统刚性好。

除直角坐标机器人外,机器人关节上的位置检测元件直接安装在各自的驱动轴上,构成位置半闭环系统,因此在机器人手部一般没有直接测量位置的传感器,但其重复定位精度较高,一般为±0.1 mm。此外机器人运行时要求保持平稳,不受外力干扰,因此系统应具有较好的刚性。

(6) 需要采用匀加(减)速控制。

因为过大的加(减)速度会影响机器人运动的平稳性甚至使机器人发生抖动,所以在机器人起动和停止时通常采用匀加(减)速控制策略。另外,机器人不允许有位置超调,否则可能与工件发生碰撞,因此对控制系统的要求是动态响应要快,且不出现超调。

(7) 工业机器人还有一种特有的控制方式——示教再现控制方式。

当工业机器人要完成某项作业时,可预先移动工业机器人的手臂来示教该作业的顺序、位置以及其他信息,在执行时,依靠工业机器人的动作再现功能,可重复进行该作业。

总而言之,机器人控制系统是一个与运动学和动力学原理密切相关的时变、耦合、非线性的多变量控制系统。由第 4、5 章的运动学分析和动力学分析模型得到:

$$X = X(q)$$
$$\tau = D(q)\ddot{q} + H(q,\dot{q}) + G(q)$$
$$\tau = J^{\mathrm{T}}(q)[M_x(q)\ddot{X} + U_x(q,\dot{q}) + G_x(q)]$$

因此,经典控制理论和现代控制理论都不能照搬使用,且机器人控制理论还不具有完整性和系统性。在实际研究中,往往把机器人控制系统简化为若干个低阶子系统来描述。

随着实际工作情况的不同,工业机器人可以采用各种不同的控制方式,包括从简单的编程自动化、微处理机控制到小型计算机控制等。

8.1.2 机器人控制系统的组成和功能

1. 机器人控制系统的组成

机器人控制系统的组成如图 8-1 所示,主要包括以下部件。

(1) 控制计算机:是控制系统的调度指挥机构,一般为微型机、微处理器,有 32 位、64 位等,如奔腾系列 CPU 以及其他类型 CPU。

(2) 示教盒:用来示教机器人的工作轨迹和参数设定,以及所有人机交互操作,拥有自己独立的 CPU 以及存储单元,与控制计算机之间以串行通信方式实现信息交互。

(3) 操作面板:由各种操作按键、状态指示灯构成,只完成基本功能操作。

(4) 磁盘存储:存储机器人工作程序的外围存储器。

(5) 数字和模拟量输入与输出:各种状态和控制命令的输入与输出。

(6) 打印机接口:记录需要输出的各种信息。

(7) 传感器接口:包括视觉系统接口和声音、图像等接口,用于信息的自动检测,实现机器人柔性控制,一般为力觉、接触觉和视觉传感器。

(8) 轴控制器:机器人各关节轴的伺服控制器,包括大臂、小臂和手腕的回转伺服控制器,完成机器人各关节位置、速度和加速度控制。

(9) 辅助设备控制:辅助轴伺服控制器,用于和机器人配合的辅助设备控制,如手爪、变位器等。

(10) 通信接口:实现机器人和其他设备的信息交换,一般有串行接口、并行接口等。

(11) 网络接口。

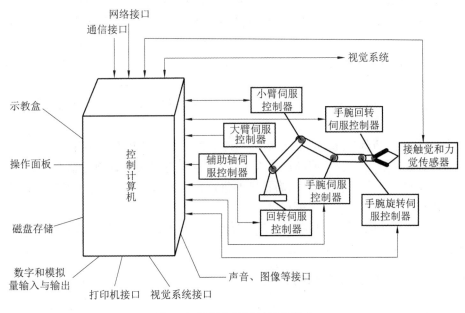

图 8-1 机器人控制系统的组成

2. 机器人控制系统的功能

（1）记忆功能：主要存储作业顺序、运动路径、运动方式、运动速度和与生产工艺有关的信息。

最初工业机器人使用的记忆装置大部分是磁鼓，随着科学技术的发展，慢慢地出现了磁线、磁芯等记忆装置。现在，计算机技术的发展带来了半导体记忆装置，出现了集成化程度高、容量大、高度可靠的随机存取存储器（RAM）和可擦除可编程只读存储器（EPROM）等半导体存储器件，使工业机器人的记忆容量大大增加，特别适合于复杂程度高的操作过程的记忆，并且其记忆容量为无限大。

通常，工业机器人操作过程的复杂程序取决于记忆装置的容量。容量越大，其记忆的点数就越多，操作的动作就越多，工作任务就越复杂。

（2）示教功能：实现方法包括直接示教法、遥控示教法、间接示教法、离线示教法，机器人的示教控制方式如图 8-2 所示。

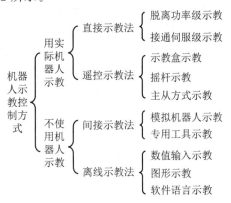

图 8-2 机器人的示教控制方式

当对 PTP 控制的工业机器人进行示教时,可以分步编制程序,而且能进行编辑、修改等工作。但是在工业机器人做曲线运动而且位置精度要求较高时,示教点数增多,示教时间就会拉长,且在每一个示教点都要停止和重新启动,因而很难进行速度的控制。

对喷漆、电弧焊等工业机器人进行 CP 控制的示教时,示教操作一旦开始,就不能中途停止,必须不中断地进行直至完成,且在示教过程中很难进行局部修正。

(3) 伺服控制功能:主要指机器人的运动控制,实现机器人各关节的位置、速度、加速度等的控制。

(4) 运算功能:机器人运动学的正运算和逆运算是其中最基本的部分。

对于具有连续轨迹控制功能的机器人来说,还需要有直角坐标轨迹插补功能和一些必要的函数运算功能。在一些高速度、高精度的机器人控制系统当中,系统往往还要完成机器人动力学模型和复杂控制算法等运算。

(5) 系统管理功能:① 方便的人机交互功能;② 对外部环境(包括作业条件)的检测和感觉功能;③ 系统的监控与故障诊断功能。

8.1.3　机器人控制方式的分类

机器人的控制主要包括机器人动作的顺序、应实现的路径与位置、动作时间间隔以及作用于操作对象物体上的作用力等。

从不同的角度来看,机器人控制方式可以有不同的分类:按照被控对象来分,可以分为位置(反馈)控制、速度(反馈)控制、加速度(反馈)控制、力(力矩)控制、力和位置混合控制等方式;无论是位置控制还是速度控制,从伺服反馈信号对应的坐标形式来看,又可以分为基于关节空间的伺服控制和基于作业空间(手部坐标)的伺服控制;按轨迹控制方式,又可分为点位控制和连续轨迹控制方式;机器人的控制方式还可以分为示教控制方式和动作控制方式。

早期工业机器人的控制一般通过示教再现控制方式实现,控制装置由凸轮、挡块、插销板、穿孔纸带、磁鼓、继电器等机电元件构成。而进入 20 世纪 80 年代,工业机器人则主要使用微型计算机系统综合实现上述装置的功能。这里介绍的工业机器人控制系统都是以计算机控制为前提的。

机器人的动作控制方式还可以进一步细分,具体如图 8-3 所示。

1.位置控制方式

机器人位置(或轨迹)控制,又可分为点位控制和连续轨迹控制,如图 8-4 所示。

1) 点位控制

此类控制方式的特点是要求机器人手爪尽快而无超调地实现两点之间的运动,但对相邻点之间的运动轨迹不进行具体规定,例如安插电路板元件、点焊、搬运和上下料等。其主要技术指标是定位精度和完成运动所需的时间。

2) 连续轨迹控制

此类控制方式的特点是要求连续控制机器人手爪的位姿轨迹,一般要求速度可控、轨迹光滑且运动平稳,例如弧焊、喷漆和切割工业机器人。其技术指标是轨迹精度和运动平稳性。

2.速度控制方式

有时在位置控制的同时还要求机器人的速度遵循一定的速度变化曲线,进行速度控制。

工业机器人是一种工况多变、惯性负载大的运动机械，为满足快速性与平稳性的要求，必须控制启动加速和停止减速这两个过渡运动段，机器人的速度控制曲线如图 8-5 所示。

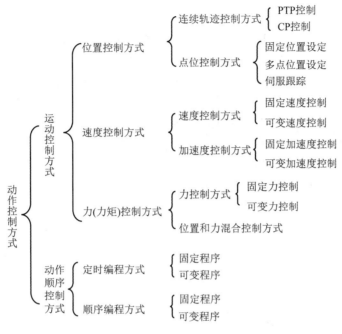

图 8-3　机器人的动作控制方式

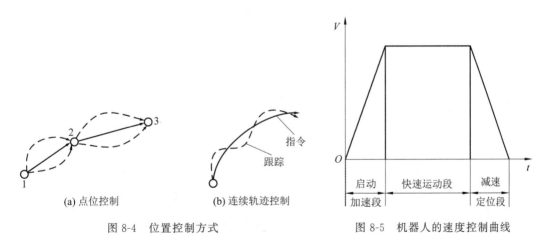

(a) 点位控制　　　　(b) 连续轨迹控制

图 8-4　位置控制方式　　　　　　　图 8-5　机器人的速度控制曲线

3.力(力矩)控制方式

在进行装配和抓取物体等作业时，机器人末端执行器和环境或作业对象的表面接触，除了要求定位准确外，还要求进行力或力矩控制。力或力矩控制是对位置控制的补充，其控制原理和位置伺服控制原理基本相同，只不过输入量和反馈量不是位置信号，而是力或力矩信号，因而需要力(力矩)传感器。

4.智能控制方式

机器人的智能控制是通过传感器获得周围环境的信息，并根据自身内部的知识库作出相应的决策。智能控制技术使机器人具有了较强的环境适应性及自学习能力。智能控制技术的发展有赖于近年来人工神经网络、基因算法、遗传算法、专家系统等人工智能技术的迅速发展。

8.1.4　机器人的主要控制变量

如图 8-6 所示,若机器人每个关节采用伺服电机驱动,现要求机器人抓起工件 A,其中工件 A 的位置由它所在工作台的一组坐标轴(称为任务轴 R_0)给出。末端执行器的位姿矢量在该坐标系中用 $X(t)$ 表示,这就是我们要控制的矢量(输出变量)。可以用以下形式表达该控制过程:

$$V(t) \leftrightarrow T(t) \leftrightarrow \tau(t) \leftrightarrow \theta(t) \leftrightarrow X(t)$$

式中:$V(t)$——电机的控制电压;

　　　$T(t)$——电机的输出力矩;

　　　$\tau(t)$——作用于各关节的力矩;

　　　$\theta(t)$——关节变量;

　　　$X(t)$——末端执行器在直角坐标系中的位姿。

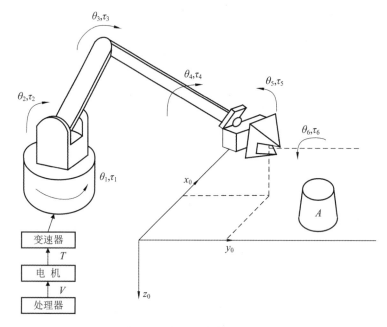

图 8-6　机器人的控制变量

机器人的控制层级划分如图 8-7 所示,对于工业机器人而言,一般没有人工智能级,所以其任务描述是直接由操作人员确定手部位姿(轨迹)来完成的。从任务描述来看,各控制层级是自上而下的;而从任务执行来看,各控制层级是自下而上的。

对于工业机器人来说,其主要控制层级以及各主要控制层级相互之间的关系如图 8-8 所示,它可以通过相关模型确定各变量之间的关系,这就是后面机器人控制时建立数学模型的基础,需要串联我们本课程前述各章节的知识。

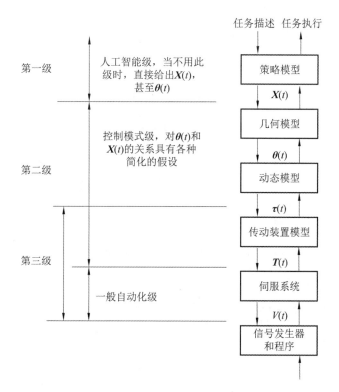

图 8-7　机器人的控制层级划分

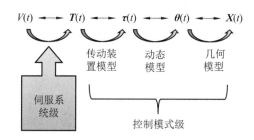

图 8-8　工业机器人的主要控制层级以及各主要控制层级相互之间的关系

8.2　机器人的位置控制

8.2.1　位置控制问题

机器人的位置控制是机器人最基本的控制任务。机器人位置控制的目的就是根据规划的轨迹，使机器人各关节或末端执行器（手爪）以理想的动态品质跟踪预定的轨迹或以指定的位姿稳定运行，所以机器人位置控制有时也称为位姿控制或轨迹控制。机器人控制系统方框图如图 8-9 所示。

机器人的位置控制结构主要有两种形式——基于关节空间的机器人位置控制结构和基于直角坐标空间的机器人位置控制结构，如图 8-10 所示。

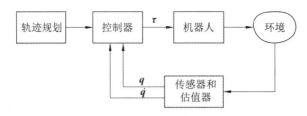

图 8-9　机器人控制系统方框图

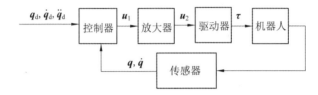

(a) 基于关节空间的机器人位置控制结构

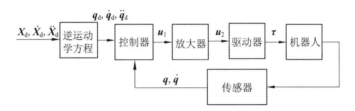

(b) 基于直角坐标空间的机器人位置控制结构

图 8-10　基于关节空间和直角坐标空间的机器人位置控制结构

　　实际的工业机器人大多为串接的连杆结构,其动态特性具有高度的非线性。但在其控制系统的设计中,往往把机器人的每个关节当成一个独立的伺服机构来处理。伺服系统一般在关节坐标空间中指定参数输入,采用基于关节坐标的控制。

　　在我们讨论的工业机器人模型中,通常每个关节都装有位置传感器,用以测量关节位移(位置);有时还用速度传感器(如测速电机)检测关节速度。虽然关节的驱动和传动方式多种多样,但作为模型,可以认为每一个关节都是由一个驱动器单独驱动的。工业机器人很少采用步进电机等开环控制方式,应用中的工业机器人几乎都采用反馈控制方式,利用各关节传感器得到的反馈信息计算需要的力矩,发出相应的力矩指令,以完成要求的运动。

　　设计这样的控制系统,关键是保证所得到的闭环系统满足一定的性能指标要求,它最基本的准则是系统的稳定性。所谓系统的稳定性,是指它在实现所规划的路径轨迹时,即使在一定的干扰作用下,其误差仍然维持在很小的范围之内。在实际中,可以利用数学分析的方法,即根据系统的模型和假设条件来判断系统的稳定性和动态品质,也可以采用仿真和实验的方法判别系统的优劣。

　　图 8-9 中所示的所有信号线都是 $n \times 1$ 维矢量,这表明工业机器人的控制系统是一个多输入-多输出(MIMO)系统。在后面讨论的模型中,我们对该系统进行了简化,即把每个关节作为一个独立的系统。因而,对于一个具有 n 个关节的工业机器人来说,我们可以把它分解成 n 个独立的单输入-单输出(SISO)控制系统,大多数工业机器人控制系统的设计都采用这种简化方法。这种独立关节控制方法是近似的,因为它忽略了工业机器人的运动结构特点,即忽略了各个关节之间相互耦合和随位形变化的事实。而有更高性能要求的机器人

的控制,则必须考虑更有效的动态模型、更高级的控制方法和更完善的计算机体系结构。总之,与其他控制系统相比,机器人的控制是相当复杂的。

8.2.2 位置控制器(二阶线性系统)模型

机器人系统可以简化为一个带有驱动器的质量-弹簧-阻尼系统,如图 8-11 所示。系统运动方程为

$$m\ddot{x} + b\dot{x} + kx = f \tag{8-1}$$

位置控制问题就是建立一个合适的控制器,使物体在驱动力的作用下,即使存在随机干扰力,也能使物体始终在预期位置上。

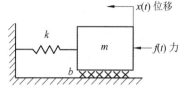

图 8-11 带驱动器的质量-弹簧-阻尼系统

控制规律为

$$f = -k_p x - k_v \dot{x} \tag{8-2}$$

式中:k_p、k_v 表示控制系统的位置和速度增益。

将式(8-2)代入式(8-1),得到:

$$m\ddot{x} + b\dot{x} + kx = -k_p x - k_v \dot{x}$$

整理后可得

$$m\ddot{x} + (b + k_v)\dot{x} + (k + k_p)x = 0 \tag{8-3}$$

令 $b' = b + k_v$,$k' = k + k_p$,则得

$$m\ddot{x} + b'\dot{x} + k'x = 0 \tag{8-4}$$

1. 定点位置控制

如果能用传感器检测出物体的位置和运动速度,适当地选择控制系统的增益(简称控制增益)可以得到所期望的任意二阶系统的品质。通常,系统具有指定的刚度 k',这时所选的增益应使系统具有临界阻尼:

$$b' = 2\sqrt{mk'}$$

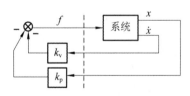

图 8-12 定点位置控制方框图

图 8-12 为定点位置控制方框图,其中虚线左边是由计算机实现的控制系统,虚线右边是被控系统。控制系统中的计算机接收传感器的输出信号 x、$\dot{x}$,并向驱动器按控制规律 $f = -k_p x - k_v \dot{x}$ 输出力指令。

这种控制系统称为位置调节系统,它能够控制物体并使其保持在一个固定位置上,同时具有抗干扰能力。

2. 控制规律的分解

采用控制规律分解的方法,将系统控制器分解成两个部分:基于模型控制部分和基于伺服控制部分。利用控制规律分解的轨迹跟踪控制方框图如图 8-13 所示。其中特定的受控系统参数 m、b、k 仅出现在基于模型控制部分,而基于伺服控制部分与这些参数无关。推导过程如下。

令

$$f = \alpha f' + \beta \tag{8-5}$$

则有

$$m\ddot{x} + b\dot{x} + kx = \alpha f' + \beta \tag{8-6}$$

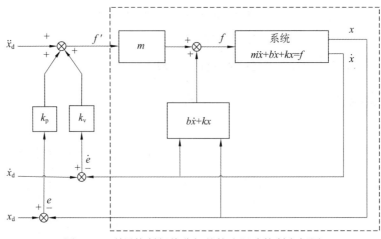

图 8-13　利用控制规律分解的轨迹跟踪控制方框图

令

$$\begin{cases} \alpha = m \\ \beta = b\,\dot{x} + kx \end{cases} \tag{8-7}$$

因此有

$$\ddot{x} = f' \tag{8-8}$$

而将

$$f' = \ddot{x}_d + k_v \dot{e} + k_p e \tag{8-9}$$

代入式(8-8),得到:

$$\ddot{e} + k_v \dot{e} + k_p e = 0 \tag{8-10}$$

若要处于临界阻尼,则有

$$k_v = 2\sqrt{k_p} \tag{8-11}$$

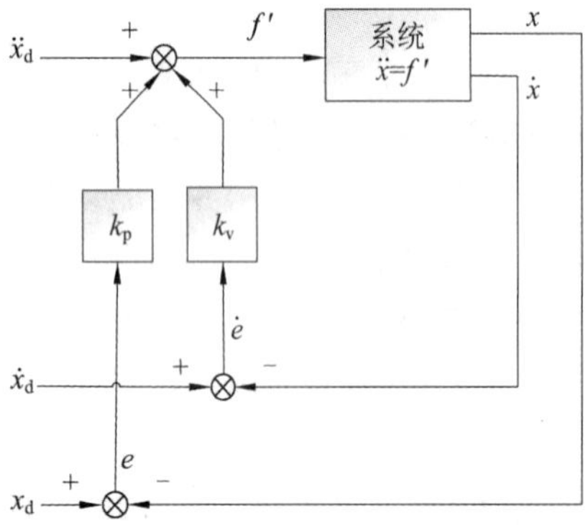

基于上述模型的控制规律,原系统完全等效于在新输入 f' 作用下的单位质量系统,单位质量系统轨迹跟踪控制方框图如图 8-14 所示。采用单位质量系统的轨迹跟踪控制规律,确定控制增益十分简单,并与系统参数无关。

3. 轨迹跟踪的位置控制

如果要求受控物体能跟踪指定的目标轨迹,即物体沿着一条充分光滑的轨迹函数 $x_d(t)$ 运动,伺服误差(位置误差)$e = x_d - x$,那么,轨迹跟踪的位置控制规律可用式(8-9)描述:

$$f' = \ddot{x}_d + k_v \dot{e} + k_p e$$

图 8-14　单位质量系统轨迹跟踪控制方框图

将上述控制规律带入无阻尼、无刚度的单位质量系统运动方程式(8-8),可得

$$\ddot{x} = \ddot{x}_d + k_v \dot{e} + k_p e$$

得到系统运动的误差方程为

$$\ddot{e} + k_v \dot{e} + k_p e = 0$$

适当选择 k_p,k_v 的值,可以很容易地确定系统对于误差的抑制特性,当 $k_v^2 = 4k_p$ 时,这个

二阶系统处于临界阻尼状态,没有超调。

8.2.3　工业机器人单关节的建模和控制

我们在讨论位置控制问题时就已指出,多关节的工业机器人控制系统往往可以分解成若干个带耦合的单关节控制系统。如果耦合是弱耦合,则每个关节的控制可近似为独立的,看成每个关节都由一个简单的伺服系统单独驱动。至于重力以及各关节间相互作用力的影响,则可由预先设计好的控制策略来消除。实际上,采用常规控制技术(如 PID 控制)单独控制每个关节来实现工业机器人位置控制是可行的。

下面我们来建立工业机器人单个转动关节的简化模型,推导出它的传递函数,并以此实现工业机器人单关节位置控制。

1.直流伺服电机驱动与传动系统数学模型

假设机器人某关节以直流伺服电机驱动减速器,带动机器人关节和连杆做旋转运动,其直流伺服电机等效电路和机械传动原理图如图 8-15 所示。

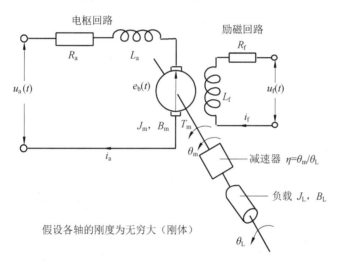

图 8-15　直流伺服电机等效电路和机械传动原理图

图 8-15 中,$u_a(t)$,i_a 为电枢回路的电压与电流;R_a,L_a 为电枢回路的电阻与电感;$u_f(t)$,i_f 为励磁回路的电压与电流;R_f,L_f 为励磁回路的电阻与电感;T_m,θ_m 为电机输出力矩与转角;J_m,B_m 为电机输出轴上的转动惯量与黏性阻尼系数;J_L,B_L 为负载的转动惯量与黏性阻尼系数;$\eta=\theta_m/\theta_L$($\eta>1$)为减速比;$e_b(t)$ 为反电动势;θ_L 为负载轴转动角度。

将直流伺服电机等效电路与机械传动原理图简化,如图 8-16 所示。

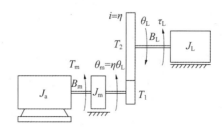

图 8-16　直流伺服电机等效电路与机械传动原理简图

简化以后传动系统的输入即为直流伺服电机的输出力矩 T_m，建立其数学模型如下：

$$T_m = (J_a + J_m)\ddot{\theta}_m + B_m\dot{\theta}_m + T_1$$

$$T_2 = J_L\ddot{\theta}_L + B_L\dot{\theta}_L + \tau_L$$

$$\eta = \theta_m/\theta_L$$

$$\eta = T_2/T_1 \tag{8-12}$$

因此，传动系统的数学模型为

$$T_m = (J_a + J_m + J_L/\eta^2)\ddot{\theta}_m + (B_m + B_L/\eta^2)\dot{\theta}_m + \tau_L/\eta$$

$$= J_{eq}\ddot{\theta}_m + B_{eq}\dot{\theta}_m + \tau_L/\eta \tag{8-13}$$

式中：$J_{eq} = J_a + J_m + J_L/\eta^2$，$B_{eq} = B_m + B_L/\eta^2$，$J_a$ 为电枢的转动惯量。

1）电枢控制时直流伺服电机驱动与传动系统数学模型

根据直流伺服电机的工作原理，画出其等效电路图，如图 8-17 所示。根据电磁作用定律与电路中的电压定律，可得以下微分方程：

$$u_a(t) = R_a i_a(t) + L_a \frac{\mathrm{d}i_a(t)}{\mathrm{d}t} + e_b(t)$$

$$T_m(t) = J_{eq}\ddot{\theta}_m(t) + B_{eq}\dot{\theta}_m(t)$$

$$T_m(t) = k_m i_a(t)$$

$$e_b(t) = k_b\dot{\theta}_m(t) \tag{8-14}$$

式中：k_m——转矩常数；

k_b——电势常数。

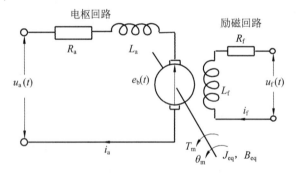

图 8-17 直流伺服电机的等效电路图

对以上各式进行拉普拉斯变换，可得

$$\begin{cases} U_a(s) = R_a I_a(s) + L_a s I_a(s) + E_b(s) \\ T_m(s) = J_{eq} s^2 \theta_m(s) + B_{eq} s \theta_m(s) \\ T_m(s) = k_m I_a(s) \\ E_b(s) = k_b s \theta_m(s) \end{cases} \tag{8-15}$$

消去中间变量，求得电枢电压与电机输出轴角位移之间的开环传递函数如下：

$$\frac{\theta_m(s)}{U_a(s)} = \frac{k_m}{s[L_a J_{eq} s^2 + (L_a B_{eq} + R_a J_{eq})s + R_a B_{eq} + k_m k_b]} \tag{8-16}$$

若忽略电感 L_a 的影响，则单关节控制系统所加电压与关节位移的传递函数如下：

$$\frac{\theta_{\mathrm{L}}(s)}{U_{\mathrm{a}}(s)} = \frac{\dfrac{1}{\eta}k_{\mathrm{m}}}{s(R_{\mathrm{a}}J_{\mathrm{eq}}s + R_{\mathrm{a}}B_{\mathrm{eq}} + k_{\mathrm{m}}k_{\mathrm{b}})} = \frac{k}{s(\tau_{\mathrm{m}}s+1)} \tag{8-17}$$

式中：k——系统增益，$k = \dfrac{\dfrac{1}{\eta}k_{\mathrm{m}}}{R_{\mathrm{a}}B_{\mathrm{eq}} + k_{\mathrm{m}}k_{\mathrm{b}}}$；

τ_{m}——系统时间系数，$\tau_{\mathrm{m}} = \dfrac{R_{\mathrm{a}}J_{\mathrm{eq}}}{R_{\mathrm{a}}B_{\mathrm{eq}} + k_{\mathrm{m}}k_{\mathrm{b}}}$。

根据微分方程的拉普拉斯变换，可画出单关节电枢控制时开环传递函数方框图，如图 8-18 所示，其中，$\Omega_{\mathrm{m}}(s)$ 是电机输出轴角速度的拉普拉斯变换，即 $\Omega_{\mathrm{m}}(s) = s\theta_{\mathrm{m}}(s)$。

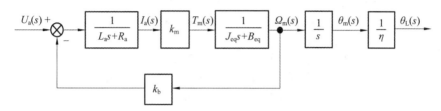

图 8-18　单关节电枢控制时开环传递函数方框图

2）磁场控制时直流伺服电机驱动与传动系统数学模型

同理，可求得励磁电压与电机输出轴角位移之间的微分方程如下：

$$u_{\mathrm{f}}(t) = R_{\mathrm{f}}i_{\mathrm{f}}(t) + L_{\mathrm{f}}\frac{\mathrm{d}i_{\mathrm{f}}(t)}{\mathrm{d}t}$$

$$T_{\mathrm{m}}(t) = J_{\mathrm{eq}}\ddot{\theta}_{\mathrm{m}}(t) + B_{\mathrm{eq}}\dot{\theta}_{\mathrm{m}}(t)$$

$$T_{\mathrm{m}}(t) = k_{\mathrm{m}}i_{\mathrm{f}}(t) \tag{8-18}$$

其中：

$$J_{\mathrm{eq}} = J_{\mathrm{a}} + J_{\mathrm{m}} + J_{\mathrm{L}}/\eta^2$$

$$B_{\mathrm{eq}} = B_{\mathrm{m}} + B_{\mathrm{L}}/\eta^2$$

对式（8-18）进行拉普拉斯变换，可得

$$\begin{cases} U_{\mathrm{f}}(s) = R_{\mathrm{f}}I_{\mathrm{f}}(s) + L_{\mathrm{f}}sI_{\mathrm{f}}(s) \\ T_{\mathrm{m}}(s) = J_{\mathrm{eq}}s^2\theta_{\mathrm{m}}(s) + B_{\mathrm{eq}}s\theta_{\mathrm{m}}(s) \\ T_{\mathrm{m}}(s) = k_{\mathrm{m}}I_{\mathrm{f}}(s) \end{cases} \tag{8-19}$$

因而可求得励磁电压与电机输出轴角位移之间的开环传递函数如下：

$$\frac{\theta_{\mathrm{m}}(s)}{U_{\mathrm{f}}(s)} = \frac{k_{\mathrm{m}}}{s(L_{\mathrm{f}}s + R_{\mathrm{f}})(J_{\mathrm{eq}}s + B_{\mathrm{eq}})} = \frac{k}{s(\tau_{\mathrm{e}}s+1)(\tau'_{\mathrm{m}}s+1)} \tag{8-20}$$

式中：τ_{e}——电气时间常数，$\tau_{\mathrm{e}} = \dfrac{L_{\mathrm{f}}}{R_{\mathrm{f}}}$；

τ'_{m}——机械时间常数，$\tau'_{\mathrm{m}} = \dfrac{J_{\mathrm{eq}}}{B_{\mathrm{eq}}}$；

k——系统增益，$k = \dfrac{k_{\mathrm{m}}}{R_{\mathrm{f}}B_{\mathrm{eq}}}$。

通常 $\tau_{\mathrm{e}} \ll \tau'_{\mathrm{m}}$，可以忽略。

单关节控制系统所加励磁电压与关节位移的传递函数如下：

$$\frac{\theta_{\mathrm{L}}(s)}{U_{\mathrm{f}}(s)} = \frac{\dfrac{1}{\eta}k}{s(\tau_{\mathrm{e}}s+1)(\tau'_{\mathrm{m}}s+1)} = \frac{k'}{s(\tau'_{\mathrm{m}}s+1)} \tag{8-21}$$

式中:$k' = \dfrac{1}{\eta}k$。

同样,可根据式(8-19)画出单关节的直流伺服电机采用磁场控制时的开环传递函数方框图,如图 8-19 所示。

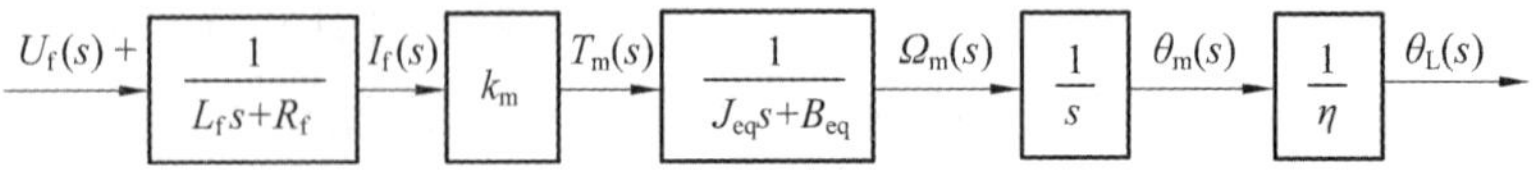

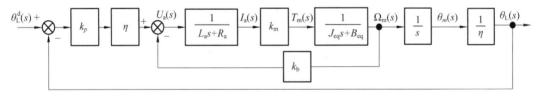

图 8-19　单关节的直流伺服电机采用磁场控制时的开环传递函数方框图

2. 单关节的位置控制

在 8.2.1 节中,我们曾给出基于关节空间的机器人位置控制结构,如图 8-10(a)所示。其中,$\boldsymbol{q}_{\mathrm{d}} = [q_{\mathrm{d}1} \quad q_{\mathrm{d}2} \quad \cdots \quad q_{\mathrm{d}n}]^{\mathrm{T}}$ 为期望的关节位置矢量,而 $\dot{\boldsymbol{q}}_{\mathrm{d}}, \ddot{\boldsymbol{q}}_{\mathrm{d}}$ 为期望的关节速度和加速度矢量,另外 $\boldsymbol{q}, \dot{\boldsymbol{q}}$ 为实际的关节位置和速度矢量;$\boldsymbol{\tau} = [\tau_1 \quad \tau_2 \quad \cdots \quad \tau_n]^{\mathrm{T}}$ 为关节驱动力矩矢量,$\boldsymbol{u}_1, \boldsymbol{u}_2$ 是相应的其他控制量。

位置控制器(PID 控制器)的作用是:利用电机组成的伺服系统使关节的实际角位移跟踪期望的角位移。若以伺服误差作为电机的输入信号,即只以期望关节角位移与实际关节角位移误差的比例环节作为控制电机的输入电压,有

$$U_{\mathrm{a}}(t) = \eta k_{\mathrm{p}}e(t) = \eta k_{\mathrm{p}}[\theta_{\mathrm{L}}^{\mathrm{d}}(t) - \theta_{\mathrm{L}}(t)] \tag{8-22}$$

式中:k_{p}——位置反馈增益;

　　　$e(t)$——系统误差,$e(t) = \theta_{\mathrm{L}}^{\mathrm{d}}(t) - \theta_{\mathrm{L}}(t)$;

　　　η——传动比。

此时得到的带位置反馈的闭环控制传递函数方框图如图 8-20 所示。

图 8-20　带位置反馈的闭环控制传递函数方框图

若忽略 L_{a},则可求得系统的闭环控制传递函数:

$$\frac{\theta_{\mathrm{L}}(s)}{\theta_{\mathrm{L}}^{\mathrm{d}}(s)} = \frac{k_{\mathrm{p}}k_{\mathrm{m}}/R_{\mathrm{a}}J_{\mathrm{eq}}}{s^2 + s(R_{\mathrm{a}}J_{\mathrm{eq}} + k_{\mathrm{m}}k_{\mathrm{b}})/R_{\mathrm{a}}J_{\mathrm{eq}} + k_{\mathrm{m}}k_{\mathrm{b}}/R_{\mathrm{a}}J_{\mathrm{eq}}} \tag{8-23}$$

闭环控制传递函数表明,单关节的位置控制(比例控制)是二阶系统,为改善系统的动态性能,减小静态误差,可以加大位置反馈增益 k_{p} 和增加阻尼。

下面再引入位置误差的导数(角速度误差)作为反馈信号,即形成 PD 控制器:

$$U_{\mathrm{a}}(t) = \eta[k_{\mathrm{p}}e(t) + k_{\mathrm{v}}\dot{e}(t)] = \eta\{k_{\mathrm{p}}[\theta_{\mathrm{L}}^{\mathrm{d}}(t) - \theta_{\mathrm{L}}(t)] + k_{\mathrm{v}}[\dot{\theta}_{\mathrm{L}}^{\mathrm{d}}(t) - \dot{\theta}_{\mathrm{L}}(t)]\} \tag{8-24}$$

式中:k_{v}——速度反馈增益;

　　　$\dot{e}(t)$——系统角速度误差,$\dot{e}(t) = \dot{\theta}_{\mathrm{L}}^{\mathrm{d}}(t) - \dot{\theta}_{\mathrm{L}}(t)$;

η——传动比。

此时得到的带位置与速度反馈的闭环控制传递函数方框图如图 8-21 所示。

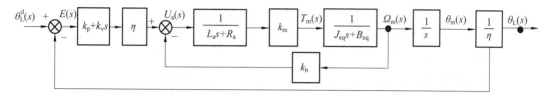

图 8-21　带位置与速度反馈的闭环控制传递函数方框图

当忽略 L_a 并把速度反馈调整为从 Ω_m 取信号时，图 8-21 可以变化为图 8-22。

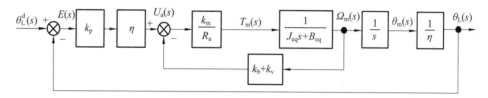

图 8-22　忽略 L_a 后带位置与速度反馈的闭环控制传递函数方框图

由图 8-22 可求得系统的闭环控制传递函数：

$$\frac{\theta_L(s)}{\theta_L^d(s)} = \frac{k_m k_v s + k_m k_p}{s^2 R_a J_{eq} + s(R_a B_{eq} + k_m k_b + k_m k_v) + k_m k_p} \tag{8-25}$$

这也是一个二阶系统，为了获得期望的性能指标，需要对 k_p 和 k_v 加以设计。

3. 位置、速度反馈增益的选择

二阶闭环控制系统的性能指标有上升时间、稳态误差的大小（是否为零）、调整时间等。这些都与位置反馈增益 k_p 及速度反馈增益 k_v 有关。假定扰动为零，并忽略系统中有限零点的作用，设法确定 k_p 和 k_v 的值，以便得到一个临界阻尼或过阻尼系统。

二阶系统的特征方程具有下面标准形式：

$$s^2 + 2\zeta\omega_n s + \omega_n^2 = 0 \tag{8-26}$$

式中：ζ——系统的阻尼比；

ω_n——系统的无阻尼自然频率。

二阶系统的特性取决于它的无阻尼自然频率和阻尼比，在工业机器人应用中，为了安全，希望系统具有临界阻尼或过阻尼，即要求系统的阻尼比 $\zeta \geqslant 1$。

把系统的闭环控制传递函数的特征方程 $s^2 R_a J_{eq} + s(R_a B_{eq} + k_m k_b + k_m k_v) + k_m k_p = 0$ 与标准式比较，得

$$\omega_n^2 = \frac{k_m k_p}{J_{eq} R_a} \tag{8-27}$$

$$2\zeta\omega_n = \frac{R_a B_{eq} + k_m k_b + k_m k_v}{J_{eq} R_a} \tag{8-28}$$

$$\zeta = \frac{R_a B_{eq} + k_m k_b + k_m k_v}{2\sqrt{k_m k_p J_{eq} R_a}} \geqslant 1 \tag{8-29}$$

$$k_v \geqslant \frac{2\sqrt{k_m k_p J_{eq} R_a} - R_a B_{eq} - k_m k_b}{k_m} \tag{8-30}$$

二阶系统的响应速度由无阻尼自然频率和阻尼比决定，机械手不能超调，所以其阻尼比

应满足 $\zeta \geqslant 1$,而为了同时兼顾快速性,其阻尼比一般取为临界阻尼。

由式(8-30)可知,速度反馈增益的值依赖于位置反馈增益,而确定位置反馈增益必须考虑操作臂的结构共振频率,它与操作臂的结构、尺寸、质量分布和制造装配质量有关,并随机器人的形状和抓取质量的不同而变化。

假设机器人空载时惯量为 J_0,结构谐振频率 ω_0 是按惯量为 J_0 的情况测定的,那么当加载负载后,惯量增加为 J 时,此时的结构共振频率由下式确定:

$$\omega_r = \omega_0 \sqrt{\frac{J_0}{J}} \tag{8-31}$$

为了不引起系统共振,应选择:

$$\omega_n \leqslant 0.5\omega_r \tag{8-32}$$

由式(8-27)可得

$$0 < k_p \leqslant \frac{\omega_r^2 J_{eq} R_a}{4 k_m} \tag{8-33}$$

其中 $J = J_{eq}$,将式(8-31)代入上式,可得

$$0 < k_p \leqslant \frac{\omega_0^2 J_0 R_a}{4 k_m} \tag{8-34}$$

由上式可确定 k_p,而由式(8-30)可确定

$$k_v \geqslant \frac{R_a \omega_0 \sqrt{J_0 J_{eq}} - R_a B_{eq} - k_m k_b}{k_m} \tag{8-35}$$

4. 多关节位置控制器

以上所建立的单关节位置控制系统,忽略了关节之间的相互耦合作用,且只有在锁住机器人其他关节而依次移动单个关节时是适用的,但这种工作方法显然效率太低了。机器人的正常工作状态通常是多关节同时运动,因此运动关节之间的力或力矩会产生相互作用,影响机器人的控制精度。对于以单关节运动为基础建立的位置控制器,需要附加补偿作用。

在第 5 章中,我们建立了一般工业机器人的动力学模型:

$$\tau_i = \sum_{j=1}^{n} D_{ij} \ddot{q}_j + I_{a_i} \ddot{q}_i + \sum_{j=1}^{n} \sum_{k=1}^{n} D_{ijk} \dot{q}_j \dot{q}_k + D_i$$

式中:τ_i——第 i 关节的驱动力矩;

I_{a_i}——连杆 i 的转动惯量。

其他相应的系数为

$$D_{ij} = \sum_{p=\max(i,j)}^{n} \mathrm{tr}\left(\frac{\partial \boldsymbol{T}_p}{\partial q_j} I_p \frac{\partial \boldsymbol{T}_p^{\mathrm{T}}}{\partial q_j} \right)$$

$$D_{ijk} = \sum_{p=\max(i,j,k)}^{n} \mathrm{tr}\left(\frac{\partial^2 \boldsymbol{T}_p}{\partial q_j \partial q_k} I_p \frac{\partial \boldsymbol{T}_p^{\mathrm{T}}}{\partial q_i} \right)$$

$$D_i = \sum_{p=i}^{n} \left(-m_p \boldsymbol{g}^{\mathrm{T}} \frac{\partial T_p}{\partial q_i} {}^p \boldsymbol{r}_{c_i} \right)$$

以此为基础,将其他关节对第 i 关节的影响作为前馈项引入位置控制器,构成第 i 关节的多关节位置控制系统,带关节耦合作用的机器人第 i 关节控制系统方框图,如图 8-23

所示。

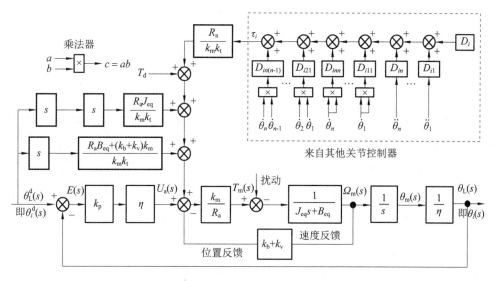

图 8-23　带关节耦合作用的机器人第 i 关节控制系统方框图

8.2.4　基于直角坐标的控制

前面我们讨论的工业机器人位置控制问题,是在关节空间中进行的,输入控制系统的是期望的关节轨迹,但是在许多应用场合,采用基于直角坐标的控制更为适宜。所谓基于直角坐标的控制,就是控制机器人末端执行器沿直角坐标空间指定的轨迹运动,输入控制系统的是期望的直角坐标轨迹。对于每个关节都由电机单独驱动的机器人来说,如果要让机器人终端沿期望的轨迹运动,几个关节电机就必须以不同的运动组合,即 n 个关节电机以不同的速度匹配同时运转。这种控制方式大大简化了完成作业时对运动序列的规定,方便了操作人员。实际上,操作人员总是希望在直角坐标系中规定作业路径、运动方向和速度。

1. 直角坐标路径输入时的控制方案

我们已经知道,基于关节坐标控制的基本思路是:利用内部传感器测出实际各关节的位移和速度,在关节空间中计算期望值与实际测量值之间的差值,从而得到轨迹误差,实现机器人的控制。

而对基于直角坐标的控制系统,输入的是期望的直角坐标轨迹 $\boldsymbol{X}_d, \dot{\boldsymbol{X}}_d, \ddot{\boldsymbol{X}}_d$,采用的控制方案是通过求解机器人逆运动学方程,将直角坐标空间的轨迹转换成关节空间的轨迹,但这种方案的缺点就在于轨迹逆变换的计算量大,实时性较差。

图 8-24 所示为另一种控制方案,即在关节上的传感器检测到机器人关节位置后,关节空间中的坐标位置通过运动学方程转换为直角坐标空间的位置,然后与期望的直角坐标空间的位置比较,形成直角坐标空间的误差。这种以直角坐标空间误差为基础的控制方法称为基于直角坐标的控制。

在这种控制方案中,轨迹变换过程被反馈回路中的坐标变换所取代,因此运动学问题和其他变换都包含在了反馈回路中,这就造成基于直角坐标控制的一个缺点:当计算机容量相

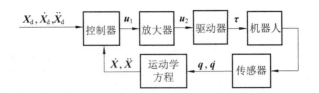

图 8-24　基于直角坐标空间的机器人位置控制方案

同时,由于需要在反馈回路中完成大量的计算,系统的采样频率降低,从而降低系统的稳定性和抗干扰性。

2. 直角坐标解耦控制

在前面第 5 章中,我们对机器人动力学进行了分析,得到了用直角坐标变量表达的机器人操作空间(笛卡儿空间)动力学方程:

$$F = M_x(\boldsymbol{\theta})\ddot{X} + U_x(\boldsymbol{\theta},\dot{\boldsymbol{\theta}}) + G_x(\boldsymbol{\theta}) \tag{8-36}$$

式中:F——作用在机器人末端执行器上的广义操作力(力矩);

$\quad X$——机器人末端执行器的位姿矢量;

$\quad M_x(\boldsymbol{\theta})$——质量矩阵;

$\quad U_x(\boldsymbol{\theta},\dot{\boldsymbol{\theta}})$——向心力、科氏力矢量;

$\quad G_x(\boldsymbol{\theta})$——重力矢量。

以上参数都是在直角坐标空间中表示的参数。

为了得到线性化的解耦控制器,对式(8-36)表示的系统用控制规律分解的方法,得到基于模型的控制规律为

$$F = \alpha F' + \beta$$

令

$$\begin{cases} \boldsymbol{\alpha} = M_x(\boldsymbol{\theta}) \\ \boldsymbol{\beta} = U_x(\boldsymbol{\theta},\dot{\boldsymbol{\theta}}) + G_x(\boldsymbol{\theta}) \end{cases} \tag{8-37}$$

伺服控制规律为

$$F' = \ddot{X}_d + k_v\dot{e} + k_p e \tag{8-38}$$

式中:k_v, k_p——矩阵,通常选为对角矩阵;

$\quad e$——位置误差的矢量,$e = X_d - X$;

$\quad \dot{e}$——速度误差的矢量,$\dot{e} = \dot{X}_d - \dot{X}$。

由于用式(8-36)计算得出的虚拟直角坐标空间广义力 F 无法直接施加到机器人的末端执行器上,采用下式将其转换为等效的关节力矩,即

$$\boldsymbol{\tau} = J^{\mathrm{T}}(\boldsymbol{\theta})F \tag{8-39}$$

图 8-25 为动力学解耦的笛卡儿空间操作臂控制系统方框图,它所表示的控制器允许直接描述直角坐标轨迹,而无须进行轨迹变换。

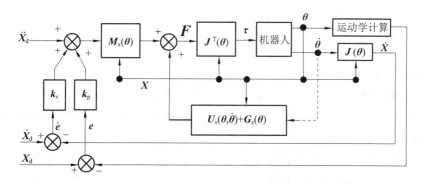

图 8-25 动力学解耦的笛卡儿空间操作臂控制系统方框图

8.3 机器人的力控制

8.3.1 概述

在喷漆、点焊、搬运作业时所使用的工业机器人,一般只要求其末端执行器(喷枪、焊枪、手爪等)沿某一预定的路径运动,运动过程中末端执行器始终不与外界任何物体相接触,这时我们只需要对机器人进行位置控制就够了。

然而,在另一类场合,如装配、加工、抛光等作业的工作过程中,要求机器人末端执行器与作业对象相接触,并施加一定的压力。此时,如果只对机器人实施位置控制,有可能导致机器人的位姿误差及作业对象放置不准,要么使末端执行器与作业对象脱离接触,要么使两者相碰撞而引起过大的接触力,最终不是机器人末端执行器在空中晃动,就是机器人或作业对象被损伤。对于这类作业,一种比较好的控制方案是控制末端执行器与作业对象之间的接触力。这样,即使是作业对象位置不准确,也能保持末端执行器与其的正确接触。相应地,对机器人的控制,除了在一些自由度方向进行位置控制外,还需要在另一些自由度方向实施力控制。

力是两物体相互作用后才产生的,力控制是将环境考虑在内的控制。为了对机器人实施力控制,需要分析机器人末端执行器与环境的约束状态,并根据约束条件制定控制策略;此外,还需要在机器人上安装力传感器,用来检测机器人与环境接触状态的变化信息。控制系统根据预先制定的控制策略对力传感器获得的信息作出处理,用以指挥机器人在未知环境下进行与该环境相适应的操作,从而使机器人能胜任复杂的作业任务,这是机器人的一种智能化特征。

8.3.2 力传感器的设计、安装问题

力(包括力矩)传感器的作用,是检测机器人自身的内部力及机器人与外界接触时相互作用的力的大小,它是力控制系统中的关键组成部分。大部分力传感器采用电阻(或半导体)应变技术,将应变片(敏感元件)粘贴在金属骨架上,金属骨架承受的力决定了应变片输出信号的大小。从控制的角度来看,我们一般希望力传感器具有多维信号检测能力,即要求其有检测三个坐标轴的分力和分力矩的功能,这种功能正是机器人按坐标控制所需要的。

设计力传感器时,通常需要考虑以下问题:

(1) 为了获得需要的力的信息,需要有多少组敏感元件;

(2) 敏感元件相互之间应怎样配置,才能保证应变信号提取的合理性,且能尽量避免和减少彼此间的干扰;

(3) 在保持刚度的前提下,采用什么样的结构能提高灵敏度。

除此之外,在进行力传感器的总体设计时,还要考虑力传感器的量程、精度、分辨率、过载保护以及与机器人的连接方法等问题。

通常,力传感器安装在工业机器人上的位置有下列 3 种。

(1) 装在关节驱动器轴上,测量驱动器本身输出的力和力矩。虽然这种安装位置对有些控制方式是有效的,对控制决策的实现也较为有利,但是一般情况下,其无法提供机器人手爪与环境接触力的信息。

(2) 装在工业机器人腕部,即安放在手爪与机器人手臂相连的最后一个关节之间。这种方式能够比较直接地测量出作用在机器人手爪上的力和力矩,典型的力传感器能够测量作用于手爪上的力和力矩的 6 个分量。

(3) 装于手爪指尖上。这种方式下测得的环境对手爪的作用力最直接,一般是在手指内部贴应变片,形成"力敏感手指",可以测量作用于每个手指上的多个分力。

8.3.3 约束条件与约束坐标系

1.约束条件

约束条件分为自然约束与人为约束。

(1) 自然约束:由环境的几何特性或作业结构特征等引起的对机器人的约束。

机器人手爪(常为机器人手臂端部安装的工具)与环境(作业对象)接触时,环境的几何特性构成对机器人的约束,这种约束称为自然约束。自然约束是指在某种特定的接触情况下自然发生的约束,而与机器人希望或打算做的运动无关。

例如,当手爪与固定刚性表面接触时,不能自由穿过这个表面,这被称为自然位置约束;若这个表面是光滑的,则不能对手爪施加沿表面切线方向的力,这被称为自然力约束。一般可将接触表面定义为一个广义平面,沿平面法线方向定义自然位置约束,沿平面切线方向定义自然力约束。

(2) 人为约束:描述机器人预期的位置或力的轨迹时,人为定义的约束。

人为约束必须与自然约束相适应,因为在同一自由度上不能同时实施力和位置控制,所以当机器人手爪在工作平台上进行操作作业时,人为约束只能是沿平台表面的路径轨迹和与平台垂直方向上的接触力。

2.约束坐标系

约束坐标系{C}的选择,取决于所执行的任务,一般建立在机器人手爪与作业对象的接触面上。它是一个直角坐标系,具有 6 个自由度,即机器人在任一时刻的作业均可分解为沿约束坐标系{C}中每一自由度的位置控制或力控制。约束坐标系{C}可能在环境中固定不动,也可能随手爪一起运动。

【例 8-1】 图 8-26 所示为机器人拧螺钉操作及其约束坐标系。试确定其自然约束和人为约束。

解:定义机器人手爪在约束坐标系$\{C\}$中的 6 个位移分量分别为$[x \quad y \quad z \quad \theta_x \quad \theta_y \quad \theta_z]^{\mathrm{T}}$。

定义机器人手爪施加给螺钉的力在约束坐标系$\{C\}$中 6 个自由度上的分量分别为$[f_x \quad f_y \quad f_z \quad m_x \quad m_y \quad m_z]^{\mathrm{T}}$。

当螺钉进入螺钉孔下行时,机器人手爪受到的自然约束与人为约束表达式为

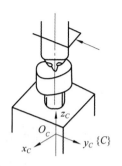

图 8-26　机器人拧螺钉操作
及其约束坐标系

$$
自然约束\begin{cases} x = 0 \\ y = 0 \\ \theta_x = 0 \\ \theta_y = 0 \\ f_z \approx 0 \\ m_z \approx 0 \end{cases}, \quad 人为约束\begin{cases} f_x = 0 \\ f_y = 0 \\ m_x = 0 \\ m_y = 0 \\ \dot{z} = [p/(2\pi)]\dot{\theta}_z \\ \dot{\theta}_z = \omega \end{cases}
$$

其中,p 为螺距。

当螺钉继续沿螺钉孔下行,直到力传感器测量的力矩值 m_z 超过某一阈值时,说明螺钉已拧到位置,这时为保证预紧力恒定,须控制 m_z 的大小,因此要改变人为约束。此时机器人手爪受到的自然约束与人为约束表达式为

$$
自然约束\begin{cases} x = 0 \\ y = 0 \\ \dot{z} = 0 \\ \theta_x = 0 \\ \theta_y = 0 \\ \dot{\theta}_z = 0 \end{cases}, \quad 人为约束\begin{cases} f_x = 0 \\ f_y = 0 \\ f_z = 0 \\ m_x = 0 \\ m_y = 0 \\ m_z = f_t \end{cases}
$$

其中,f_t 为给定预紧力。

从以上分析可以得出以下两点结论。

(1) 人为约束必须适应自然约束,且两者的约束数目相等,即当约束坐标系$\{C\}$中某个自由度上存在自然位置约束时,就应该相应地给定一个力的人为约束;反之亦然。

(2) 自然约束的变化是根据检测到的信息来确认的,而这些被检测的信息一般在当时都是不受控制的位置或力的变化量。比如螺钉在未拧紧时的被控制量是绕 z_C 转动的角速度 $\dot{\theta}_z$,而用来确定是否拧紧的被控制量则是当时不受控制的力矩 m_z。

8.3.4　力的控制

如图 8-27 所示,当机器人手爪与环境相接触时,会产生相互作用的力。一般情况下,在考虑接触力时,必须设计某种环境模型。为使概念明确,我们用类似于位置控制的简化方法,使用很简单的质量-弹簧模型来表示受控物体与环境之间的接触作用。如图 8-28 所示,假设该系统是刚性的,质量为 m,而环境具有的刚度为 k_e。现讨论质量-弹簧系统的力控制问题。

用 f_{dist} 表示未知的干扰力,它可能是摩擦力或机械传动的阻力,要控制的变量是作用于环境的力 f_e,它施加于弹簧上,有

$$f_e = k_e x \tag{8-40}$$

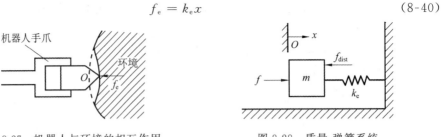

图 8-27 机器人与环境的相互作用   图 8-28 质量-弹簧系统

描述该物理系统的方程为

$$f = m\ddot{x} + k_e x + f_{dist} \tag{8-41}$$

以控制变量 f_e 表示为

$$f = mk_e^{-1}\ddot{f}_e + f_e + f_{dist} \tag{8-42}$$

采用控制律的分解方法,令

$$\begin{cases} \alpha = mk_e^{-1} \\ \beta = f_e + f_{dist} \end{cases} \tag{8-43}$$

可得控制律:

$$f = mk_e^{-1}(\ddot{f}_d + k_{vf}\dot{e}_f + k_{pf}e_f) + f_e + f_{dist} \tag{8-44}$$

式中: e_f ——期望力 f_d 与检测力 f_e 之间的误差, $e_f = f_d - f_e$。

联立式(8-42)和式(8-44)得到力控制系统误差方程:

$$\ddot{e}_f + k_{vf}\dot{e}_f + k_{pf}e_f = 0 \tag{8-45}$$

但因为干扰力是未知的,所以控制律式(8-44)并不可解。可以将其舍去,得到简化的控制律(伺服规则):

$$f = mk_e^{-1}(\ddot{f}_d + k_{vf}\ddot{e}_f + k_{pf}e_f) + f_e \tag{8-46}$$

当环境刚度 k_e 很大时,可用期望力 f_d 取代 $f_e + f_{dist}$,则得

$$f = mk_e^{-1}(\ddot{f}_d + k_{vf}\dot{e}_f + k_{pf}e_f) + f_d \tag{8-47}$$

图 8-29 为按式(8-47)绘制的质量-弹簧的力控制系统方框图。

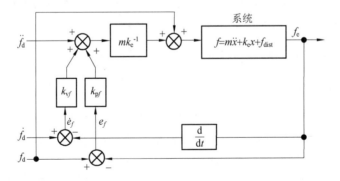

图 8-29 质量-弹簧的力控制系统方框图

在实际应用中,该系统的力控制规则与式(8-47)表达的规则有些不同。首先,力轨迹通常为常数,即通常希望将接触力控制为某一常数值,而很少把它设置为任意的时间函数。因

此,控制系统的输入 $\ddot{f}_d$ 和 $\dot{f}_d$ 通常恒设为零。其次,对检测到的力 f_e 采用数值微分计算会造成很大的噪声。又因为 $f_e = k_e x$,所以可以求出作用于环境上的力的微分 $\dot{f}_e = k_e \dot{x}$。这样的做法非常符合实际,因为大多数操作臂都可以测量速度,技术是成熟的。做出这两个实际选择之后,可以将式(8-47)表达的控制律写成

$$f = m(k_e^{-1}k_{pf}e_f - k_{vf}\dot{x}) + f_d \tag{8-48}$$

图 8-30 为实际的质量-弹簧的力控制系统方框图,其中利用速度信号 $\dot{x}$ 构成了一个增益为 k_{vf} 的速度反馈内回路。调整 k_{vf} 可以改变系统阻尼比,从而改善系统的动态性能。同时 f_e 的反馈和 f_d 的前馈也能减小系统误差。

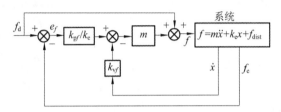

图 8-30　实际的质量-弹簧的力控制系统方框图

还要说明的一点是,控制律中的环境刚度 k_e 通常是未知的和时变的,但由于装配机器人通常装配的是刚性零件,可以认为 k_e 相当大。在此假设前提下,选择增益 k_{pf}, k_{vf} 时应保证系统在 k_e 变化的时候也能正常工作。

8.4　机器人的位置和力混合控制

机器人的力控制一般与位置控制融合在一起形成位置和力的混合控制。

例如:步行机器人在行走时,足与地面的接触力在不断变化,对腿的各关节控制是一个典型且严格的位置和力混合控制问题。腿在支撑状态时,由于机体的运动,支撑点与步行机器人重心间的相对位置在不断变化,足与地面的接触力也在不断变化,同时还要对各关节的位置进行控制。在这种情况下,位置控制与力控制组成一个有机整体,力控制是在正确的位置控制基础上的进一步的控制内容。

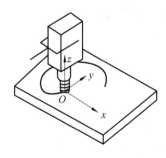

图 8-31　机器人刻画曲线作业

图 8-31 所示为利用机器人在一片薄形脆性材料的表面刻画曲线作业。一方面,机器人要完成曲线的刻画,即需要在 xOy 平面上实施位置的连续控制;另一方面,机器人还必须对 z 轴方向的作用力加以控制,以防工件放置不准确或手爪位置误差比较大,从而导致刀具与薄形脆性材料之间的作用力太大,造成工件的破碎。

显然,这时采用位置和力混合控制方式比较合适。

机器人位置和力混合控制应遵循的原则是:在同一自由度方向,不能同时施加力控制和位置控制。而控制的任务则是要解决以下三个问题:

（1）沿着力自然约束方向，实现机器人的位置控制；

（2）沿着位置自然约束方向，实现机器人的力控制；

（3）在任意约束坐标系 $\{C\}$ 的正交自由度上，实施位置和力的混合控制。

下面介绍机器人位置和力混合控制的方案。

8.4.1　以约束坐标系 $\{C\}$ 为基准的直角坐标机器人位置和力混合控制方案

图 8-32 所示为一台三自由度直角坐标机器人及其作用平面，每个关节都是移动关节。设每个移动的连杆质量都为 m，连杆移动时无摩擦，同时还假设关节轴线 x、y 和 z 的方向与约束坐标系 $\{C\}$ 各坐标轴方向完全一致；手爪所作用的环境刚度为 k_e，要求在 y_C 方向上进行力控制，而在 x_C 和 z_C 方向上进行位置控制。

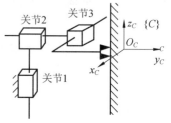

图 8-32　三自由度直角坐标
机器人及其作用平面

此时，位置和力混合控制方案比较清楚：对关节 1、3 的控制采用位置控制器；对关节 2 则采用 8.3 节介绍的力控制器。于是，我们可以在 $x_C O_C z_C$ 坐标平面上设定位置轨迹，而在 y_C 方向独立地设定力的轨迹（可能正好为常数）。

整个控制器若按这种结构设计，是能够满足任务要求的。但各关节控制器的功能固定，不能更改，导致它的灵活性受到了限制。

如果外界环境发生变化，或控制任务有了改变，比如机器人原来进行力控制的某个自由度可能要改为位置控制，而原来要进行位置控制的某个自由度可能要改为力控制，那么原来功能固定的关节控制器则不再适用。因此，我们希望建立的直角坐标机器人控制器，既能完成对机器人每个自由度的位置控制，又能完成力控制。当然，同一时刻不可能在同一自由度上进行位置和力两种方式的控制。因此，对控制器必须设置一种工作模式，以指明在给定的时刻究竟实施哪一种控制。

依照这个设计思想，三自由度直角坐标机器人的位置和力混合控制系统方框图如图 8-33 所示，三个关节既有位置控制器，又有力控制器。图中引入了选择矩阵 $\boldsymbol{S}$ 和 $\boldsymbol{S}'$，分别代表位置控制与力控制的约束状态，它是 3×3 的对角矩阵，实际上是两组互锁开关，以实现对约束坐标系 $\{C\}$ 内每个自由度完成控制模型的转换。

如要求对第 i 个关节进行位置控制（或力控制），则矩阵 $\boldsymbol{S}$（或矩阵 $\boldsymbol{S}'$）对角线上第 i 个元素为 1，否则为 0。例如，对应于图 8-33 的 $\boldsymbol{S}$ 和 $\boldsymbol{S}'$ 应为

$$\boldsymbol{S} = \begin{bmatrix} 1 & 0 & 0 \\ 0 & 0 & 0 \\ 0 & 0 & 1 \end{bmatrix}, \quad \boldsymbol{S}' = \begin{bmatrix} 0 & 0 & 0 \\ 0 & 1 & 0 \\ 0 & 0 & 0 \end{bmatrix}$$

与 $\boldsymbol{S}$ 的设置相一致，系统总是有三个分量受控，这三个分量由位置轨迹和力轨迹任意组合而成。但通常当系统某个自由度以位置控制（或力控制）方式工作时，则这个自由度的位置（或力）的误差信息就被忽略掉了。

图 8-33 所示的位置和力混合控制器，是针对三自由度直角坐标机器人，并且要求在其关节轴线与约束坐标系 $\{C\}$ 轴向完全一致的特定情况下。将此研究方法推广，就可应用到

一般机器人上,并且适用于任意约束坐标系$\{C\}$。

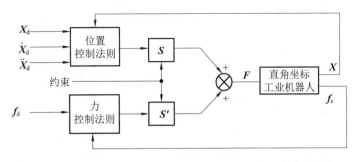

图 8-33　三自由度直角坐标机器人的位置和力混合控制系统方框图

8.4.2　应用在一般机器人上的位置和力混合控制器

要把图 8-33 所示的位置和力混合控制系统推广到一般机器人上,可以直接使用基于直角坐标控制的概念,因为机器人的动力学方程既可以用关节空间变量表示,也可以用直角坐标空间变量表示。而有了直角坐标空间的动力学方程,就有可能实现机器人解耦的直角坐标控制,从而使机器人成为一组独立的非耦合的单位质量系统。一旦实现了系统的解耦和线性化,就有可能用前面所介绍的简单伺服系统来综合分析。

图 8-34 为基于直角坐标空间的机器人动力学解耦控制方框图,机器人是以一组非耦合的单位质量系统出现的。为了用于位置和力混合控制方案,直角坐标空间动力学方程中的$M_x(\boldsymbol{\theta}),U_x(\boldsymbol{\theta},\dot{\boldsymbol{\theta}}),G_x(\boldsymbol{\theta})$以及雅可比矩阵都在约束坐标系$\{C\}$中描述,运动学方程也相对于约束坐标系$\{C\}$进行计算。

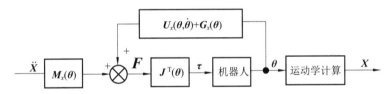

图 8-34　基于直角坐标空间的机器人动力学解耦控制方框图

由于前面已经设计了一个与约束坐标系$\{C\}$相一致的直角坐标机器人的位置和力混合控制器,并且直角坐标解耦控制方框图提供了具有相同输入-输出特性的系统结构,现在只要把两者结合起来,就可生成一般的位置和力混合控制器。

图 8-35 所示为一般机器人的位置和力混合控制器方框图。要注意的是,动力学方程中的各项及雅可比矩阵都在约束坐标系$\{C\}$中描述,伺服误差也要在约束坐标系$\{C\}$中计算,当然还要适当选择S和S'的值以确定控制模式。

上述位置和力混合控制器原理已经应用在斯坦福大学的 PUMA560 机器人上,这台机器人利用装在手指上的传感器可以完成擦洗玻璃作业。

因为智能机器人通常采用多种传感器,所以把传感器的信息和存储的信息集成起来,形成控制规则也十分重要。在某些情况下,一台计算机就完全能够控制机器人。在某些复杂系统(比如运动机器人作为柔性制造系统的一个组成)中,运动机器人或柔性制造系统可能要采用分层的、分散的计算机控制。一台执行控制器可以完成总体规划,它把信息传递给一系列专用的处理器,以控制机器人的各种功能,并从传感器系统接收输入信号。不同的层次

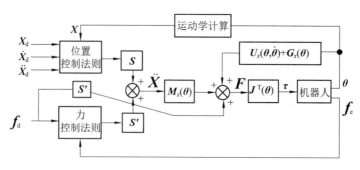

图 8-35　一般机器人的位置和力混合控制器方框图

可用来完成不同的任务。

　　分散的传感器和控制系统在许多方面很像人类的中枢神经系统,比如人类的很多动作可由脊椎神经网络控制,而不需要大脑的意识控制。这种局部反应和自主功能对人类的生存是必要的,而如何设法在机器人上仿真实现这类功能也是非常重要的。通过对机器人的研究,我们将进一步理解如何才能让机器人更像人类一样去工作。

本 章 小 结

　　本章主要介绍了机器人控制系统的特点、机器人控制系统的组成与功能、机器人控制方式的分类、机器人的主要控制变量及其相互间的关系,以直流伺服电机驱动的机器人为例,建立了其单关节与多关节的伺服控制数学模型,重点讲述了机器人位置控制与力控制时的控制器设计,最后简要分析了位置和力混合控制时的控制器设计。

习　　题

　　8.1　工业机器人控制系统的特点是什么?

　　8.2　工业机器人控制系统的组成部分有哪些? 其功能是什么?

　　8.3　工业机器人控制方式有哪些分类方法?

　　8.4　简述工业机器人控制的层次、主要控制变量及其相互之间的关系。

　　8.5　举例说明什么应用场景下机器人只需要进行位置控制,什么应用场景下机器人还需要进行力或力矩控制。

　　8.6　力控制的约束条件有哪些? 请举例说明。

　　8.7　工业机器人位置控制的方式有哪些? 设计机器人控制器的目标是什么?

　　8.8　图 8-36 所示为某工业机器人的双爪夹持器控制原理图。夹持器由直流伺服电机驱动,电机输出的旋转运动经齿轮传动带动两个手指。若每个手指的惯量为 J,线性摩擦阻尼系数为 B,已知直流电动机的传递函数(输入为电枢电压 V,输出为电机输出轴转矩 T_m)为

$$\frac{T_m(s)}{V(s)} = \frac{1}{L_a s + R_a}$$

式中:L_a,R_a分别为电枢绕组的电感和电阻。

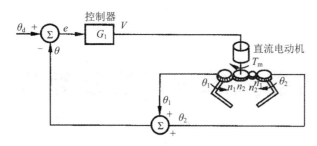

图 8-36　某工业机器人的双爪夹持器控制原理图

(1) 试证明以下等式并用系统参数表示 K_1,K_2。

$$\frac{\theta_1(s)}{T_m(s)} = \frac{K_1}{s(Js+B)}$$

$$\frac{\theta_2(s)}{T_m(s)} = \frac{K_2}{s(Js+B)}$$

(2) 利用(1)的结果,画出以给定角 θ_d 为输入,以 θ 为输出的闭环系统方框图。

(3) 如果采用比例控制器($G_1 = k_p$),求出闭环系统的特征方程式,并确定 k_p 是否存在极限最大值,为什么?

8.9　试画出图 8-37 所示质量均匀分布的二连杆机械手的关节空间和直角坐标空间控制器方框图,以使机械手在全部工作空间内处于临界阻尼状态,并说明方框图中各方框内的方程式。

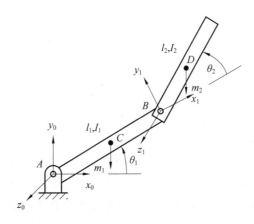

图 8-37　质量均匀分布的二连杆机械手

9 机器人编程语言及编程系统

9.1 概　　述

现在我们开始讨论机器人的编程问题,还是主要针对工业机器人来讨论。机器人的编程语言和编程系统提供了一种用户和工业机器人之间的接口,通过这种接口,用户可利用我们在前述各章学过的所有机构原理、运动学、动力学以及机器人的控制算法来控制机器人。

随着工业4.0的提出和实施,工业现场的自动化水平正向着智能化升级和发展,这对工业机器人与其他可编程自动化装备提出了更高的要求,机器人编程系统及用户界面的先进性也越来越受到研发者和用户的关注,并逐渐成为工业机器人设计与应用中的核心问题。

就如在第1章中介绍的,机器人的主要特点之一就是通用性,机器人具有可编程能力是实现这一特点的重要手段。作为工业现场的主要组成部分,工业机器人的可编程性使它具有比专用自动化设备更高的柔性,它不但可以对其自身的运动控制进行编程,还可以利用传感器获取信息以及与工厂中其他自动化设备进行通信,以此实现对更多任务、更多变化的适应。

在研究工业机器人的编程方法时,要将其放在以工作站描述的局部集合(包括一台或多台机械臂、传送系统、上料系统、夹具等)中,甚至是整个自动化工厂环境中,并在与其他更宽范围的机器的互联过程中考虑其编程问题。

工业机器人编程语言及编程系统还处于不断变化和发展中,难以给出具体内容和普遍适用的应用实例,因而本章主要阐述相关概念和原理。本章主要介绍机器人编程方式、机器人编程语言的基本要求和类别、机器人语言系统的结构和基本功能、常用的机器人编程语言以及机器人的离线编程。

9.2 机器人编程方式

机器人编程以一种通用的方式解决了人-机通信问题,不同的机器人作业任务需要不同的机器人编程程序,不同熟练程度的编程人员操作机器人时也可以采用不同的机器人编程方式。编程方式决定着机器人的适应性与作业能力。随着计算机技术的发展和广泛应用,工业机器人基本都是基于计算机进行编程控制的,但正如没有统一的机器人定义一样,目前国内外对机器人的编程控制也没有统一的代码,所以编程语言是多种多样的。机器人的编程方式有顺序控制的编程、示教编程、离线编程、自主编程。目前,在工业生产中应用的机器人的主要编程方式是示教编程(teaching programming)与离线编程(off-line programming),如图 9-1 所示。

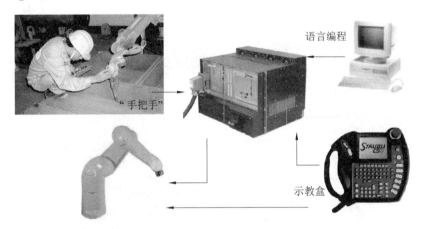

图 9-1　工业机器人的主要编程方式

1. 顺序控制的编程

在早期的自动化控制中,编程人员经常采用顺序控制的编程方式。对于被控的设备或机器,其所有的控制都是由机械或电气的顺序控制器实现的,并没有程序设计的要求。这种控制方式的灵活性很差,所有的工作过程都在产线设计时就已编好,每个过程都由机械挡块或其他确定的办法所控制。这种方法的主要优点是成本低,易于控制和操作。大量的自动化设备都是在顺序控制的编程下操作的,但此方法在机器人的控制中很少使用。

2. 示教编程

示教编程也叫在线编程,是目前大多数机器人采用的编程方式。示教编程是一项成熟的技术,易于被熟悉工作任务的编程人员所掌握,而且用简单的设备和控制装置即可。示教过程进行得很快,在示教过后,即可马上应用。在对机器人进行示教时,由编程人员将机器人的位姿数据和各种操作指令存入其控制系统的存储器。示教完成后进行再现时,如果有需要,机器人的动作过程可以多次循环,还可以用与示教时不同的速度再现。

示教编程可以由编程人员通过手柄或直接拖动机械臂进行"手把手"示教,也可以使用示教盒进行示教。

"手把手"示教的具体方法是利用示教手柄引导或直接拖曳末端执行器经过所要求的位置,同时由传感器检测出机器人各关节处的坐标值,并由控制系统记录、存储下这些数据信息。实际工作中,机器人的控制系统会重复再现示教过的轨迹和操作技能。

"手把手"示教编程也能实现点位控制,与 CP 控制不同的是,它只记录各轨迹程序移动的两端点位置,轨迹的运动速度则由各轨迹程序段对应的功能数据输入控制。

"手把手"示教编程也有一些缺点:对被操作机器人的要求较高(除了关节处的位移传感器外,可能还需要在关节上配置力矩传感器),且机器人的工作效率为示教人的速度所限制;难以与传感器的信息相配合;不能用于某些危险的情况;在操作大型机器人时,此方法不实用;难以获得较高速度和进行直线运动;难以与其他操作同步,示教过程必须占用机器人。

示教盒示教是利用装在控制盒上的按钮驱动机器人按需的顺序进行操作。图 9-2 所示为 MOTOMAN 机器人的示教盒,在示教盒中:每对轴操作键都对应一个关节或直角坐标下的一个自由度,分别控制对应关节在关节空间或末端执行器在直角坐标空间的两个方向上的运动,有时还提供附加的最大允许速度控制。

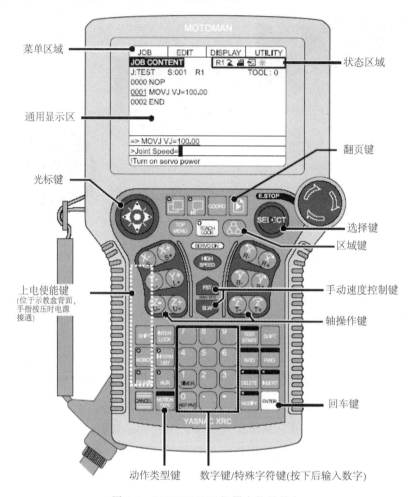

菜单区域

状态区域

通用显示区

翻页键

光标键

选择键

区域键

上电使能键
(位于示教盒背面,手指按压时电源接通)

手动速度控制键

轴操作键

回车键

动作类型键   数字键/特殊字符键(按下后输入数字)

图 9-2   MOTOMAN 机器人的示教盒

目前工业机器人示教盒上都至少包含关节坐标系和直角坐标系(也称基座坐标系),在关节坐标系下,只能控制单个关节的运动,控制效果直观,但效率较低,为了获得高的运行效率,可以选择在笛卡儿坐标系下操作,这时机器人能实现多关节的合成运动。

示教盒示教一般用于大型机器人或危险作业条件下的机器人,但这种方法难以获得很高的控制精度,也难以与其他设备同步或与传感器信息相配合,且操作效率较低。

总体上来说,示教编程具有以下弊端:

(1)示教编程过程烦琐、效率低;

(2)精度完全是靠示教者的操作决定,对于复杂的路径,示教编程难以取得令人满意的效果;

(3)示教器种类太多,学习量太大;

(4)示教过程容易发生事故,轻则撞坏设备,重则撞伤人;

(5)对实际的机器人进行示教时要占用机器人。

3. 离线编程

离线编程和脱机编程、预编程的含义相同，即在专用软件环境支持下利用计算机图形学，建立机器人编程环境，从而可以使机器人脱离工作现场进行编程。此方法是用机器人编程语言预先在计算机上的软件环境下进行程序设计，而不是用示教的方法占用机器人来编程。

离线编程有以下几个方面的优点：

（1）编程时可以不使用机器人，以便机器人去完成其他作业任务；

（2）可预先优化操作方案和运行周期；

（3）以前完成的操作或子程序可结合到待编的程序中；

（4）可用传感器探测外部信息，从而使机器人做出相应的响应，这种响应使机器人可以在自适应的方式下工作；

（5）控制功能中可以包含现有的计算机辅助设计（CAD）和计算机辅助制造（CAM）的信息；

（6）可以预先在计算机上运行程序来模拟机器人的实际运动，从而避免出现危险；还可以利用图形仿真技术在屏幕上模拟机器人运动来辅助编程；

（7）对不同的作业任务，只需要替换一部分特定的程序。

值得注意的是，采用离线编程编制的程序，即使在仿真过程中进行了干涉与碰撞检测等确认，在实际投入使用时，还是要考虑补偿机器人仿真模型与实际模型之间的误差。而且，对于复杂结构的作业任务，比如有数百条焊缝的车身焊接，其轨迹规划与工艺规划也很复杂，对编程人员的工艺知识和经验要求较高。

4. 自主编程

自主编程是指机器人借助外部传感信息自动生成工作轨迹或自主调整工作轨迹的编程方式，这是目前机器人控制中的一个研究热点，还没有在工业机器人上得到广泛应用。随着各种跟踪、测量传感技术的日益成熟，利用控制计算机完成基于传感信息反馈的工业机器人自主编程控制能够有力地助推机器人智能化并扩大其应用范围。自主编程实现的方式主要有以下几种。

利用结构光传感器的自主编程：比如在机器人焊接中，可以将结构光传感器安装在机器人手部，形成"眼在手"（eye-in-hand）的测量方式，利用焊缝跟踪技术逐点测量焊缝的中心坐标，建立其焊缝的轨迹数据库，在焊接时自主确定焊枪的运动轨迹。

还可以利用双目视觉信息、多传感信息的融合等进行自主编程，此处不再详述。

近年来得到关注的增强现实（augmented reality，AR）技术也可以用来实现机器人的自主编程。增强现实技术源于虚拟现实（virtual reality，VR）技术，其目标是将计算机产生的虚拟信息融合到现实场景中，加强用户同现实世界的交互。将增强现实技术用于机器人编程具有革命性意义。

9.3 机器人编程语言的基本要求和类别

机器人编程语言是一种程序描述语言，它能十分简洁地描述工作环境和机器人的动作，能把复杂的操作内容通过尽可能简单的程序来实现。

用机器人编程语言对机器人进行编程应满足以下要求：能够建立世界模型（world model），能够描述机器人的作业（task specification），能够描述机器人的运动（motion specification），允许用户规定执行流程（flow of execution），有良好的编程环境（programming environment），需要人机接口和综合传感器（sensor integration）。

对机器人编程语言的要求也和一般的程序语言一样，应当具有结构简明、概念统一、容易扩展等特点。

由于机器人的控制装置和作业任务多种多样，国内外尚未制定统一的机器人控制代码标准，所以机器人编程语言也是多种多样的。

机器人编程语言的种类可以根据作业任务描述水平的高低分为以下三种：动作级编程语言，以机器人关节或末端执行器的动作为中心来描述各种操作；对象级编程语言，以描述操作物体之间的关系为中心的语言；任务级编程语言，只要直接指定操作内容就可以了，为此机器人必须一边"思考"，一边工作。

1. 动作级编程语言

动作级（motion-level）编程语言是最低一级的机器人编程语言。它以机器人的运动描述为主，通常一条指令对应机器人的一个动作，表示机器人从一个位姿运动到另一个位姿。

动作级编程语言的优点：比较简单，编程容易。缺点：功能有限，无法进行繁复的数学运算，不接受浮点数和字符串，子程序不含有自变量；不能接受复杂的传感器信息，只能接受传感器开关信息；与计算机的通信能力很差。

动作级编程语言的代表是 VAL 语言，其特点是语句简单、易于编程。例如，可以定义机器人运动序列的基本语句形式为：MOVE TO（destination）。

动作级编程又可以根据控制对象的不同分为关节级编程与末端执行器级编程。

1）关节级编程

关节级编程是以机器人的关节为对象，编程时给出机器人各关节位置的时间序列，在关节坐标系中进行关节控制的一种编程方法。对于直角坐标型机器人和圆柱坐标型机器人，其平移关节和旋转关节的表示比较简单，这种方法的编程较为适用，而对于全部是回转关节的关节型机器人，其关节位置的时间序列表示困难，即使是一个简单的动作也要经过许多复杂的运算，故这一方法并不适用。

关节级编程可以用汇编语言、简单的编程指令实现，也可通过示教盒示教或键入示教实现。

2）末端执行器级编程

末端执行器级编程在机器人操作空间的直角坐标系中进行：给出机器人末端执行器一系列位姿的时间序列，连同其他一些辅助功能，比如力觉、接触觉、视觉等的时间序列，同时确定作业量、作业工具等，协调地进行机器人动作的控制。

这种编程方法允许有简单的条件分支，有感知功能，可以选择和设定工具，有时还有并行功能，数据实时处理能力强，使用方便，占用内存较少，涉及的指令语句有运动指令语句、运算指令语句、输入输出和管理指令语句等。

2. 对象级编程语言

所谓对象，即作业及作业物本身。对象级（object-level）编程语言是比动作级编程语言高一级的编程语言,它不需要描述机器人末端执行器的运动,只需要编程人员用程序的形式给出作业本身顺序过程的描述和环境模型的描述,即描述作业物与作业物之间的关系。通过编译程序,机器人即可知道具体动作。

这类语言有 AML 及 AUTOPASS 等,其特点:

(1)具有动作级编程语言的全部动作功能;

(2)有较强的感知能力,能处理复杂的传感器信息,可以利用传感器信息来修改更新对环境的描述和环境模型,也可以利用传感器信息进行控制、测试和监督;

(3)具有良好的开放性,语言系统提供了开发平台,用户可以根据需要增加指令,扩展语言功能;

(4)数字计算和数据处理能力强,可以处理浮点数,能与计算机进行即时通信。

对象级编程语言用接近自然语言的方法描述对象的变化。对象级编程语言的运算功能、作业对象的位姿时序、作业量、作业对象承受的力和力矩等都可以以表达式的形式出现。系统中机器人尺寸、作业对象及工具等参数一般以知识库和数据库的形式存在,系统编译程序时即可获取这些信息,然后对机器人动作过程进行仿真,再进行实现作业对象合适的位姿、获取传感器信息并处理、回避障碍以及与其他设备通信等工作。

3.任务级编程语言

任务级(task-level)编程语言是比前两类语言更高级的一种语言,也是最理想的机器人语言。这类语言不需要用机器人的动作来描述作业任务,也不需要描述机器人作业对象的中间状态过程,只需要按照某种规则描述机器人作业对象的初始状态和最终目标状态,机器人语言系统即可利用已有的环境信息、知识库和数据库自动进行推理、计算,从而自动生成机器人详细的移动动作和操作顺序等数据。例如,某装配机器人要完成某一螺钉的装配,螺钉的初始位置和装配后的目标位置已知,当发出抓取螺钉的命令时,机器人语言系统开始从初始位置到目标位置之间寻找路径,在复杂的作业环境中找出一条不会与周围障碍物碰撞的合适路径,在初始位置处选择恰当的姿态抓取螺钉,沿特定路径运动到目标位置。在此过程中,作业的中间状态、作业方案的设计、工序的选择、动作的前后安排等一系列问题都由机器人语言系统自动完成。

任务级编程语言是对机器人用户最友好的一种语言,但其语言系统的结构十分复杂,需要人工智能的理论基础和大型知识库、数据库的支持,目前还不是十分完善,是一种理想状态下的语言,有待进一步的研究。随着人工智能技术及数据库技术的不断发展,任务级编程语言必将取代其他语言而成为机器人语言的主流,机器人的编程应用将变得十分简单。

在 9.5 节中我们将主要介绍动作级和对象级编程语言。

9.4　机器人语言系统的结构和基本功能

1.机器人语言系统的结构

一般计算机语言单指语言本身,而机器人语言系统包括机器人语言、操作系统、机器人控制柜、机器人和外围设备等,如图 9-3 所示。

机器人语言系统中的操作系统包括三个基本操作状态:监控状态、编辑状态与执行

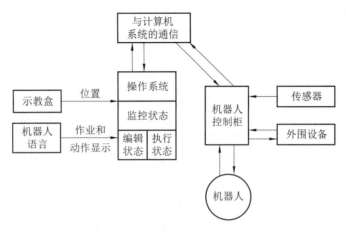

图 9-3　机器人语言系统

状态。

(1) 监控状态:用于整个系统的监督控制,操作人员可以用示教盒定义机器人在空间中的位置,设置机器人的运动速度,存储和调出程序。

(2) 编辑状态:供操作人员编制或编辑程序。一般都包括写入指令、修改或删去指令以及插入指令等。

(3) 执行状态:用来执行机器人语言程序。在执行状态,机器人执行的每一条程序指令都是经过调试的,不允许执行有错误的语言程序。

和计算机语言类似,机器人语言程序可以编译,把机器人源程序转换成机器码,以便机器人控制柜能直接读取和执行程序指令。

2. 机器人编程语言的基本功能

(1) 运算(calculation):机器人最重要的功能之一,包括机器人的正解、逆解、坐标变换及矢量运算等。

(2) 机械手运动(motion of manipulators):机器人最基本的功能。机器人编程语言用最简单的方法向各关节伺服装置提供一系列关节位置及姿态信息,并由伺服系统实现运动。

(3) 工具指令(tool instruction):包括工具种类、工具号的选择、工具参数的选择及工具的动作(工具的开关、分合)。

(4) 决策(decision):机器人根据作业空间范围内的传感信息而做出的判断决策。这种决策功能一般由条件转移指令实现。

(5) 通信(communication):机器人语言系统与操作人员的各式通信,包括机器人语言系统向操作人员要求信息和操作人员知道机器人的状态、机器人的操作意图等。

(6) 传感数据处理(sensor data processing):机器人只有与传感器连接起来才能具有感知能力,具有某种智能。传感器输入和输出信号的形式、性质及强弱不同,往往需要进行大量的复杂运算和处理。

9.5　常用的机器人编程语言

机器人编程语言已成为机器人技术的一个重要组成部分。机器人的开发语言一般有

C、C++、C++Builder、VB、VC 等,使用哪种开发语言主要取决于伺服驱动系统的开发语言。机器人出现后,随着机器人、计算机技术的发展,机器人编程语言(机器人语言)也不断发展和完善。

9.5.1　机器人语言的发展历史

世界上第一种机器人语言是美国斯坦福大学人工智能实验室(Stanford AI Laboratory)于 1973 年开发出的 WAVE 语言。WAVE 语言是一种动作级编程语言,即语言功能以描述机器人的动作为主,兼以力和接触的控制,还能配合视觉传感器进行机器人的手-眼协调控制。

在 WAVE 语言的基础上,1974 年斯坦福大学人工智能实验室又开发出一种新的语言,称为 AL 语言。这种语言与高级计算机语言 ALGOL 结构相似,是一种编译形式的语言,带有一个指令编译器,能在实时控制机上运行,用户编写好的机器人语言源程序经编译器编译后会对机器人进行任务分配和作业命令控制。AL 语言不仅能描述末端执行器(手爪)的动作,而且可以记忆作业环境及该环境内物体和物体之间的相对位置,实现多台机器人的协调控制。

美国 IBM 公司也一直致力于机器人语言的研究,取得了不少成果。1975 年,IBM 公司(研究单位:IBM Watson Research Laboratory)研制出 ML 语言,主要用于机器人的装配作业。随后该公司又研制出另一种语言——AUTOPASS 语言,这是一种用于装配的更高级语言——对象级编程语言,它可以对几何模型类任务进行半自动编程。后来 IBM 公司又推出了 AML 语言,AML 语言已作为商品化产品用于 IBM 机器人的控制。

美国的 Unimation 公司于 1979 年推出了 VAL 语言。它是在 BASIC 语言基础上扩展出的一种机器人语言,因此具有 BASIC 语言的内核与结构,编程简单,语句简练。VAL 语言成功地用于 PUMA 型和 UNIMATE 型机器人。1984 年,Unimation 公司又推出了在 VAL 语言的基础上改进的机器人语言——VAL-Ⅱ语言。VAL-Ⅱ语言除了含有 VAL 语言的全部功能外,还增加了对传感器信息的读取,使其可以利用传感器信息进行运动控制。

20 世纪 80 年代初,美国 Automatic 公司开发了 RAIL 语言,该语言可以利用传感器的信息进行零件作业的检测。同时,麦道公司(Mc Donnell Douglas Corporation)研制了 MCL 语言,这是一种在数控自动编程语言(APT 语言)的基础上发展起来的一种机器人语言。MCL 语言特别适用于由数控机床、可编程机器人等组成的柔性加工单元的编程。

机器人语言品种繁多,国外常用的机器人语言如表 9-1 所示,而且新的机器人语言层出不穷。一方面,机器人的功能不断拓展,需要新的机器人语言来配合其工作;另一方面,机器人语言多是针对某种具体类型的机器人而开发的,所以机器人语言的通用性很差,几乎一种新的机器人问世,就有一种新的机器人语言与之配套。

各家工业机器人公司的机器人语言都不相同。比如 Staubli 机器人使用的编程语言为 VAL3,风格和 BASIC 语言相似,ABB 机器人拥有 RAPID 语言,风格和 C 语言相似,还有 Adept Robotics 使用的编程语言 V+,FANUC 机器人使用的编程语言为 KAREL,KUKA 机器人使用的编程语言为 KRL,Comau 机器人使用 PDL2,UR(Universal Robots)这款机器人使用的 URScript 语言,YASKAWA 机器人使用的 INFORM 语言和川崎机器人使用的 AS 语言,但是不论编程语言变化多大,其关键特性都很相似。

表 9-1　国外常用的机器人语言

序号	语言名称	开发国家	研究单位	简要说明
1	WAVE	美国	Stanford AI Laboratory	配合视觉传感器进行机器人手-眼协调控制
2	AL	美国	Stanford AI Laboratory	用于机器人动作及对象物体描述
3	ML	美国	IBM Watson Research Laboratory	用于机器人装配作业
4	AUTOPASS	美国	IBM Watson Research Laboratory	对几何模型类任务进行半自动编程,对象级编程语言
5	AML	美国	IBM Watson Research Laboratory	交互式面向任务的机器人语言,专门用于控制制造过程,对象级编程语言
6	LAMA-S	美国	Massachusetts Institute of Technology	高级机器人语言
7	VAL	美国	Unimation	PUMA 型和 UNIMATE 型机器人语言
8	VAL-Ⅱ	美国	Unimation	含有 VAL 语言的全部功能,增加了对传感器信息的读取和利用
9	RAIL	美国	Automatic	利用传感器信息进行零件作业的检测
10	DIAL	美国	Charles Stark Draper Laboratory	具有 RCC 柔顺手腕控制的特殊指令
11	RPL	美国	Stanford RI Int.	可与 Unimation 公司的机器人操作程序结合
12	TEACH	美国	Bendix Corporation	适用于两臂协调作业
13	MCL	美国	Mc Donnell Douglas Corporation	适用于由数控机床、可编程机器人等组成的柔性加工单元的编程
14	RAPT	英国	The University of Edinburgh	类似 NC 语言的 APT,对象级编程语言(用 DEC20. LSI11/2 微型机)
15	SIGLA	意大利	Olivetti	SIGMA 机器人语言
16	SERF	日本	三协精机制作所	SKILAM 装配机器人语言(用 Z-80 微型机)
17	PLAW	日本	小松制作所	RW 系列弧焊机器人
18	IML	日本	九州大学	动作级编程语言

机器人语言按照其通用性可以分为以下几类。

（1）专用操作语言：专门用于机器人领域的语言，但有可能成为普通的计算机语言，如 VAL 语言、AL 语言、SLIM 语言等。

（2）应用已有计算机语言的机器人程序库：这种机器人语言的开发始于流行的计算机语言（如 PASCAL 语言），并且附加了一个机器人子程序库。由 NASA（美国航空航天局）的喷气机推进实验室（JPL）开发的 JARS 语言就是基于 PASCAL 语言的编程语言，美国 Cimflex 公司开发的 AR-BASIC 语言就是一个标准 BASIC 语言的子程序库。

（3）应用新型通用语言的机器人程序库：这种机器人语言的开发是以新型通用语言作为编程基础，然后提供一个预定义的机器人专用子程序库。如 ABB 公司开发的 RAPID 语言、IBM 公司开发的 AML 语言、FANUC 机器人公司开发的 KAREL 语言等。

近年来，像 ROS Industrial 这样的编程选项开始为程序员提供更多的标准化选项。机器人语言的发展趋势是逐渐由专用机器人语言转向通用语言，如上述（2）、（3）类语言的方向发展的。

下面将介绍几种常用的机器人语言：AL 语言、VAL 语言以及 AML 语言。

9.5.2 AL 语言

AL 语言是美国斯坦福大学人工智能实验室于 1974 年开发的描述诸如装配一类任务的机器人动作级编程语言。AL 语言虽已过时，但对其他语言有很大的影响，在一般机器人语言中起主导作用。AL 语言可与 PASCAL 语言共用。

运行 AL 语言的系统硬件环境包括主、从两级计算机，主机为 PDP-10，从机为 PDP-11/45。主机负责对 AL 语言的指令进行编译，对机器人动作进行规划；从机接受主机发出的动作规划命令，进行轨迹与关节参数的实时计算，最后对机器人的驱动器发出具体的动作指令。

1. AL 语言中数据的类型

1）标量

标量与计算机语言中的实数一样，是浮点数，可以进行加、减、乘、除和指数五种运算，也可以进行三角函数和自然对数的变换。

AL 语言中的标量可以表示时间（time）、距离（distance）、角度（angle）、力（force）或者它们的组合，并可以处理这些变量的量纲，即秒（second）、英寸（inch）、度（degree、deg）和盎司（ounce）等。

AL 语言中有几个事先定义的标量，例如：PI＝3.14159，TRUE＝1，FALSE＝0。

2）矢量

矢量由一个三元实数(x,y,z)构成，表示对应于某坐标系的平移和位置之类的量。与标量一样，它们可以是有量纲的。利用 VECTOR 函数，三个标量表达式可以用来构造矢量。

在 AL 语言中有几个事先定义过的矢量：

```
xhat<-VECTOR(1,0,0);
yhat<-VECTOR(0,1,0);
zhat<-VECTOR(0,0,1);
nilvect<-VECTOR(0,0,0);
```

矢量可以进行加、减、内积、叉积及与标量相乘、相除等运算。

3）旋转

旋转表示绕一个轴旋转，用以表示姿态。旋转用函数 ROT 来构造，函数 ROT 有两个参数：一个代表旋转轴，用矢量表示；另一个代表旋转角度。旋转规则按右手法则进行。此外，x 的函数 AXIS(x)表示求取 x 的旋转轴，而$|x|$表示求取 x 的旋转角度。AL 语言中有一个称为"nilrot"的事先说明过的旋转，定义为 ROT$(zhat,0*deg)$。

4）坐标系

坐标系可通过调用函数 FRAME 来构成。该函数有两个参数：一个表示姿态的旋转，另一个表示位置的距离矢量。AL 语言中定义"station"代表工作空间的基准坐标系。

　　图 9-4 是机器人插螺栓作业的路径示意图,可以建立起图中的基座坐标系(base)、立柱坐标系(beam)和料槽坐标系(feeder),程序如下:

```
FRAME base beam feeder;坐标系变量说明

base<-FRAME(nilrot,VECTOR(20,0,15)* inches);坐标系 base 的原点位于基准坐标系原点(20,
0,15)英寸处,z轴平行于基准坐标系的 z 轴

beam<-FRAME(ROT(z,90* deg),VECTOR(20,15,0)* inches);坐标系 beam 的原点位于基准坐标系
原点(20,15,0)英寸处,并绕基准坐标系 z轴旋转 90°

feeder<-FRAME(nilrot,VECTOR(25,20,0)* inches);坐标系 feeder 的原点位于基准坐标系(25,
20,0)英寸处,且 z轴平行于基准坐标系的 z轴
```

　　对于在某一坐标系中描述的矢量,可以用矢量 WRT(with respect to)坐标系的形式来表示,比如 xhat WRT beam,表示在基准坐标系中构造一个与坐标系 beam 中的 xhat 具有相同方向的矢量。

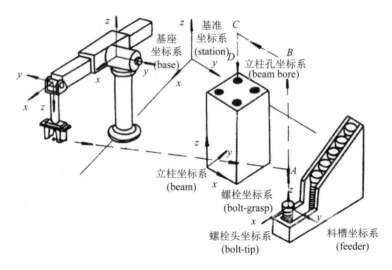

图 9-4　机器人插螺栓作业的路径示意图

　　5) 变换的表达

　　TRANS 型变量用来进行坐标系间的变换。与 FRAME 一样,TRANS 包括两部分:一个表示姿态的旋转,另一个表示位置的跨度,执行时先旋转再平移。当算术运算符"<-"作用于两个坐标系时,表示把第一个坐标系的原点移到第二个坐标系的原点,再经过旋转使两坐标系轴重合。

　　因此可以看出,描述第一个坐标系相对于基座坐标系的过程,可通过对基座坐标系右乘一个 TRANS 型变量来实现。如图 9-4 所示,可以建立起各坐标系之间的关系:

```
T6<-base* TRANS(ROT(x,180* deg),VECTOR(15,0,0)* inches);建立坐标系 T6,其 z 轴绕坐标
系 base 的 x轴旋转 180°,原点距坐标系 base 的原点(15,0,0)英寸处

E<-T6* TRANS(nilrot,VECTOR(0,0,5)* inches);建立坐标系 E,其 z 轴平行于坐标系 T6 的 z
轴,原点距坐标系 T6 的原点(0,0,5)英寸处

bolt-tip<-feeder* TRANS(nilrot,VECTOR(0,0,1)* inches);建立螺栓头坐标系,其 z 轴平行
于坐标系 freeder 的 z 轴,原点距坐标系 freeder 原点,(0,0,1)英寸处

beam-bore<-beam* TRANS(nilrot,VECTOR(0,2,3)* inches);建立立柱孔坐标系,其 z轴平行于
坐标系 beam 的 z 轴,原点距坐标系 beam 的原点,(0,2,3)英寸处
```

2. AL 语言中的语句介绍

1) 运动语句

运动语句用来表示机器人由初始位姿到目标位姿的运动。在 AL 语言中,定义了 barm 为蓝色机械手,yarm 为黄色机械手,为了保证两台机械手在不使用时能处于平衡状态,AL 语言定义了相应的停放位置 bpark 和 ypark。

假定机械手在任意位置,可把它运动到停放位置,所用的语句为

```
MOVE barm TO bpark;
```

如果要求在 4 s 内把机械手移动到停放位置,所用指令为

```
MOVE barm TO bpark WITH DURATION= 4*seconds;
```

符号"@"可用在语句中,表示当前位置,如:

```
MOVE barm TO @ - 2* zhat* inches;
```

该指令表示机械手从当前位置向下移动 2 英寸。

由此可以看出,基本的运动语句具有如下形式:

```
MOVE (机械手) TO (目的地)(修饰子句);
```

例如:

```
MOVE barm TO<destination>VIA f1 f2 f3;
```

该指令表示机械手经过中间点 f1、f2、f3 移动到目标坐标系<destination>。

```
MOVE barm TO block WITH APPROACH= 3*zhat*inches;
```

该指令表示把机械手移动到在 z 轴方向上离 block 3 英寸的地方。

如果用"DEPARTURE"代替"APPROACH",则表示离开 block。

关于接近/退避点可以用设定坐标系的一个矢量来表示,如:

```
WITH APPROACH=<表达式> ;
WITH DEPARTURE=<表达式> ;
```

如图 9-4 所示,要求机器人由初始位置经过 A 点运动到螺栓处,再经过 B 点、C 点后到达 D 点。描述该运动轨迹的部分程序如下:

```
MOVE barm TO bolt-grasp VIA A WITH APPROACH=-z WRT feeder;
MOVE barm TO B VIA A WITH DEPARTURE=z WRT feeder;
MOVE barm TO D VIA C WITH APPROACH=-z WRT beam bore;
```

2) 手爪控制语句

手爪控制语句的一般形式:

```
OPEN <hand> TO (sval);
CLOSE <hand> TO (sval);
```

这两条语句是使手爪张开或闭合后相距(sval)。(sval)是表示开度的距离值。

3. AL 语言程序设计举例

例:用 AL 语言编制图 9-4 所示的机器人把螺栓插入其中一个孔里的作业。这个作业需要把机器人手爪移至料斗上方的 A 点,抓取螺栓,经过 B 点、C 点,再把它移至立柱孔上方 D 点,并把螺栓插入其中一个孔里。

参考步骤:

(1) 定义基座、立柱、料斗、立柱孔、螺栓等的位置和姿态;

(2) 把装配作业划分为一系列动作,如移动机器人手爪、抓取物体和完成插入等;

（3）加入传感器以发现异常情况和监视装配作业的过程；

（4）重复步骤(1)～(3),调试改进程序。

按照上面的步骤,编制的程序如下：

```
BEGIN insertion
bolt-diameter<-0.5*inches;(设置变量)
bolt-height<-1*inches;
tries<-0;
grasped<false;
beam<-FRAME(ROT(z,90*deg),VECTOR(20,15,0)*inches);(定义基座坐标系)
feeder<-FRAME(nilrot,VECTOR(20,20,0)*inches);(定义料槽坐标系)
bolt-grasp<-feeder*TRANS(nilrot,nilvect);(定义特征坐标系)
bolt-tip<-bolt-grasp,TRANS(nilrot,VECTOR(0,0,0.5)*inches);
beam-bore<-beam*TRANS(nilrot,VECTOR(0,0,1)*inches);
A<-feeder*TRANS(nilrot,VECTOR(0,0,5)*inches);(定义经过的点坐标系)
B<-feeder*TRANS(nilrot,VECTOR(0,0,8)*inches);
C<-beam-bore*TRANS(nilrot,VECTOR(0,0,5)*inches);
D<-beam-bore*TRANS(nilrot,bolt-height*z);
OPEN bhand TO bolt-diameter+ 1*inches;(张开手爪)
MOVE barm TO bolt-grasp VIA A WITH APPROACH= -z WRT feeder;(使手准确定位于螺栓上方)
DO (试着抓取螺栓)
CLOSE bhand TO 0.9*bolt-diameter;
IF bhand<bolt diameter THEN BEGIN
OPEN bhand TO bolt-diameter+ 1*inches;(抓取螺栓失败,再试一次)
MOVE barm TO @-1*z*inches;
END ELSE grasped<-TRUE;
tries<-tries+ 1;
UNTIL grasped OP(tries>3);(如果尝试三次均未能抓取螺栓,则取消这一动作)
IF NOT grasped THEN ABORT;(抓取螺栓失败)
MOVE barm TO B VIA A WITH DEPARTURE= z WRT feeder;(将手臂运动到 B 点位置)
MOVE barm TO D VIA C WITH APPROACH = -z WRT beam-bore;(将手臂运动到 D 点位置)
MOVE barm TO @-0.1*z*inches ON FORCE(z)>10*ounces;(检验是否有孔)
DO ABORT(无孔)
MOVE barm TO beam-bore DIRECTLY;(进行柔顺性插入)
WITH FORCE(z)= -10*ounces;
WITH FORCE(x)= 0*ounce;
WITH FORCE(y)= 0*ounce;
WITH DURATION= 5*seconds;
END insertion
```

9.5.3 VAL 语言

VAL 语言是美国 Unimation 公司于 1979 年推出的动作级编程语言,初期适用于 LSI-11/03 小型计算机,后来改进为 VAL-Ⅱ,可在 LSI-11/23 上运行,主要配置在 PUMA 型和 UNIMATE 型等机器人上。而后来 Unimation 公司被 Staubli 公司收购了后,又发展出了

VAL-Ⅲ的机器人编程语言。目前这种语言的最新形式是 V+。

VAL 语言的主要特点：

（1）编程方法和全部指令可用于多种计算机控制的机器人；

（2）指令简明，指令语句由指令字和数据组成，实时和离线编程均可应用；

（3）指令级功能均可扩展，可用于装配线及制造过程控制；

（4）可调用子程序组成复杂操作控制；

（5）可连续实时计算，迅速实现复杂运动控制；

（6）能连续产生机器人控制指令，同时实现人机交互。

VAL 语言系统包括文本编辑、系统命令和编程语言三个部分。VAL 语言指令有监控指令和程序指令两种。

1. 监控指令

监控指令有六类，分别为位置及姿态定义指令、程序编辑指令、列表指令、存储指令、控制程序执行指令和系统状态控制指令。

1）位置及姿态定义指令

POINT：末端执行器位姿的齐次变换或以关节角表示的精确点位置。

DPOINT：取消已经定义的位姿齐次变换，精确点的赋值。

HERE：定义位姿的现值。

WHERE：显示机器人的位姿、关节位置和手爪张开量。

BASE：机器人基准坐标系位置。

TOOL：工具终端相对工具支承面的位置、位姿赋值。

2）程序编辑指令

用 EDIT 指令进入编辑状态后，可用 C、D、E、I、L、P、R、S、T 等编辑指令。

3）列表指令

DIRECTORY：显示存储器中的全部用户程序名。

LISTL：显示任意个位置变量值。

LISTP：显示任意个用户的全部程序。

4）存储指令

FORMAT：磁盘格式化。

STOREP：在指定磁盘文件中存储指定程序。

STOREL：存储用户程序中注明的全部位置变量名和变量值。

LISTF：显示软盘中当前输入的文件目录。

LOADP：将文件中的程序送入内存。

LOADL：把所有文件中指定的位置变量送入系统内存。

DELETE：撤销磁盘中指定的文件。

COMPRESS：压缩磁盘空间。

ERASE：擦除磁盘内容并初始化。

5）控制程序执行指令

ABORT：紧急停止。

DO：执行单指令。

EXECUTE：按给定次数执行用户程序。

NEXT：控制程序单步执行。

PROCEED：在某步暂停、紧停或运行错误后，自下一步起继续执行程序。

RETRY：在某步出现运行错误后，仍自某步重新运行程序。

SPEED：运动速度选择。

6）系统状态控制指令

CALIB：关节位置传感器校准。

STATUS：用户程序状态显示。

FREE：显示当前未使用的存储容量。

ENABLE：用于开关系统硬件。

ZERO：清除全部用户程序和定义的位置，重新初始化。

DONE：停止监控程序，进入硬件调试状态。

2. 程序指令

程序指令亦有六类，分别为运动指令、机器人位姿控制指令、赋值指令、控制指令、开关控制指令和其他指令。

（1）运动指令：MOVE、MOVES、APPRO、APPROS、DEPART、DRIVE、READY、OPEN、OPENI、DELAY。

（2）机器人位姿控制指令：RIGHT、LEFT、ABOVE、BELOW、FLIP、NOFLIP。

（3）赋值指令：SETI、TYPEI、HERE、SET、SHIFT、TOOL、INVERSE、FRAME。

（4）控制指令：GOTO、GOSUB、RETURN、IF、IFSIG、REACT、REACTI、IGNORE、SIGNAL、WAIT、PAUSE、STOP。

（5）开关控制指令：SPEED、COARSE、FINE、NONULL、NULL、INTOFF、INTON。

（6）其他指令：REMARK、TYPE。

3. VAL-Ⅱ程序示例

下面是一个名为"PROGRRAM pick and place"的程序，主要完成一个抓取工件并将其放到传送带上的任务。其中，P1 点是在工件上方 100 mm 处的点，P2 点是在传送带上方 100 mm 处的点，Pick 点是工件抓取点，Place 点是工件放置点。

```
  .PROGRRAM pick and place
1  OPEN;打开手爪
2  APPRO P1;运动到工件上方 100 mm 处的 P1 点
3  MOVE Pick;运动到 Pick(即工件所在)点
4  CLOSE;闭合手爪抓取工件
5  DEPART P1;沿手爪矢量方向离开到工件上方 100 mm 处的 P1 点
6  APPRO P2;运动到传送带上方 100 mm 的 P2 点
7  MOVE Place;运动到传送带位置
8  OPEN;打开手爪(放下工件)
9  DEPART Place;沿手爪矢量方向离开传送带
  .END
```

9.5.4　AML 语言

AML 语言是由 IBM 公司开发的一种交互式面向任务的编程语言，专门用于控制包括机器人在内的制造过程,属于对象级编程语言。它支持位置和姿态示教、关节插补运动、直线运动、连续轨迹和力觉控制,并提供机器人运动和传感器指令、通信接口和很强的数据处理功能(能进行数据的成组操作)。这种语言已商品化,可应用于内存不少于 192 KB 的小型计算机控制的 3P3R 经济型装配机器人。

3P3R 经济型装配机器人带有 3 个线性关节,3 个旋转关节,还有 1 个手爪,如图 9-5 所示。各关节由数字 1~7 表示,1、2、3 表示滑动关节,4、5、6 表示旋转关节,7 表示手爪。描述沿 x、y、z 轴运动时,关节也可分别用字母 JX、JY、JZ 表示,相应地,JR、JP、JY 分别表示翻转、俯仰和偏转轴旋转,而 JG 表示手爪。

AML 语言编程允许两种运动形式:MOVE 命令是绝对值,即机器人从坐标原点沿指定的方向运动到给定的值;DMOVE 命令是相对值,即机器人从它当前所在的位置开始运动到给定的值。这样,MOVE (1,10) 就意味着机器人将沿 x 轴从坐标原点起运动 10 英寸,而 DMOVE(1,10) 则表示机器人沿 x 轴从它当前位置起运动 10 英寸。AML 语言中有许多命令,它允许用户编制复杂的程序。

图 9-5 3P3R 经济型装配机器人

以下程序用于引导机器人从一个地方抓起一个物体,再将它放到另一个地方,并以此例来说明如何编制一个机器人程序。

```
10   SUBR(PICK PLACE);子程序名
20   PT1:NEW<4,-24,2,0,0,-13>;位置说明
30   PT2:NEW< -2,13,2,135,-90,-33>;
40   PT3:NEW<-2,13,2,150,-90,-33,1>;
50   SPEED(0.2);指定机器人的速度(最大速度的20%)
60   MOVE(ARM,0,0);将机器人(手臂)复位到参考坐标系原点
70   MOVE(<1,2,3,4,5,6>,PT1);将手臂运动到物体上方的点 1 处
80   MOVE(7,3);将手爪打开到 3 英寸
90   DMOVE(3,-1);将手臂沿 z 轴下移 1 英寸
100  DMOVE(7,-1.5);将手爪闭合 1.5 英寸
110  DMOVE(3,1);沿 z 轴将物体抬起 1 英寸
120  MOVE(<JX,JY,JZ,JR,JP,JY>,PT2);将手臂运动到点 2 处
130  DMOVE(JZ,-3);沿 z 轴将手臂下移 3 英寸再放置物体
140  MOVE(JG,3);将手爪打开到 3 英寸
150  DMOVE(JZ,11);将手臂沿 z 轴上移 11 英寸
160  MOVE(ARM,PT3);将手臂运动到点 3 处
170  END;程序结束
```

9.6 机器人的离线编程

在过去的 20 多年时间里,工业机器人的市场发展并没有达到很高的发展速度,其中一个主要原因是机器人的操作和使用存在一定难度,工厂里仍广泛缺乏受过全面的机器人系统操作训练的人员,这在一定程度上限制了机器人的应用。

随着机器人应用范围的扩大和所完成任务复杂程度的提高,示教编程已难以满足要求。机器人离线编程系统(软件)的开发是解决机器人应用中诸多难题的关键。

9.6.1 机器人离线编程的特点及相关软件

机器人离线编程系统利用计算机图形学建立机器人及其工作环境的模型,再利用规划算法通过对图形的控制和操作,在离线的情况下进行轨迹规划。

相对于示教编程,离线编程具有如下优点:

(1) 可减少机器人非工作时间,当对下一个任务进行编程时,机器人仍可在生产线上工作;

(2) 使编程人员远离危险的工作环境;

(3) 便于和 CAD/CAM 系统结合,做到 CAD/CAM/机器人一体化;

(4) 可使用高级计算机编程语言对复杂任务进行编程;

(5) 便于修改机器人程序。

示教编程和离线编程两种方式的比较如表 9-2 所示。

表 9-2 示教编程和离线编程两种方式的比较

示教编程	离线编程
需要实际机器人系统和工作环境	需要机器人系统和工作环境的图形模型
编程时机器人停止工作	编程不影响机器人工作
编程人员须在机器人工作现场操作	编程人员可远离危险的工作环境
在实际系统上试验程序	通过仿真试验程序
编程的质量取决于编程人员的经验	可用 CAD 方法进行最佳轨迹规划
很难实现复杂的机器人运动轨迹	可实现机器人复杂运动轨迹的编程

离线编程系统使用范围广,可以对各种机器人进行编程。例如 InteRobot、RobotArt、RobotMaster、RobotWorks 等离线编程软件都可以支持多种品牌工业机器人的离线编程操作,所支持的工业机器人品牌有:ABB、KUKA、FANUC、YASKAWA、Staubli 等。下面主要介绍两款离线编程软件。

1. RobotArt

RobotArt 来自北京华航唯实机器人科技股份有限公司,是目前国内离线编程软件中的顶尖软件。该软件根据几何数模的拓扑信息生成机器人运动轨迹,具有轨迹仿真、路径优化、后置代码等功底,同时集碰撞检测、场景渲染、动画输出于一体,可快速生成效果逼真的模拟动画,并广泛应用于打磨、去毛刺、焊接、激光切割、数控加工等领域。

RobotArt 教育版针对教学实际情况,增加了模拟示教器、自由装配等功能,帮助初学者在虚拟环境中快速认识机器人,快速学会机器人示教器的基本操作,大大缩短了学习周期,降低了学习成本。

图 9-6 为 RobotArt 软件界面。

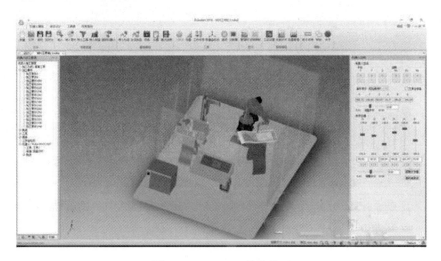

图 9-6 RobotArt 软件界面

该软件的优点如下:

(1) 支持多种格式的三维 CAD 模型,可导入扩展名为 step、igs、stl、x_t、prt(UG)、prt(ProE)、CATPart、sldpart 等的三维 CAD 模型;

(2) 支持多种品牌工业机器人的离线编程操作,比如 ABB、KUKA、FANUC、YASKAWA 、Staubli、KEBA 系列、新时达、广数等;

(3) 拥有大量航空航天高端应用经验;

(4) 自动识别与搜索 CAD 模型的点、线、面信息并生成轨迹;

(5) 轨迹与 CAD 模型特征关联,模型移动或变形,轨迹自动变化;

(6) 一键优化轨迹与几何级别的碰撞检测;

(7) 支持多种工艺包,比如切割、焊接、喷涂、去毛刺、数控加工等;

(8) 支持将整个工作站仿真动画发布到网页、手机端。

需要说明的是,这款软件暂且还不支持国外一些小品牌机器人使用。

2. RobotMaster

RobotMaster 来自加拿大,由上海傲卡自动化科技有限公司代理,是目前国外离线编程软件中的顶尖软件,几乎支持市场上绝大多数机器人品牌使用,比如 KUKA、ABB、FANUC、Motoman、Staubli、Comau、三菱、DENSO、松下等。

图 9-6 所示为 RobotMaster 软件界面。

(1) 软件功能:RobotMaster 在 MASTERCAM 中无缝集成了机器人编程、仿真和代码生成功能,提高了机器人的编程速度。

(2) 软件优点:可以按照产品数模生成程序,适用于切割、铣削、焊接、喷涂等;具有独家的优化功能,运动学规划和碰撞检测非常精确;支持外部轴系统,如直线导轨系统、旋转系统等,并支持复合外部轴组合系统。

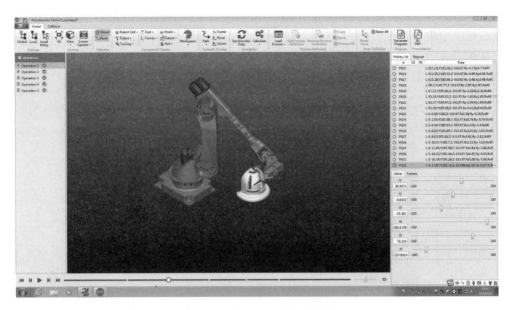

图 9-7 RobotMaster 软件界面

（3）软件缺点：暂时不支持多台机器人同时模拟仿真，基于 MASTERCAM 做的二次开发，价格昂贵，企业版在 20 万元左右。

其他还有 RobotWorks（以色列）、ROBCAD（西门子）、RobotStudio（ABB）、ROBOGUIDE（FANUC）、KUKA Sim（KUKA）等离线编程软件，不再一一介绍。

9.6.2 离线编程系统的主要组成

机器人离线编程系统的主要组成包含：用户接口、三维建模（机器人及其工作环境的）、运动学仿真、轨迹规划仿真、动力学仿真、多过程仿真、传感器仿真、面向目标系统的语言翻译以及工作站标定。这些组成在设计和开发机器人离线编程系统时应重点考虑。

1）用户接口（user interface）

开发机器人离线编程系统的主要目的是使机器人的编程更容易，因此其用户接口非常重要。工业机器人一般提供两个用户接口：使用机器人语言进行编程的接口，即编程人员用机器人语言编制程序使机器人完成给定的任务；使用示教盒进行编程的接口，即示教人员用示教盒直接编制机器人程序。

机器人离线编程系统的用户接口设计解决的是用户如何与屏幕交互的问题。用户可以通过使用鼠标点击指定屏幕上的不同位置或物体，也可以选定"菜单"中的选项以确定工作模式或调用各种功能，还可以指定特定的某条机器人程序。用户接口的界面应直观且方便使用，一般要求具有图形仿真界面和文本编辑界面。

2）三维建模（3D modeling）

机器人系统的几何构型大多采用三种形式的组合：结构立体几何表示（覆盖的形体种类较多），扫描变换表示（便于生成轴对称的形体），边界表示（便于形体在计算机内表示、运算、修改和显示）。

三维建模要考虑用户使用的方便性，以能自动生成机器人系统的图形信息和拓扑信息为优；构造的机器人、夹具、零件和工具等三维几何图形最好直接从 CAD 系统中获得，以实现与 CAD 系统的数据共享。

3) 运动学仿真(kinematic simulation)

运动学仿真分为正运动学解和逆运动学解两部分。就逆运动学解而言,机器人离线编程系统与机器人控制柜的联系有两种选择:一种是用机器人离线编程系统代替机器人控制器的逆运动学,并不断地将机器人关节坐标值输送给控制器;另一种是将笛卡儿坐标值输送给控制器,让控制器使用制造商提供的逆运动学模型来求解机器人位姿。

一般第二种方法的效果更好,因为机器人制造商通常为每个机器人规定了专属的逆运动学模型。在这种情况下,用于仿真器的正向和逆向运动学函数须能反映机器人制造商在机器人控制器中提供的名义功能,比如机器人制造商提供了逆运动学函数的详细说明,则仿真软件能够对这些逆运动学函数进行仿真。

4) 轨迹规划仿真(path-planning simulation)

机器人离线编程系统需要对机器人的运动轨迹进行仿真。轨迹规划有两种类型:自由移动(仅由初始状态和目标状态定义,即点位控制运动);依赖于轨迹的约束运动(受到路径、运动学和动力学约束,即连续轨迹控制运动)。轨迹规划算法可以在两个空间进行:关节空间的插补与笛卡儿空间的插补。

机器人离线编程系统需要对机器人控制器使用的轨迹规划算法进行仿真。为了判断机器人与周围环境是否发生碰撞,需要对所选择的空间路径曲线进行仿真;为了预测机器人操作的循环时间,需要对轨迹的时间历程即运动的时间属性进行仿真。

5) 动力学仿真(dynamic simulation)

快速有效地建立动力学模型是机器人离线编程的主要任务之一。当机器人跟踪期望的运动轨迹时,如果所产生的误差在允许范围内,则机器人离线编程系统可以只从运动学的角度进行轨迹规划,而不考虑机器人的动力学特性。如果机器人在高速和重负载的情况下工作,则必须考虑其动力学特性,以防产生比较大的误差。

从软件设计的观点看,动力学模型的建立分为三类:数字法,符号法,解析(数字-符号)法。

6) 多过程仿真(multiprocess simulation)

在某些工业应用中,有时两个或者更多的机器人在同一环境下协同操作。即使是单个机器人工作单元,通常也包含输送带、传输线、视觉系统以及其他一些机器人必须协同作业的运动设备。为此,机器人离线编程系统要能够对多个运动设备以及包括并行操作在内的其他作业过程进行仿真。

实现这种功能的基本要求是机器人离线编程系统中的基本执行语句必须是一种多处理语言。这种编程环境能够为一个工序中的两个或更多的机器人单独编写控制程序,并通过同时运行这些程序对这个工序的操作进行仿真。在编程语言中加入信号及等待单元可以使机器人之间的协同作业与仿真操作的情况完全相同。

7) 传感器仿真(simulation of sensors)

机器人程序中的大部分语句并不是运动语句,而是初始化、错误检查、输入/输出以及其他一些语句。因此,重要的是机器人离线编程系统能够为操作过程提供一个全面的仿真环境,包括与传感器、各种输入/输出设备通信和与其他设备交互的环境。一个支持传感器及多任务仿真的机器人离线编程系统,不仅可以检验机器人运动的可行性,而且也能对机器人程序中的通信情况及同步性进行校验。

传感器主要分局部的和全局的两类：局部传感器有力觉、接触觉和接近觉传感器等；全局传感器有视觉、接近觉传感器等。

8）面向目标系统的语言翻译（language translation to target system）

很久以来一直困扰着工业机器人用户的问题是几乎每个机器人离线编程系统的供应商都发明了各自的语言来对其产品进行编程。而对于所有操作装备来说，某个机器人离线编程系统想成为通用的系统，它必须要解决不同语言的翻译问题。解决这个问题的一个办法是在机器人离线编程系统中只使用一种编程语言，然后通过后续处理把它译成目标设备可接受的语言。把目标设备中已有的程序上传到机器人离线编程系统这一功能是很有必要的。

将机器人离线编程系统直接与语言翻译问题联系起来会有两个潜在的好处。一个好处是：机器人离线编程系统的用户可以用一个单一的、通用的接口对各种机器人进行编程，解决了需要掌握和处理多种机器人编程语言的问题。另一个好处是大量不同的机器人在工厂投入使用会产生很好的经济效益。一个功能强大的、"智能的"机器人离线编程系统可以使用户在舒适的办公室环境中下载各种机器人控制柜能够执行的应用程序，因此面向目标系统的语言翻译是机器人离线编程系统的一个重要组成及所需功能。

9）工作站标定（workstation calibration）

任何实际环境的计算机模型都存在不准确性，这是无法避免的问题。如果机器人任意一个操作的大部分工作点都需要用实际机器人重新示教才能减少不准确性的问题，那么机器人离线编程系统就失去了有效性。为了使机器人离线编程系统开发的程序可实际应用，则必须将工作站标定的方法集成到系统中去。有两种误差校正方法用于标定机器人离线编程系统中的仿真模型（理想模型）和实际机器人模型之间存在的误差。

（1）基准点方法：通过实际运动与基准点之间的差异形成误差补偿函数，主要用于精度要求不太高的场合，如机器人喷涂作业。

（2）传感器方法：利用传感器（力觉或视觉传感器）形成反馈，在机器人离线编程系统提供机器人位置的基础上进行局部精确定位，该方法用于精度要求较高的场合，如机器人装配作业。

许多实际应用经常与刚性物体的作业有关。以在一个舱壁上钻几百个孔的作业为例。舱壁相对机器人的实际位置可通过机器人相对舱壁的三个点进行示教确定。如果所有孔的数据均标注在 CAD 坐标系中，那么这些孔的位置可以根据这三个示教点自动更新。在这种情况下，机器人就只需要示教这三个点，而非几百个点。大多数任务都属于这种"对刚性物体进行多工位操作"的情况，例如 PC 主板上元器件的插装、布线、点焊、弧焊、码垛、喷漆以及去毛刺等。

本 章 小 结

本章主要介绍机器人编程方式、机器人编程语言的基本要求和类别、机器人语言系统的结构和基本功能、常用的机器人编程语言和机器人的离线编程。

习　　题

9.1　机器人的主要编程方式有哪几种？各有什么特点？

9.2　根据作业任务描述水平的高低，机器人编程语言可以分为哪几级？

9.3　常用的机器人编程语言有哪些？

9.4　简述离线编程与示教编程各自的特点。

9.5　简述机器人离线编程系统的主要组成。

9.6　查阅资料，了解编程技术的发展趋势。

10 工业机器人设计与应用实例

工业机器人已经在汽车、电器等制造业中得到了广泛应用,近年来在服务业以及其他行业中也逐渐得到了应用。下面是作者在科研实践中完成的一些工业机器人系统设计与应用实例,包括加油机器人、油污清洗与涂层测厚机器人以及发动机自动上下料桁架机器人。

10.1 加油机器人

加油机器人是工业机器人面向服务业和零售业的一大设计。近年来,国内石油行业的龙头企业纷纷提出加油站信息化、自动化、智能化改造的要求。多自由度的工业机器人在加油站能完成给汽车加油的一系列动作,能够从根本上弥补人工加油模式的不足,降低加油行业的人力成本,为加油的顾客提供更好的加油体验,实现加油站信息化、自动化、智能化的诉求,对于油气销售的发展有着重要的意义。

10.1.1 加油机器人的工作特点

与一般工业机器人所处的工厂内封闭环境不同,加油站半开放式的室外环境有其一定的特殊性,而特殊性主要体现在操作对象的多样性和工作环境的多变性。在加油站中,机器人操作的对象不再是某一种固定的工件,而是不同车型、不同颜色的车辆。由于加油站半开放式的特点,现场光照条件非常复杂,日升日落、晴天雨天都会对机器人传感器采集的数据产生影响,尤其是对图像数据产生很大影响。另外,在加油站中使用的机器人必须是防爆型机器人。要想将一般应用在工厂的工业机器人应用到加油站环境中,就需要克服这些方面特殊性带来的影响。

为了克服机器人加油工作中各种不确定性因素对加油效果的影响,提高机器人作业的智能化水平和工作的可靠性,加油机器人系统不仅要能实现车辆注油结构的识别与定位,而且还要能实现现场环境的实时跟踪和机器人动作参数的实时调整。

与人工加油相对应,加油机器人系统应具有以下组成部分。

(1)辅助停车引导系统:用于引导车辆停到加油位置。

(2)环境视觉识别定位系统:用于对汽车在环境中的位置进行定位。

(3)末端视觉识别定位系统:用于对汽车注油口外盖位置进行定位。

(4)运动控制系统:用于对加油机器人各关节的运动进行控制。

(5)多自由度加油机构:用于实现开外盖、开内盖、抓油枪加油等动作。

10.1.2 加油机器人系统的组成

加油机器人系统一般由机械系统、视觉识别定位系统和运动控制系统组成,如图 10-1

所示。

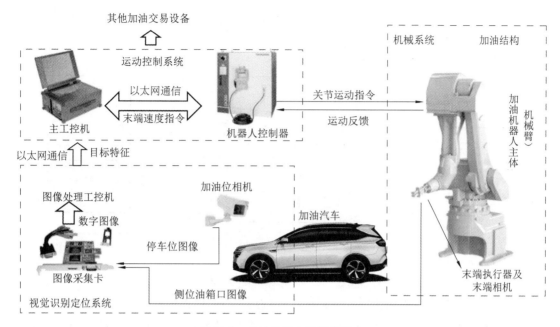

图 10-1　加油机器人系统的组成

1. 机械系统

加油机器人的机械系统由机械臂和末端执行器两部分组成。

机械臂是加油机器人系统的运动机构，它由驱动器、传动机构、连杆、关节以及内部传感器等组成。加油机器人主体应该具有灵活的运动姿态、较大的工作空间、较高的空间利用率，而在机构尺寸相同的情况下具有六个旋转关节的关节型机器人的工作空间最大，并且能以较高的位置精度和最优的路径到达指定位置，因此六自由度关节型机器人适合做加油工作。

末端执行器是加油机器人完成加油作业的主要执行机构，分为执行部分和感知部分：执行部分包括能够打开车辆注油口内外盖及抓取油枪的部件，与机械臂配合完成相应动作；感知部分包括摄像头和各传感器等，用于识别测量车辆注油口内、外盖的位姿。

2. 视觉识别定位系统

加油机器人的视觉识别定位系统用于寻找工作目标和感知外界环境，由加油位相机、图像采集卡和图像处理工控机组成。图像采集卡将加油位相机和机械臂末端相机拍摄的图像收集并传输至图像处理工控机，在经图像处理工控机处理后得到车辆以及注油口目标的位姿信息。

3. 运动控制系统

运动控制系统主要由机器人控制器和主工控机组成。机器人控制器负责直接通过关节运动指令控制机械臂运动；主工控机负责处理末端传感器和视觉识别定位系统采集的信息，并与加油机等其他加油交易设备实时通信，从而规划加油机器人的整个运动过程。

10.1.3　加油机器人的结构设计

1. 结构方案

加油机器人有多种结构形式可供选择，按主体结构，加油机器人可采用三坐标式和机械臂式，如图 10-2 所示。

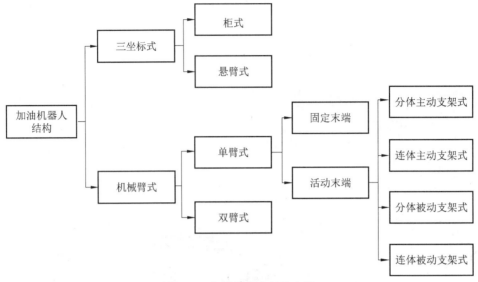

图 10-2　加油机器人结构方案

　　如图 10-3 所示,三坐标式即直角坐标式,可设计为柜式加油机器人和悬臂式加油机器人。柜式加油机器人的主体采用三坐标式的柜式结构,其末端内部可放置多把油枪、内盖抓手、外盖吸盘、传感器等设备,结构稳定,刚度大,但灵活性略有不足,难以处理油箱内盖带挂绳的情况;悬臂式加油机器人有两个运动自由度均采用悬臂形式,结构简单,成本低,但同样有着灵活性不足的缺点。

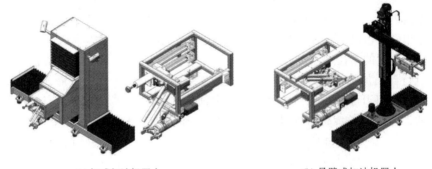

(a) 柜式加油机器人　　　　　　　　　　　　　　(b) 悬臂式加油机器人

图 10-3　三坐标式加油机器人结构图

　　机械臂式加油机器人可分为单臂式[图 10-4(a)]和双臂式[图 10-4(b)]。单臂式加油机器人根据油枪是否固定在末端执行器分为集成式和非集成式两种不同的结构形式,其通过转换末端执行器姿态来完成打开外盖、内盖和持油枪加油等工作,集成式末端执行器集成度高,工作效率也高,但末端执行器结构复杂,且控制算法难度也相应较高。集成式末端加油机器人是将实现加油动作的各类执行器固定在机器人末端,机器人末端负载较大,特别是多把油枪都集成安装在机器人末端时,机器人难以兼顾旋转末端调整姿态从而打开注油口内、外盖的灵活性要求,动作灵活性较差。非集成式末端加油机器人采用仿人手爪形式的活动末端,活动末端可衍生出连体主动支架式、连体被动支架式、分体主动支架式和分体被动支架式。分体主动支架式[图 10-4(c)]结构与连体主动支架式[图 10-4(d)]结构带有含主动动力的移动支架,该移动支架可以自主运动到车辆注油口下方,起到支撑油枪和油箱内盖的作用,但也增加了控制难度;连体被动支架式[图 10-4(e)]结构引入一个连体式的无动力支架,工作时机械臂将该支架拖动到汽车加油口附近,支架上布置有吸盘、内盖座、油枪等结构,成本相对较低,承载能力强,但对场地布置要求高;分体被动支架式[图 10-4(f)]结构引入了一个磁吸式的无动力支架,可以吸附在汽车侧壁,起到支撑油箱内盖的作用,机械臂的末端上安装有多功能手爪,可以实现抓取支架、内盖、油枪等功能,成本低,灵活性高,布置简单。

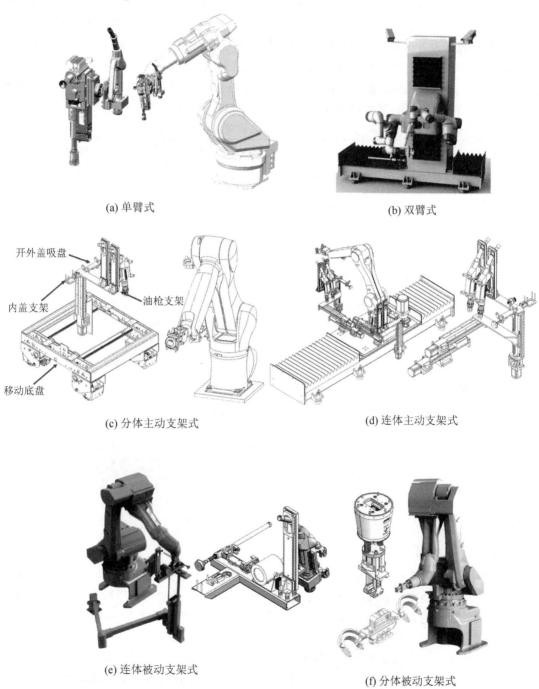

(a) 单臂式

(b) 双臂式

开外盖吸盘
内盖支架
油枪支架
移动底盘

(c) 分体主动支架式

(d) 连体主动支架式

(e) 连体被动支架式

(f) 分体被动支架式

图 10-4　机械臂式加油机器人结构图

基于负载能力、动作灵活性、控制复杂度和成本等多方面综合评价,分体被动支架式结构更适合加油机器人。

2. 机械臂选型

加油机器人机械臂的选型主要从防爆性能、负载、工作范围等方面考虑。根据《爆炸性环境 第1部分:设备 通用要求》(GB/T 3836.1—2021)等标准文件,加油机器人实际工作的环境为爆炸危险区域2区,加油机器人本体的机械臂应有相应的防爆认证。为保证加油机器人平稳地持油枪完成加油动作,在选择机械臂尺寸时,应充分考察加油机器人安装的空间与环境、承载能力等参数,防止机械臂与其他物体碰撞,同时充分考虑停车时车辆与加油岛间距及前后位置的浮动,机械臂工作范围至少为1500 mm。

表10-1为部分机械臂参数。根据此表选型考虑结果,以选择川崎KJ194作为加油机器人主体机械臂为例,其外观如图10-5所示。

表 10-1　部分机械臂参数

厂家	KUKA	FANUC	ABB	YASKAWA	川崎
型号	KR6 R900	P-50iB/10L	IRB5500	MPX2600	KJ194
负载/kg	6	10	13	15	15
臂展/mm	900	1940	2975	2000	1940
防爆类型	ATEX	FM,ATEX	Gb/Ex,FM	TIIS,FM,ATEX,KCs	Gb/Ex,TIIS,FM,ATEX,KCs

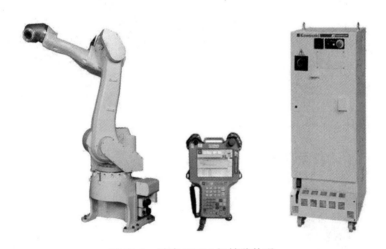

图 10-5　川崎 KJ194 机械臂外观

3. 末端执行器

分体被动支架式加油机器人(后简称"加油机器人")末端执行器执行动作部分包括多功能末端手爪和辅助支架,其设计的核心思想是利用多功能末端手爪去抓取不同的目标,从而完成加油步骤中的各个环节。多功能末端手爪结构图和辅助支架结构图如图10-6和图10-7所示。

多功能末端手爪的主要动力原件为手指气缸,其以压缩空气为动力源,通过电磁阀的开闭控制手爪的松开与夹紧。末端手指的形状与辅助支架和油枪的提手能够贴紧配合,防止油枪或辅助支架偏移或滑落。

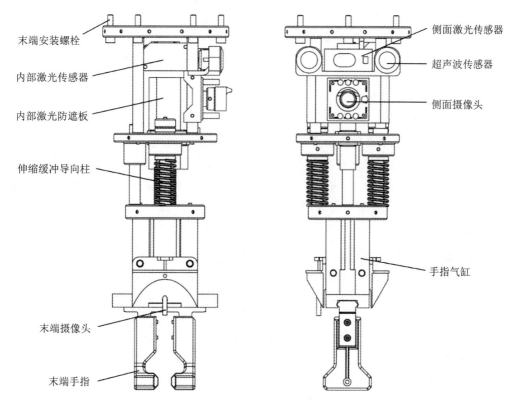

图 10-6　多功能末端手爪结构图

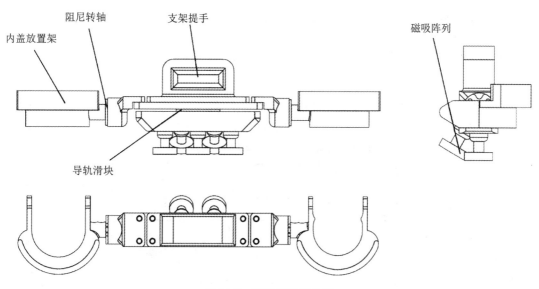

图 10-7　辅助支架结构图

　　辅助支架的主要功能结构为内盖放置架和磁吸阵列。内盖放置架用来平稳放置内盖，并与支架主体之间通过阻尼转轴连接，能够调整放置角度。磁吸阵列由三枚正置磁铁和两枚斜置磁铁组成，磁铁表面安装橡胶套，以防划伤车辆表面；磁铁的正置和斜置增加了工具角度的多样性，降低了打开外盖的动作复杂度；磁吸阵列可通过带阻尼的导轨滑块与支架提手形成相对运动，增加辅助支架的柔性。

在整个加油过程中,加油机器人动作流程如下。

(1)多功能末端手爪抓取支架提手;铁质注油口外盖可利用磁吸阵列吸附打开;非铁质外盖可利用磁吸阵列的棱角拨开;需要按压才能打开的注油口外盖可通过辅助支架上的磁吸阵列正面接触外盖并按压打开。

(2)加油机器人移动辅助支架,使磁吸阵列接触注油口下方的车身面,随后松开多功能末端手爪,使辅助支架依靠磁吸固定在注油口处。

(3)多功能末端手爪夹紧内盖把手,再旋开内盖,将内盖放置在内盖放置架上。

(4)多功能末端手爪移动至油枪处,抓紧并提起油枪,将油枪插入注油口,开始加油。

(5)加油结束后,多功能末端手爪将油枪归位,随后将内盖拧紧,再抓取辅助支架与车身分离,通过磁吸阵列将外盖按压关闭。

4.感知部分

加油机器人末端执行器(多功能末端手爪)的压缩感知部分采用单自由度柔性形变结构,其固定部分连接机械臂第六轴,活动部分连接末端手指,两部分通过伸缩缓冲导向柱连接,彼此间可以进行单自由度的位移,避免末端与其他物体刚性碰撞。另外末端执行器的内部激光传感器可测量单自由度位移大小,从而可感知末端执行器的轴向压缩量。

加油机器人末端执行器的环境感知部分包括侧面激光传感器、超声波传感器、侧面摄像头和末端摄像头。当加油机器人需要识别注油口时,超声波传感器用于粗略测量末端执行器与车辆的间距,确定末端执行器靠近距离的上限,防止识别过程中加油机器人与车辆碰撞;侧面摄像头用于捕捉注油口特征,使机械臂通过视觉伺服运动至注油口处;侧面激光传感器用于精确测量注油口与末端执行器的间距,从而确定工作点位;末端摄像头用于在作业过程中采集图像,通过视觉比对确保动作的完成情况,以及测量内盖把手的旋转角度。

10.1.4　加油机器人的控制系统

加油机器人的控制系统如图 10-8 所示。控制系统以工控机为控制中心,用于处理末端摄像头、末端传感器和定位摄像头等采集的数据和图像;工控机与机械臂控制器实时通信,根据系统程序和所测数据规划机械臂及末端执行器的运动参数;另外,工控机与加油机通信,控制油枪出油时间和出油量。加油机器人的系统控制流程如图 10-9 所示。

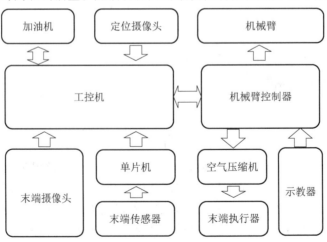

图 10-8　加油机器人的控制系统

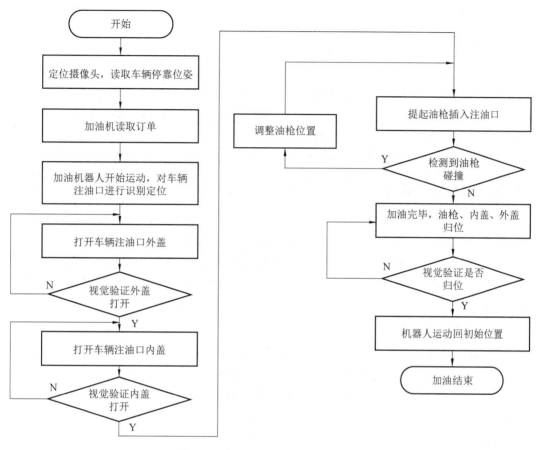

图 10-9　加油机器人的系统控制流程

10.2　油污清洗与涂层测厚机器人

油污清洗与涂层测厚机器人是工业机器人应用于航天领域的实例。经过六十多年的发展,我国的航天事业取得了一系列举世瞩目的成就,近年来也有多个系列、多种型号的运载火箭投入了生产制造。对于运载火箭而言,贮箱是其重要组成部分,而贮箱表面绝热层的质量好坏会直接影响火箭发射任务的成功与否。此前,绝热层的喷涂工序和油污清洗工序主要由人工完成,其喷涂厚度的均匀性和油污洁净度的稳定性均难以保持,容易出现局部油污清理不彻底或涂层厚度不均匀的情况,绝热层的质量存在相当大的隐患。而工业机器人去完成绝热层的油污清洗和喷涂涂层材料后的厚度检测工作,能避免油污清洁工作不彻底和不合格涂层难以及时被发现的情况,就能从根本上解决由人工误差带来的问题。

10.2.1　油污清洗与涂层测厚机器人的工作特点

航天领域的特殊性对工业机器人的工作方式提出了更高要求,在油污清洁方面,要求清洁贮箱的覆盖范围全面,清洁刷头与贮箱表面的接触力合适,清洁溶剂选用乙醇时还要考虑该机器人的防爆特征。以绝热层中两种填充材料 DW-3 胶、DW-1 胶为例,其厚度一般分别为 0.2 mm、0.3 mm 左右。因此,在涂层厚度检测方面,要求保证测量结果的精度高、测量设备的响应速度快。

综上所述,在绝热层的成型过程中,需要一种清洁方式,能够覆盖贮箱绝大部分外表面,并实现几乎百分之百地将油污去除,以杜绝油污影响绝热层的表面结合力;同时还需要一种测量方式,使得涂层的测厚精度不得低于 ±0.01 mm,测量设备的响应速度快,以便在绝热层成型过程中保证其均匀性并实时控制涂层厚度。考虑到工业机器人的承载能力,其工作末端不宜设计得过于庞大。因此,要想使用的工业机器人从清洁和测量两个方面来确保绝热层的质量,我们就需要分别设计专用的工作末端,以满足不同的工作需要。

10.2.2 油污清洗与涂层测厚机器人的系统构成

油污清洗与涂层测厚机器人的系统一般由六自由度机器人、第七轴机器人运动平台、清洗末端、测厚末端等组成。其设计思路为:六自由度机器人是带动清洗和测量两种末端执行机构运动的主体;第七轴机器人运动平台是增加机器人系统作业范围的装备;清洗末端是实现清洗贮箱的装置,它还配备有清洗末端自洁装置;测厚末端的作用是测出贮箱表面绝热层的涂层厚度。

1. 清洗末端

为了减小油污清洗与涂层测厚机器人所受载荷,我们将清洗贮箱表面油污、清洗末端自洁这两个需求进行了分离设计,如此就可以减小油污清洗与涂层测厚机器人末端执行机构的体积和重量,提升机器人的工作特性。油污清洗与涂层测厚机器人的系统构成如图 10-10 所示,除了六自由度机器人与第七轴机器人运动平台外,该系统还包含了清洗末端(包括夹持设备、擦洗头)和清洗设备(清洗箱),这里主要介绍清洗末端的构成。

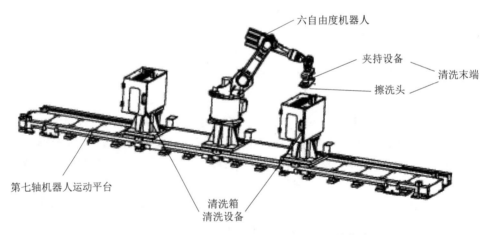

图 10-10 油污清洗与涂层测厚机器人的系统构成

清洗末端包括擦洗头(作用类似于拖把)和夹持设备,两者的设计也采用分离式,这是为了提高清洗工作的连续性——如果将擦洗头和夹持设备设计为一个整体,清洗已脏擦洗头的同时就暂停了清洗贮箱的工作,这将会延长工作时间。考虑装置的便捷性和实用性,整个清洗末端包含五个模块:快换模块、防撞模块、接触力控制模块、清洗质量检测模块和夹持模块。

清洗末端的组成如图 10-11 所示。在快换模块(由 1 构成)中采用标准快换接口是为了清洗末端和后续使用的测厚末端之间能够快速切换。该模块还提供电气快换接口,方便与机器人末端连接。在防撞模块(由 2 构成)中,弹簧缓冲结构能避免在清洁油污的过程中发生清洗末端和贮箱表面刚性碰撞的事故。在接触力控制模块(由 3 构成)中,激光测距传感器搭配上述弹簧缓冲结构能够检测到弹簧受力后的形变量,从而计算出擦洗力的大小,以实现精确控制。在清洗质量检测模块(由 4、5 构成)中,多自由度数字云台上搭载着工业摄像头,其有两个用途:一是用来判别贮箱表面工作区域内油污是否擦洗干净;二是检测擦洗头的坐标位置,引导夹持设备将其准确抓取。在夹持模块(由 6 构成)中,气动手爪的作用是对擦洗头执行抓放动作。

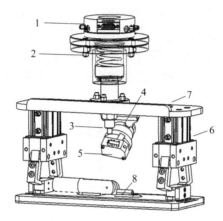

图 10-11 清洗末端的组成

1—电气快换接口;2—弹簧缓冲结构;3—激光测距传感器;4—多自由度数字云台;
5—工业摄像头;6—气动手爪;7—法兰板;8—擦洗头

2. 测厚末端

因为考虑贮箱表面为曲面,同时在重力作用下贮箱表面会存在一定的变形,所以要求测厚末端不仅能够测量涂层材料的厚度,而且为了保证测量精度,测厚末端还需要能够自动找准测量点的法线方向。根据贮箱表面不规则且有凹陷的特点,测厚末端采用沿着圆周布置激光测距传感器、在中心布置电涡流传感器的装置结构,其组成如图 10-12 所示。

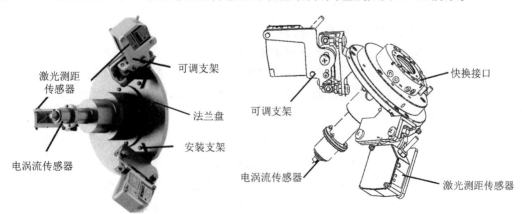

图 10-12 测厚末端的组成

整个测厚末端包含以下结构:顶部的快换接口、三个沿圆周布置的激光测距传感器、一个电涡流传感器、三个可调支架和三个安装支架。激光测距传感器沿着圆周方向布置,并与法兰盘平面各自存在一定角度,这样三条激光束才可以汇聚于一点,用来识别曲面的法线方向,再以此为基础测量出贮箱表面涂层的厚度。中间的电涡流传感器通过电涡流效应,可以准确测量出贮箱的金属表面到测距仪探头的距离,其优点是灵敏度高、不受油水等介质的影响。安装支架是固定在法兰盘上的。

此外,在实际装配或者使用过程中,可能受装配精度或者使用磨损等因素的影响,激光测距传感器的三束激光无法汇聚于一点,因此这里设计了传感器可调支架,其作用在于调整三束激光束,使其能够汇聚于一点并完成测量。可调支架的组成如图10-13所示,主要由传感器安装板、支架安装板、调节弹簧、垂直调节螺钉、水平调节螺钉和中心螺钉等组成。可调支架通过传感器安装板上的两对传感器安装孔与安装支架固定,激光测距传感器则是通过安装孔固定在传感器安装板上。中心螺钉并没有拧紧,这样就使得传感器安装板与支架安装板之间还存在可调整的空间。拧紧垂直调节螺钉和水平调节螺钉,就可以实现激光测距传感器在垂直、水平方向上微小角度的调节。

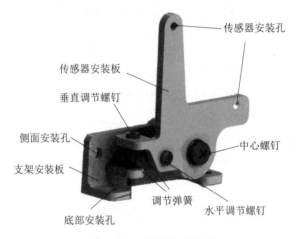

图 10-13　可调支架的组成

10.2.3　油污清洗与涂层测厚机器人的控制过程

在油污清洗与涂层测厚机器人中,机器人控制器负责处理其工作过程中的全部信息和控制其全部动作,本小节主要对10.2.2节中介绍的两种末端设备(清洗末端和测厚末端)的工作流程进行展示。由于贮箱表面的绝热层中包含多种涂料,结构较为复杂,这里只选取最靠近贮箱金属表面的DW-3胶材料的部分工艺流程进行介绍,如图10-14所示。

1. 油污清洗

清洗系统的工作过程:机器人安装好清洗末端后,清洗末端的夹持设备抓取干净的擦洗头对贮箱表面进行清洗,当擦洗头变脏后,机器人将其放置在专用的清洗箱内进行清洗;在清洗脏擦洗头的过程中,机器人抓取另外一个干净的擦洗头继续作业,反复交替工作,如图10-15所示。两个清洗箱和机器人都固定在一个第七轴机器人运动平台上移动,以实现对整个贮箱表面的清洗作业。

2. 涂层测厚

贮箱表面涂层厚度测量系统的工作流程如图10-16所示,六自由度机械手臂(六自由度

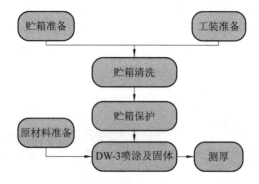

图 10-14 贮箱绝热层 DW-3 胶材料的部分工艺流程

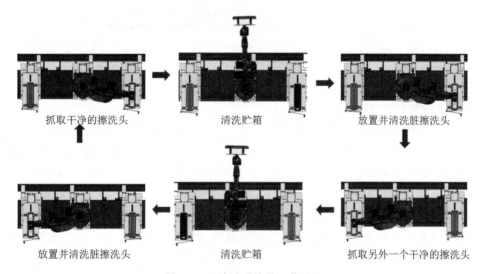

图 10-15 清洗系统的工作过程

机器人)完成涂层材料的厚度检测后,将测厚末端得到的数据通过工业总线上传至工业控制计算机,以此为依据来判断绝热层的涂层是否合格,以便及时发现并纠正涂层质量不佳的表面。

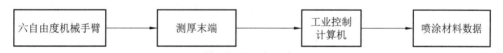

图 10-16 贮箱涂层厚度测量系统的工作流程

测厚末端的工作过程大致包含三个步骤:标定、寻找所测表面的法线以及最终测量涂层厚度,具体过程如下。

1) 标定

第一步是在使用测厚末端前对测量系统进行标定工作,标定完成后的法线、标定距离 h_0、标定点如图 10-17 所示。标定过程必须在专用的金属标定台上进行,并保证标定前机器人测厚末端的法兰盘平面和标定平面之间保持平行。在标定过程开始时,控制机器人沿着垂直于标定平面的方向上下移动,同时微微调整三个激光测距传感器的可调支架。多次尝试后,三条激光束可以在标定平面上汇聚于一点,那么这一点到法兰盘平面的垂线也必定与标定平面在该点处的法线共线。此时,记录下电涡流传感器探头到标定平面的距离 h_0,称为标定距离,三条激光束汇聚的点称为标定点。此后不再调整激光测距传感器的可调支架,因此,当后续测量涂层过程中只要出现三条激光束汇聚于一点的情况,就可以说明此时所测表面在该点的法线正好与测厚末端的法兰盘平面的法线共线,且所测表面上标定点到法兰盘平面的距离固定不变。

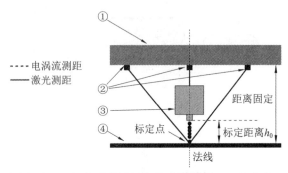

图 10-17　标定完成后的法线、标定距离 h_0、标定点
①—测厚末端法兰盘;②—激光测距传感器;③—电涡流传感器;④—标定平面

2) 寻找所测表面的法线

第二步是对贮箱表面的 DW-3 涂层的测量表面进行扫描,寻找该面的法线位置。当激光测距传感器以任意姿态靠近贮箱表面时,在很小的区域内可将测量表面近似看作平面,但是此平面的法线并不与测厚末端的法兰盘平面的法线共线,故需要对测厚末端进行姿态调整,直至两法线共线。寻找 DW-3 涂层的测量表面的法线位置如图 10-18 所示,其过程如下:控制机器人测厚末端在贮箱测量表面的小范围内进行扫描,直到三条激光束在测量面内汇聚于一点或者三个激光点在测量面内构成近似等边三角形,说明此时测厚末端的法兰盘平面与所测表面的法线之间的角度为 90°或者十分接近 90°,接着控制机器人测厚末端沿着垂直于测量面的方向前后移动,同时进行末端角度微调,直到三条激光束在测量面内汇聚于一点,该点就是标定点,这一点到测厚末端的法兰盘平面的垂线也是测量表面的法线。

(a) 测厚末端对DW-3涂层的测量表面进行扫描

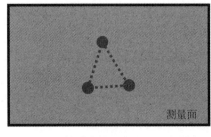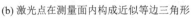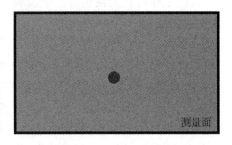

(b) 激光点在测量面内构成近似等边三角形　　　(c) 三条激光束在测量面内汇聚于一点

图 10-18　寻找 DW-3 涂层的测量表面的法线位置

3）测量涂层厚度

最后一步，在标定点处测出电涡流传感器探头到 DW-3 涂层表面的测量距离为 h_1，根据在标定过程中提到的所测表面上标定点到法兰盘平面的距离 h_0 固定不变，而电涡流传感器到法兰盘平面的安装距离也不变，因此电涡流传感器测出的两个数据之差为 h_1-h_0，这就是该测量表面上的位于标定点位置的 DW-3 涂层厚度，测量 DW-3 涂层厚度如图 10-19 所示。

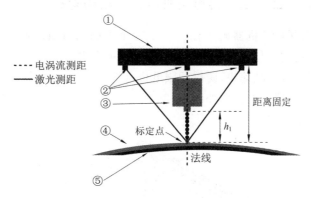

图 10-19　测量 DW-3 涂层厚度

①—测厚末端法兰盘；②—激光测距传感器；③—电涡流传感器；④—DW-3 涂层；⑤—贮箱表面

10.3　发动机自动上下料桁架机器人

发动机包装校验过程包括发动机上下料、人工标识、涂抹防护油、缠膜保护等流程，传统包装工序的上下料、清理标识、拆装发动机两端防护堵盖等过程主要依靠人工作业，其中发动机的上料和下料工作最为繁重，人工频繁作业，劳动强度大。另外，现场多工位需要操作人员，无法满足危险作业岗位少人化的要求。

10.3.1　发动机自动上下料桁架机器人的设计背景

在发动机包装校验过程中，传统的上下料工作流程如下：

（1）人工使用液压平板车将周转箱放入指定区域；

（2）人工打开箱盖、取走压条；

（3）人工操作助力机械手完成上料工作；

（4）在指定工位完成发动机清理、人工标识、涂抹防护油、缠膜保护等作业；

（5）将发动机运转至下料区，人工操作助力机械手完成下料工作。

随着社会的发展，工业自动化程度越来越高，基于过于繁重的劳动和非智能人工作业，将人工上下料环节进行自动化升级改造，采用机器人代替人工的方式实现以下任务，以达到减轻人的劳动强度和提高工厂的自动化智能作业水平的效果，同时提高工作效率，也更加方便管理。

（1）机械手代替人工打开发动机周转箱盖、取出压条并放置在指定区域；

（2）机械手将发动机从周转箱内抓取并放置到下一工位托盘上；

（3）发动机处理完成后，机械手打开箱盖，将发动机依次取至包装箱内；

（4）机械手按顺序放入压条，并盖好箱盖。

桁架机器人是一种能自动控制的、可重复编程的、多功能的、多自由度的、多用途的操作设备。其具有高可靠性、高精度、高速度的特点；其可用于恶劣的环境，可长期工作，便于操作维修；其行走轴一般采用滚动直线导轨或滚轮 V 型导轨，具有安装调试方便、适合长行程应用的优点，十分适用于发动机自动上下料这一繁重、重复的工作环节。

10.3.2　发动机自动上下料桁架机器人的结构组成

发动机自动上下料桁架机器人具有 x、y、z 三个方向的自由度和一个绕 z 轴转动的 R 自由度，其中桁架结构主要包含如下部分：直线运动单元（即 x、y、z 三个轴移动组件）；桁架钢结构拼接支撑组件；行星减速机；防爆伺服电机；（绕 z 轴的）伺服旋转台；桁架机械手。发动机自动上下料桁架机器人的组成如图 10-20 所示。（电机驱动器和西门子 PLC 控制器在控制柜内，此处未画出来）

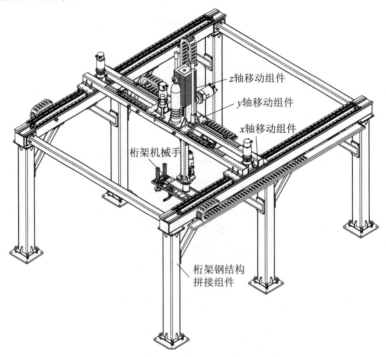

图 10-20　发动机自动上下料桁架机器人组成

桁架整体结构框架示意图如图 10-21 所示，主要由横梁、x 轴、立柱、齿条与直线导轨等组成，其中立柱和横梁由方钢管焊接而成，通过地脚螺栓固定于工厂地面。x 轴采用两个标准标钢结构直线模组，行程约为 4000 mm，由于跨度较大，两个模组采用两个行星减速机分别带动齿轮和齿条传动，以直线导轨滑块作为导向组件。x 轴模组钢结构与立柱和横梁均采用标准方钢管与 Q235 板材拼接焊接形式，经过机械加工后拼接组装，调平后用螺栓固定成框。

发动机自动上下料桁架机器人的 y 轴移动组件结构示意图如图 10-22 所示，由钢结构直线模组（即 y 轴钢结构与直线导轨）、伺服电机、行星减速机、齿条等组成。y 轴采用两个标准标钢结构直线模组，分为主动模组与辅助模组；伺服电机通过行星减速机驱动齿轮与齿条传动，以直线导轨滑块作为导向组件，实现了桁架机械手在 y 轴方向上的移动，行程约为

2000 mm。y 轴模组钢结构采用标准方钢管与 Q235 板材拼接焊接形式,经过机械加工后拼接组装,调平后用螺栓固定成框。

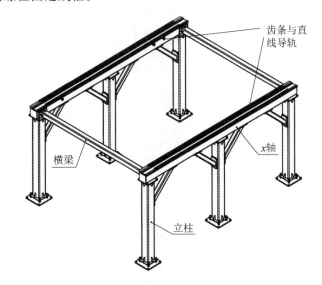

齿条与直线导轨

横梁

x 轴

立柱

图 10-21 桁架整体结构框架示意图

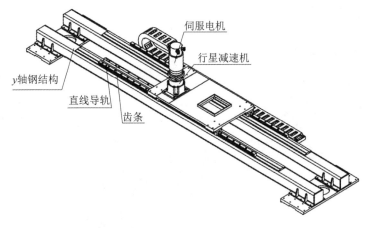

伺服电机

行星减速机

y 轴钢结构

直线导轨

齿条

图 10-22 y 轴移动组件结构示意图

发动机自动上下料桁架机器人的 z 轴移动组件结构示意图如图 10-23 所示。其采用一个标准标钢结构直线模组作为 z 轴模组,模组采用齿轮和齿条传动,以直线导轨滑块作为导向组件;其中由于 z 轴负载较大,采用平衡缸对 z 轴模组进行配重,并选用抱紧轴提高整个 z 轴的安全性,防止 z 轴出于机械原因意外掉落,同时电机选用掉电抱死型防爆伺服电机。z 轴行程约为 1500 mm,z 轴模组钢结构采用标准方钢管与 Q235 板材拼接焊接形式。R 轴旋转组件选用伺服旋转台,其采用行星减速机驱动,采用齿轮与回转支撑外齿传动,并以回转支撑作为圆周转动导向进行转动,伺服旋转台与其他连接件采用 Q235 板材进行连接与固定。

发动机自动上下料桁架机器人的桁架机械手结构示意图如图 10-24 所示。工件夹手包括 4 组由气缸驱动的电磁吸盘、2 组由气缸驱动的挂钩和 2 组由带锁气缸驱动的压块,以及 2 对负责夹取压条的气动手指。其中挂钩和发动机压块处均设置了橡胶垫,能够在夹取发动机的过程中起缓冲保护作用。

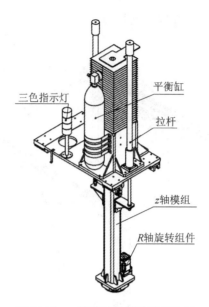

图 10-23　z 轴移动组件结构示意图

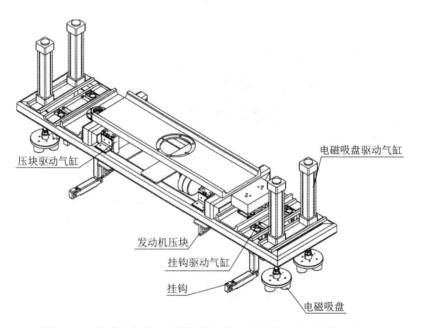

图 10-24　发动机自动上下料桁架机器人的桁架机械手结构示意图

在桁架机械手抓取转运箱盖时,气缸驱动 4 组电磁吸盘往下运动接近箱盖上表面,电磁吸盘通电,吸住箱盖。电磁吸盘设置有 4 组,每组由 3 个吸盘组成,配有备用蓄电池作为后备电源,防止单个电磁铁出现故障或意外停电导致的箱盖掉落。选用直流吸盘式电磁铁,单个电磁铁能产生的吸力为 25 kg,用于抓取箱盖的机械手总共布置了 12 个这样的电磁铁(3个为一组,共 4 组),而箱盖重量为 44 kg。现有电磁吸盘的布置及其产生的吸力大小足以承受箱盖的重量及运动过程中的动载荷,设置了断电时仍能提供电力的蓄电池能够保证运动过程中吸附的稳定。用于驱动电磁吸盘运动的带锁气缸可以避免气压降低或意外断电时的气缸运动。桁架机械手抓取转运箱盖动作示意图如图 10-25 所示。

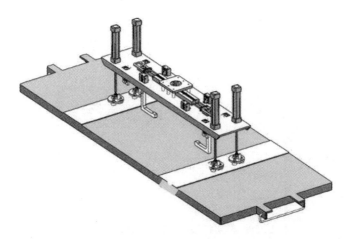

图 10-25　桁架机械手抓取转运箱盖动作示意图

为适应箱盖表面可能存在的不平整情况,电磁吸盘组和气缸间采用摆动接头连接,摆动接头允许电磁吸盘组和气缸杆间有较小角度的摆动,三电磁吸盘构成的一个可摆动吸盘组如图 10-26 所示。可摆动吸盘组配有光电传感器,用以判断吸盘组是否接近箱盖表面。

在打开转运箱盖之后,需要首先将发动机上的压条取出,桁架机械手通过工件专用手爪两侧对称分布的两个气动手指实现压条的夹取,其夹取压条状态示意图如图 10-27 所示。

由于发动机与箱体之间的间隙较小,最小为 5 mm,尤其是下料时与包装箱箱体几乎没有间隙,对称的手爪无法深入,所以我们设计了单侧可旋转挂钩式的手爪。相邻发动机之间的间隙可达 30 mm,每次抓取时,即使发动机紧挨着箱体,手爪也能顺利将发动机送进包装箱中。上方发动机压块保证发动机不会在搬运过程中脱出,桁架机械手抓取发动机状态示意图如图 10-28 所示。单侧旋转挂钩配合上方发动机压块可以保证即使在意外断电的情况下,发动机也不会掉落。

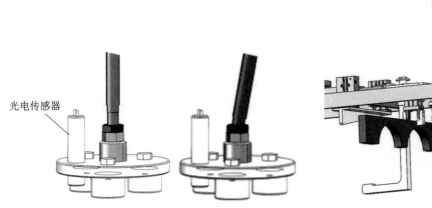

光电传感器

图 10-26　三电磁吸盘构成的一个可摆动吸盘组

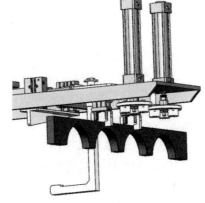

图 10-27　桁架机械手夹取压条状态示意图

桁架机械手抓取发动机过程如图 10-29 所示。在通电情况下,挂钩处于打开的状态,发动机压板上升,处于未压紧发动机状态,桁架机械手顺着发动机与发动机或发动机与箱体间的缝隙向下运动,如图 10-29(a)所示;断电情况下,气缸驱动连杆使挂钩旋转 90°,挂钩进入发动机下方,此时气缸驱动的压块下压,处于压紧发动机的状态,如图 10-29(b)所示,这样

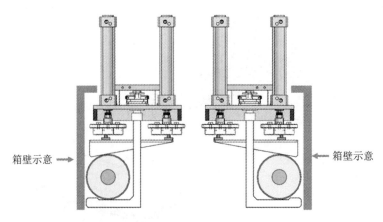

图 10-28　桁架机械手抓取发动机状态示意图

即使突然断电,挂钩和压板也是处于抱紧发动机的状态,具有良好的断电保护功能。发动机压板和挂钩两者之间具有联动关系,在夹取发动机的过程中,只有传感器接收到挂钩处于发动机下的信号后,压块才执行向下压紧发动机的动作。

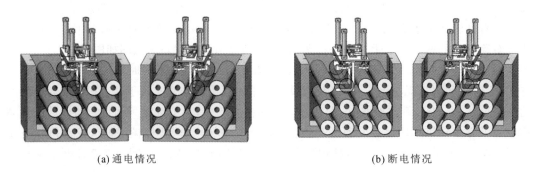

(a) 通电情况　　　　　　　　　　　　(b) 断电情况

图 10-29　桁架机械手抓取发动机过程

10.3.3　发动机自动上下料桁架机器人的控制系统设计

1. 控制系统设计要求

发动机自动上下料桁架机器人的总体电气原理图如图 10-30 所示。

为了使发动机自动上下料桁架机器人达到所需的技术指标,该机器人控制方案应满足以下要求。

(1) 电气控制系统采用西门子 S7-1200C-CD 型 PCL(CPU 为 1214C-DC/DC/DC)作为控制器;PLC 编程软件采用博途 V15.1 版本进行设计;并采用 Profinet(一种实时以太网通信协议)总线协议与伺服电机通信。

(2) 选用防爆伺服电机,配备无电池绝对值编码器,采用 Profinet 总线协议控制。

(3) 硬件图纸采用 EPLAN P8 2.7 绘制,含系统图、电气原理图、电气接线图、电气布置图、网络图、电气元器件清单、PLC 地址表等。

(4) 控制柜集成到设备本体,随设备一体化设计;控制柜符合防爆等级(ExdⅡBT4),符合《爆炸性环境　第 2 部分:由隔爆外壳"d"保护的设备》(GB/T 3836.2—2021)相关要求。

(5) 配备安全继电器,预留与主控急停回路对接的硬件接口,能够实现远程硬件急停及

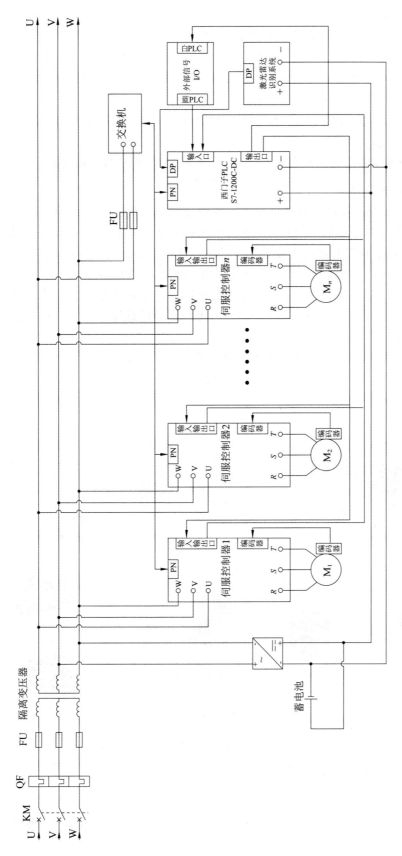

图10-30 发动机自动上下料桁架机器人的总体电气原理图

远程复位,并能够实现对设备的远程监控。

（6）在电路中加入蓄电池,具备断电保护功能。

（7）设备端包括末端执行器上所有电器元件,防爆布线施工由用户完成。

（8）配备防爆三色指示灯、面板电源开关指示灯、远程/本地旋钮、急停按钮。

（9）激光雷达通信采用串口通信形式。

（10）工艺动作采用模块化设计,能够根据上位系统命令执行相应的工艺步序,具备远程/本地工作模式,具备手动/自动功能。

（11）提供符合工艺流程的软件程序,须在设备联调阶段进行区域联调。

2.控制系统总体方案

控制系统由一套 PLC 控制器以及生产线配电及继电保护单元组成。主控 PLC 通过 Profinet 总线驱动伺服电机。控制系统包含检测部分和控制部分两个单元,首先由激光雷达测距定位系统识别当前发动机的位置,并将数据传输给下位机控制系统,完成机器人的视觉引导,实现发动机的上下料过程。系统均采用高性能的 CPU、分布式 I/O(输入/输出)体系结构,可以确保系统安全、快速、稳定、可靠地运行。所有的模块均采用德国工业标准(DIN)进行导轨安装,背板总线集成在模块上,模块间通过总线连接器相连,总线连接器插在机壳的背后。

控制系统(下位机)实时采集传感器数据,对数据进行分析处理后,控制执行元件(电机)进行相应的动作。图 10-31 所示是控制系统硬件接线图。

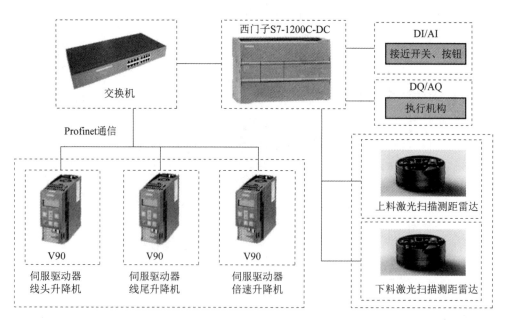

图 10-31　控制系统硬件接线图

3.控制系统硬件选型

1）控制器选型

选择西门子 S7-1200C-DC 型 PLC 及其拓展模块 ET 200iSP,可实现 4 轴高速脉冲输出,具有以太网接口,并能通过 Profinet 总线协议方式与支持 Prodrive 公司的驱动器连接,且最多能连接 16 个驱动器从站;支持扩展 1 个信号板、8 个信号模板和 3 个通信模块,通信速率可达 100 MB/s。

2) 激光雷达测距单元选型

为实现桁架机械手快速测距定位的处理需求,选用 LiDAR Delta 3A 型号激光扫描测距雷达,可实现 360°扫描测距,测量分辨率 0.25 mm,角度分辨率 0.25°~0.7°;其激光三角测距技术,具有每秒高达 8000 次的高速激光测距采样能力,支持串口通信传输数据;该激光扫描测距雷达的激光功率最大为 3 MW,激光波长为 780 nm,并采用低功率的红外线激光器作为发射光源,采用调制脉冲方式驱动,激光器仅在极短的时间内进行发射动作,达到美国食品药品管理局认证的 Class Ⅰ 级别的激光器安全标准,符合工业级的应用要求。

3) 传感器选型

本控制系统所选用的接近开关为 MA8-M18-Y 本安防爆接近开关,并配备 DS8011-EX 开关量输入隔离式安全栅一起使用。

4) 防爆伺服电机

本控制系统选择派克 EX 系列永磁无刷防爆伺服电机,设计用于 1 区爆炸性环境,并具有派克配套系列伺服驱动器。

4. 控制系统设计及特点

1) 模块化和标准化设计

设计过程中考虑后续设备控制、调试和搬迁要求,控制单元采用高性能、标准化 PLC 产品,为后续维护和扩展提供良好的备件和技术支撑。

2) 易维护和扩展性设计

系统模块化和标准化设计可以保证后续设备维护的便利性。系统各现场控制单元预留约 20% 的 I/O 余量,并且提供为空槽,可以满足小规模的升级改造需求。现场控制单元与主控单元之间只需要一根通信电缆,在通信总线上扩展更多的控制单元以满足较大规模的改造需要。

3) 可靠性及安全性设计

(1) 硬件安全措施。

本方案所提供的所有控制系统关键硬件 PLC 完全符合 UL、CUL、CE 等国际标准,提供的 PLC 控制系统能在高电气噪声、无线电干扰和振动环境下连续运行。

控制系统配置有浪涌保护器,具有漏电保护、短路保护、急停保护、限位保护、隔离保护等多种保护功能,保证系统长期安全有效工作。

(2) 软件安全措施。

软件采用结构化、模块化设计,通过子程序实现各种控制功能。

所有 PLC 现场控制程序指令必须添加指令注释以说明该子程序的功能。

所有 I/O 地址、过程标志位、数据存储都必须添加地址注释以说明该地址的作用。

各种编程软件、调试软件等应用软件均使用对应产品供应商的标准软件的最新版本,保证在设备使用期内的免费维护和升级等工作。

(3) 设备选型措施。

所有监控系统工作站、PLC、低压系统设备均选用性能可靠、性价比高、技术服务好的著名品牌的产品;电器元件等低压电器选用国际著名公司的产品,以充分保证本系统具有高可靠性和成熟技术的适用性,且美观、布局合理、操作维护简单方便,满足工程自控及仪表系统要求,保证安全、可靠运行。

本 章 小 结

　　本章主要讲述了加油机器人、油污清洗与涂层测厚机器人以及发动机自动上下料桁架机器人的系统设计过程,这些实例均来自作者的科研实践,希望能抛砖引玉,引导读者学会针对工程实际需求来设计机器人系统,推进机器人在更广泛领域的应用。

参 考 文 献

[1] Craig J J. Introduction to robotics：mechanics and control [M]. 3rd ed. New York：Pearson Education Inc. ，2005.

[2] NIKU S B. Introduction to robotics：analysis，systems，applications [M]. New York：Pearson Education Inc. ，2001.

[3] 布鲁诺·西西里安诺,洛伦索·夏维科,路易吉·维拉尼,等. 机器人学 建模、规划与控制[M].张国良,曾静,陈励华,等译.西安:西安交通大学出版社,2015.

[4] NIKU S B. 机器人学导论——分析、控制及应用[M].2版.孙富春,朱纪洪,刘国栋,等译.北京:电子工业出版社,2013.

[5] 熊有伦,李之龙,陈文斌,等.机器人学 建模、控制与视觉[M].武汉:华中科技大学出版社,2018.

[6] 郭洪红.工业机器人技术[M].3版.西安:西安电子科技大学出版社,2016.

[7] 蔡自兴.机器人学[M].3版.北京:清华大学出版社,2015.

[8] 蔡自兴.机器人学基础[M].北京:机械工业出版社,2009.

[9] 陈恳.机器人技术与应用[M].北京:清华大学出版社,2006.

[10] 吴振彪,王正家.工业机器人[M].2版.武汉:华中科技大学出版社,2006.

[11] 孙树栋.工业机器人技术基础[M].西安:西北工业大学出版社,2006.

[12] 韩建海.工业机器人[M].2版.武汉:华中科技大学出版社,2009.

[13] 刘极峰,易际明.机器人技术基础[M].北京:高等教育出版社,2006.

[14] 柳洪义,宋伟刚.机器人技术基础[M].北京:冶金工业出版社,2002.

[15] 龚振邦,王勤悫,陈振华,等.机器人机械设计[M].北京:电子工业出版社,1995.

[16] 克雷格.机器人学导论[M].负超,等译.北京:机械工业出版社,2006.

[17] 付京逊,R. C. 冈萨雷斯,C. S. G. 李.机器人学 控制·传感技术·视觉·智能[M].杨静宇,李德昌,李根深,等译.北京:中国科学技术出版社,1989.

[18] 谭民,徐德,侯增广,等.先进机器人控制[M].北京:高等教育出版社,2007.

[19] 白井良明.机器人工程[M].王棣棠,译.北京:科学出版社,2001.